中国石油天然气集团有限公司统编培训教材

海外钻修井项目
通用 HSE 培训教材

《海外钻修井项目通用 HSE 培训教材》编委会　编

石 油 工 业 出 版 社

内 容 提 要

　　本书主要内容包括中国石油天然气集团有限公司 HSE 体系和安全文化、海外钻修井项目的 HSE 监督管理、钻修井 HSE 管理的工具和方法、作业现场的 HSE 管理要求、关键工序和高危作业的 HSE 管理、井控安全和硫化氢防护、员工健康管理、作业区域的环境保护、消防和交通管理、应急管理、承包商管理及实际案例。

　　本书可作为从事海外钻修井业务的专业技术人员、井队管理人员和项目部管理人员等的培训教材，对海外钻修井业务 HSE 管理有兴趣的人群也可参考使用。

图书在版编目（CIP）数据

　　海外钻修井项目通用 HSE 培训教材/《海外钻修井项目通用 HSE 培训教材》编委会编. —北京：石油工业出版社，2019.12

　　中国石油天然气集团有限公司统编培训教材

　　ISBN 978 - 7 - 5183 - 3769 - 9

　　Ⅰ.①海… Ⅱ.①海… Ⅲ.①油气钻井-技术培训-教材②修井-技术培训-教材 Ⅳ.①TE2②TE358

　　中国版本图书馆 CIP 数据核字（2019）第 275491 号

出版发行：石油工业出版社
　　　　　（北京安定门外安华里 2 区 1 号　100011）
　　　　　网　　址：www. petropub. com
　　　　　编辑部：（010）64269289
　　　　　图书营销中心：（010）64523633
经　　销：全国新华书店
印　　刷：北京中石油彩色印刷有限责任公司

2019 年 12 月第 1 版　2019 年 12 月第 1 次印刷
710×1000 毫米　开本：1/16　印张：25.5
字数：450 千字

定价：89.00 元

《中国石油天然气集团有限公司统编培训教材》
编 审 委 员 会

《海外钻修井项目通用 HSE 培训教材》
编 委 会

主　　任：张　军

副 主 任：钱凤章　　雷文章　　孙海洋

委　　员：李金海　　马　军　　尹泽红　　陈宝良

　　　　　章天文　　滕华信

《海外钻修井项目通用 HSE 培训教材》
编审人员

主　　编：王洪涛

副 主 编：张　军

编写人员：张　爽　　周　攀　　杨　伟　　耿　磊

　　　　　石兴超　　石建平　　姜立岩　　张雪军

　　　　　景　江　　王福国　　刘立明　　李慧成

　　　　　卢东生　　陆宏剑　　王　爽　　邱　昕

　　　　　邵建东　　赵大光　　李江燕　　周　贺

　　　　　唐　亮　　赵学峰　　曲雪东　　韩　强

　　　　　张朝阳　　宁晓国　　黄　斌

审定人员：党　军　　李德鸿　　刘　欢

序

　　企业发展靠人才，人才发展靠培训。当前，中国石油天然气集团有限公司（以下简称集团公司）正处在加快转变增长方式，调整产业结构，全面建设综合性国际能源公司的关键时期。做好"发展""转变""和谐"三件大事，更深更广参与全球竞争，实现全面协调可持续，特别是海外油气作业产量"半壁江山"的目标，人才是根本。培训工作作为影响集团公司人才发展水平和实力的重要因素，肩负着艰巨而繁重的战略任务和历史使命，面临着前所未有的发展机遇。健全和完善员工培训教材体系，是加强培训基础建设，推进培训战略性和国际化转型升级的重要举措，是提升公司人力资源开发整体能力的一项重要基础工作。

　　集团公司始终高度重视培训教材开发等人力资源开发基础建设工作，明确提出要"由专家制定大纲、按大纲选编教材、按教材开展培训"的目标和要求。2009年以来，由人事部牵头，各部门和专业分公司参与，在分析优化公司现有部分专业培训教材、职业资格培训教材和培训课件的基础上，经反复研究论证，形成了比较系统、科学的教材编审目录、方案和编写计划，全面启动了《中国石油天然气集团有限公司统编培训教材》（以下简称"统编培训教材"）的开发和编审工作。"统编培训教材"以国内外知名专家学者、集团公司两级专家、现场管理技术骨干等力量为主体，充分发挥地区公司、研究院所、培训机构的作用，瞄准世界前沿及集团公司技术发展的最新进展，突出现场应用和实际操作，精心组织编写，由集团公司"统编培训教材"编审委员会审定，集团公司统一出版和发行。

　　根据集团公司员工队伍专业构成及业务布局，"统编培训教材"按"综合管理类、专业技术类、操作技能类、国际业务类"四类组织编写。综合管理类侧重中高级综合管理岗位员工的培训，具有石油石化管理特色的教材，以自编方式为主，行业适用或社会通用教材，可从社会选购，作为指定培训教材；专业技术类侧重中高级专业技术岗位员工的培训，是教材编审的主体，按照《专业培训教材开发目录及编审规划》逐套编审，循序推进，计划编审300余门；操作技能类以国家制定的操作工种技能鉴定培训教材为基础，侧重主体专业（主要工种）骨干岗位的培训；国际业务类侧重海外项目中外员工的培训。

"统编培训教材"具有以下特点：

一是前瞻性。教材充分吸收各业务领域当前及今后一个时期世界前沿理论、先进技术和领先标准，以及集团公司技术发展的最新进展，并将其转化为员工培训的知识和技能要求，具有较强的前瞻性。

二是系统性。教材由"统编培训教材"编审委员会统一编制开发规划，统一确定专业目录，统一组织编写与审定，避免内容交叉重叠，具有较强的系统性、规范性和科学性。

三是实用性。教材内容侧重现场应用和实际操作，既有应用理论，又有实际案例和操作规程要求，具有较高的实用价值。

四是权威性。由集团公司总部组织各个领域的技术和管理权威，集中编写教材，体现了教材的权威性。

五是专业性。不仅教材的组织按照业务领域，根据专业目录进行开发，且教材的内容更加注重专业特色，强调各业务领域自身发展的特色技术、特色经验和做法，也是对公司各业务领域知识和经验的一次集中梳理，符合知识管理的要求和方向。

经过多方共同努力，集团公司"统编培训教材"已按计划陆续编审出版，与各企事业单位和广大员工见面了，将成为集团公司统一组织开发和编审的中高级管理、技术、技能骨干人员培训的基本教材。"统编培训教材"的出版发行，对于完善建立起与综合性国际能源公司形象和任务相适应的系列培训教材，推进集团公司培训的标准化、国际化建设，具有划时代意义。希望各企事业单位和广大石油员工用好、用活本套教材，为持续推进人才培训工程，激发员工创新活力和创造智慧，加快建设综合性国际能源公司发挥更大作用。

《中国石油天然气集团有限公司统编培训教材》

编审委员会

前　言

本书按照集团公司人事部统一部署，由集团公司国际部牵头，中国石油安全环保技术研究院组织统稿，由集团公司旗下的五大钻探公司（大庆钻探、西部钻探、长城钻探、渤海钻探、川庆钻探）的海外钻修井业务专家共同参与编制。

本书共十二章，其中第一章为集团公司 HSE 体系及安全文化；第二章和第三章为海外钻修井项目的 HSE 监督管理以及钻修井业务 HSE 管理的工具和方法；第四章和第五章主要针对作业现场的 HSE 管理以及关键工序和高危作业的 HSE 管理进行了详细阐述；第六章主要介绍井控安全和硫化氢的防护；第七章至第十章意在阐述海外钻修井业务的健康管理、作业区域的环境保护、消防和交通管理以及应急管理；第十一章为承包商管理；第十二章为一些实际案例。因本书的附件较多，阅读的时候请注意各章节与附件前后的呼应语句，以方便阅读。

本书的读者对象主要是从事海外钻修井业务的专业技术人员、井队管理人员和项目部管理人员等具备中高级职称的技术人员和管理人员，以及对海外钻修井业务的 HSE 管理有浓厚兴趣的人群。本书的编制目的是使广大读者在适当的培训指导下，了解海外钻修井业务通用的 HSE 知识。本书汇聚了集团公司五大钻探公司专家多年的业务经验积累，具有较高的参考价值。

由于编者水平有限，书中难免存在疏漏和不妥之处，请读者提出宝贵意见。

说　明

　　本书可作为中国石油天然气集团有限公司所属各钻、修井等相关单位的专用培训教材。本书主要是针对从事海外钻修井业务的项目部管理人员、井队管理人员和专业技术人员编写的。教材的内容来源于实际工程施工，实践性和专业性很强，涉及内容广。为便于正确使用本教材，在此对培训对象进行了划分，并规定了各类人员应该掌握或了解的主要内容。

　　培训对象主要划分为以下几类：

　　从事海外钻修井业务的项目部管理人员、井队管理人员和专业技术人员等。

　　（1）项目部管理人员：项目经理、安全总监、HSE 部门经理、HSE 部门主管、HSE 巡视监督等。

　　（2）井队管理人员：井队队长、平台经理、司钻、副司钻、HSE 监督员等。

　　（3）专业技术人员：钻修井工程师、机械师、电气师及各岗位操作人员等。

　　各类人员应该掌握或了解的主要内容：

　　（1）项目部管理人员要求掌握本书每个章节的相关内容。

　　（2）井队管理人员要求掌握第二章、第三章、第四章、第五章、第六章、第九章、第十章、第十一章的相关内容，要求了解第一章、第七章、第八章、第十二章的相关内容。

　　（3）技术人员要求掌握第三章、第四章、第五章、第六章、第九章、第十章、第十一章的相关内容，要求了解第一章、第二章、第七章、第八章、第十二章的相关内容。

　　各类学员在教学中要密切联系生产实际，在以教材学习为主的基础上，还应增加施工现场的实习、实践环节。建议根据教材内容，进一步收集和整理施工过程照片或视频，以进行辅助教学，从而提高教学效果。

目 录

第一章 集团公司 HSE 体系及安全文化

第一节 集团公司 HSE 体系概述

健康、安全、环境管理体系（Health Safety and Environment Management System）简称为 HSE 管理体系，是国际石油工业普遍采用的健康、安全与环境管理模式。HSE 管理体系是用血的代价换来的，一次次的事故，推动了 HSE 管理体系的逐步发展，它集各国同行管理经验之大成，坚持以风险管理为中心实施 HSE 管理，突出了领导承诺、全员参与、预防为主、持续改进的科学管理思想，是石油天然气工业实现现代化管理，走向国际大市场的准行证。

回顾集团公司 HSE 管理的发展历程，经历了逐步探索、引进学习、逐步完善的过程，总体上可以概括为三个发展阶段：传统管理阶段、探索模仿阶段和吸收创新阶段。

一、传统管理阶段

第一阶段是 1996 年之前，可以称为传统管理阶段。1962 年大庆油田"中一注水站"因管理不善而酿成火灾，注水站全部被烧毁。由"一把火"烧出了"岗位责任制"，并从实践中总结形成了一些好的做法，如"三老四严""四个一样""五到现场"，这段时期安全管理的特点是以岗位责任制为主体的经验型管理模式。几十年来，"三老四严""四个一样"作为工作标准被提出、行为模式被遵循、管理经验来推广、精神财富被传承，在石油行业乃至全国都产生了广泛而深远的影响。

这一阶段后期，从 1993 年开始，一些施工单位通过反承包项目接触了国际石油公司的 HSE 管理，在中外管理理念、管理方式的激烈碰撞和冲击中逐步了解了国际石油公司的 HSE 管理要求。

二、探索模仿阶段

第二阶段是 1996—2006 年，可以称为探索模仿阶段。1996 年塔里木油田勘探开发会战中，塔中四集油站发生了爆炸着火，引起了当时总公司管理层的震动和思考，集团公司安全管理部门的领导在深刻反思中逐步悟出了一个道理，安全工作是一项系统工程，应当建立和推行体系化的管理模式，才能够从根本上解决安全工作与生产经营各个管理环节的脱节现象，堵塞漏洞，防范事故发生。后续组织到中国海油进行专题调研，并参加第二届国际石油勘探开发论坛 HSE 专题会议，进一步了解了国外石油公司推行 HSE 管理体系的情况。

1997 年发布了《石油天然气工业健康、安全与环境管理体系》等三个石油行业标准，由此集团公司安全环保管理翻开了新的一页。1998 年，正式启动了建立与实施 HSE 管理体系工程。按照先国外、后国内，先试点、后推广的原则，各企业相继建立和实施 HSE 管理体系，HSE 体系建立工作迈出了实质性步伐。2000 年，发布《中国石油天然气集团公司 HSE 管理手册》，全面推进建立 HSE 管理体系的工作进入一个新的阶段。2001 年以后，很多企业，尤其是工程技术和工程建设企业开始建立 HSE 管理体系并进行了第三方认证。

三、吸收创新阶段

第三阶段是 2006 年至今，可以称为吸收创新阶段。2006 年之前相继发生了"12·23""11·13""3·25"等事故，影响非常大，为实现安全环保形势的根本好转，集团公司党组经过深刻反思，2006 年 4 月 12 日，召开党组扩大会议专题研究安全生产问题，并后续组织召开了 8 次党组成员参加的专业安全环保会议。同年 7 月份围绕"安全发展、清洁发展"主题召开集团公司领导干部会议，为了深化 HSE 体系推进工作，下半年又召开了集团公司 HSE 体系推进专题会议，出台了 HSE 体系推进实施意见。2006 年下半年，集团公司总部与杜邦公司开始了 HSE 咨询合作，开展了体系评估，借鉴杜邦公司先进的 HSE 管理理念和工具方法，深化了 HSE 管理体系推进。这一年成为集团公司 HSE 管理转变的重大标志年。

在这一阶段，集团公司逐步将 HSE 体系管理的思想融入日常实际业务工作，突出风险防控的核心，落实全员 HSE 责任，逐步形成了具有中国石油自身特色的 HSE 管理体系。

第二节　集团公司九项 HSE 基本原则

一、任何决策必须优先考虑健康安全环境

决策优先原则是实现集团公司安全环保目标、规范 HSE 行为、培育 HSE 文化、强化 HSE 管理的重要前提和基本保证，是企业 HSE 管理的创新举措，也是集团公司安全环保理念的升华。其重要意义就在于它使集团公司提出多年的安全环保理念，由精神理念层面推进到实践落实层面，由战略概念阶段提升到有丰富内容操作阶段，由指导方针和原则要求细化到规范各级管理者行为准则的范畴。

二、安全是聘用的必要条件

员工应承诺遵守安全规章制度，接受安全培训并考核合格，具备良好的安全表现是企业聘用员工的必要条件。企业应充分考察员工的安全意识、技能和历史表现，不得聘用不合格人员。各级管理人员和操作人员都应强化安全责任意识，提高自身安全素质，认真履行岗位安全职责，不断改进个人安全表现。

企业安全作为聘用条件是各级管理者及全体员工必须遵守的铁律，是安全生产的"防火墙"，是安全管理的"高压线"。它的实际意义在于，安全聘用是企业实现安全生产的最重要基础、第一道关口和"防火墙"。其一，体现以人为本的安全理念，员工没有达到安全聘用条件就上岗，如同自杀，管理者聘用不合格员工上岗，如同杀人。其二，在企业生产过程"人—机—环境"三要素中，人的因素是第一位的，只有安全聘用"防火墙"挡住不符合 HSE 条件的员工或承包商进入，才能保障企业生产经营活动的安全运行。其三，管理者是实现"安全是聘用的必要条件"关口的守门员，把好企业安全聘用关，有制度规定，有专职部门，但最重要的是各级管理的"第一责任"作用。

三、企业必须对员工进行健康安全环境培训

接受岗位 HSE 培训是员工的基本权利，也是企业 HSE 工作的重要责任。

企业应持续对员工进行 HSE 培训和再培训，确保员工掌握相关 HSE 知识和技能，培养员工良好的 HSE 意识和行为。所有员工都应主动接受 HSE 培训，经考核合格，取得相应工作资质后方可上岗。

企业员工是集团公司的发展之源、安全之本，安全环保目标最终要靠每位员工来实现，落实培训原则的重要意义就是通过强化 HSE 培训，夯实安全环保基础，把全体员工熔炼成"要安全、懂安全、会安全"的百万精兵，为集团公司建设综合性能源公司提供坚实基础保障。

四、各级管理者对业务范围内的健康安全环境工作负责

HSE 职责是岗位职责的重要组成部分。各级管理者是管辖区域或业务范围内 HSE 工作的直接责任者，应积极履行职能范围内的 HSE 职责，制定 HSE 目标，提供相应资源，健全 HSE 制度并强化执行，持续提升 HSE 绩效水平。推进 HSE 管理体系建设、建立安全环保长效机制的关键是落实各级管理者职责。按照"责、权、利"对等管理理论，没有无责任的权力，权力大理所当然责任大。按照落实直线责任、推进属地管理的要求，一级对一级，层层抓落实，做到"每个人都对自己从事工作的安全环保负责；每个部门都对自己管理业务的安全环保负责；每个领导都对自己分管工作的安全环保负责；每个单位对自己所辖范围内的安全环保负责"。

五、各级管理者必须亲自参加健康安全环境审核

开展现场检查、体系内审、管理评审是持续改进 HSE 表现的有效方法，也是展现有感领导的有效途径。各级管理者应以身作则，积极参加现场检查、体系内审和管理评审工作，了解 HSE 管理情况，及时发现并改进 HSE 管理薄弱环节，推动 HSE 管理持续改进。管理者参加健康安全环境审核是有感领导的要求，有利于管理者的正确决策。

六、员工必须参与岗位危害识别及风险评估

危害识别与风险评估是 HSE 管理工作的基础，是控制作业风险的前提，也是员工必须履行的一项岗位职责。任何作业活动之前，都必须进行危害识别和风险评估。员工应主动参与岗位危害识别和风险评估，熟知岗位风险，掌握控制方法，防止事故发生。落实该项原则的关键就是凝聚全体员工的智慧，做到危害识别，员工一个不能少。建立让全体员工主动参与岗位危害识

别和风险评估的机制，达到让所有员工都熟知本岗位风险、掌握控制方法、防止事故发生、把所有事故消灭在萌芽状态的目的。

七、事故隐患必须及时整改

隐患不除，安全无宁日。所有事故隐患，包括人的不安全行为，一经发现，都应立即整改，一时不能整改的，应及时采取相应监控措施。应对整改措施或监控措施的实施过程和实施效果进行跟踪、验证，确保整改或监控达到预期效果。

及早地对事故隐患进行超前诊断或辨识，及时采取针对性的措施予以治理和消除，对保证安、稳、长、满、优生产具有特别重要的现实意义。这是各级管理者落实"以人为本、预防为主、全员参与、持续改进"的HSE方针的责任体现和HSE管理关键环节上的一项基本行为准则。事故隐患虽猛于虎，但只要练就过硬的打虎本领，立足于事先预测和防范，运用各种科学的、行之有效的安全评价方法进行评估，及时采取有效的对策措施落实隐患整改，就能达到防范和控制事故发生的目的。

八、所有事故和事件必须及时报告、分析和处理

事故和事件也是一种资源，每一起事故和事件都给管理改进提供了重要机会，对安全状况分析及问题查找具有相当重要的意义。要完善机制、鼓励员工和基层单位报告事故，挖掘事故资源。所有事故事件，无论大小，都应按"四不放过"原则，及时报告，并在短时间内查明原因，采取整改措施，根除事故隐患。应充分共享事故事件资源，广泛深刻吸取教训，避免事故事件重复发生。"所有事故事件必须及时报告、分析和处理"的原则突出了事故和事件的资源价值与财富理念，要求管理职能由"裁判员"向"教练员"转变，由追究责任层面向寻找规律层面转变，标志着集团公司HSE事故事件管理工作重点的转折和认识理念的突破。

九、承包商管理执行统一的健康安全环境标准

企业应将承包商HSE管理纳入内部HSE管理体系，实行统一管理，并将承包商事故纳入企业事故统计中。承包商应按照企业HSE管理体系的统一要求，在HSE制度标准执行、员工HSE培训和个人防护装备配备等方面加强内部管理，持续改进HSE表现，满足企业要求。从保障业主及承包商的利益出

发，在明确双方 HSE 责任的前提下，使承包商同样有归属感、责任感、使命感，与企业一道形成 HSE 管理的"命运共同体"，利益共享、风险共担。

第三节　集团公司六条反违章禁令

为进一步规范员工安全行为、防止和杜绝"三违"现象、保障员工生命安全和企业生产经营的顺利进行，中国石油于 2008 年颁布了《中国石油天然气集团公司反违章禁令》（中油安〔2008〕58 号，简称《禁令》）

（1）严禁特种作业无有效操作证人员上岗操作；

（2）严禁违反操作规程操作；

（3）严禁无票证从事危险作业；

（4）严禁脱岗、睡岗和酒后上岗；

（5）严禁违反规定运输民爆物品、放射源和危险化学品；

（6）严禁违章指挥、强令他人违章作业。

六条禁令是强制条款，既是强力约束员工行为规范的条款，也是员工的保命条款，任何人员都不许踩这条"高压线"。

《禁令》中所指特种作业范围，按照国家有关规定包括电工作业、金属焊接切割作业、锅炉作业、压力容器作业、压力管道作业、电梯作业、起重机械作业、场（厂）内机动车辆作业、制冷作业、爆破作业及井控作业、海上作业、放射性作业、危险化学品作业等。

《禁令》中的危险作业是指高处作业、用火作业、动土作业、临时用电作业、进入有限空间作业等，凡从事危险作业都必须按作业许可管理，没有作业票禁止作业。

第四节　集团公司安全（HSE）文化

文化是人类文明进步的象征，而安全文化是人类社会发展的标志之一，是企业发展的原动力。企业文化主要指企业在创建和发展过程中所形成的精神财富。企业安全文化是企业组织行为特征和员工个人行为特征的集中表现，这种集中所建立的就是安全拥有高于一切的优先权，是整个企业文化的有机组成部分，也是企业核心竞争力之一，它是企业在长期生产经营、思想政治教育、文学艺术活动中逐渐形成的一种实用性很强的创造精神财富和物质财富的思想、管理方式、群体意识和行为规范的理论与模式。一个企业只有培育出良好的企业安全（HSE）文化，才能使写在纸上的 HSE 管理要求成为全体员工的行动，并最终实现"HSE 融入我心中"的要求。企业安全（HSE）文化包括了信念、价值观、审美观、驱动力、个人承诺、心理素质、参与和责任等，主要体现在：

（1）持续改进 HSE 表现的信念；

（2）鼓励和促进员工改善 HSE 表现；

（3）每个员工的责任和义务都体现公司的 HSE 表现；

（4）各个层次员工都参与 HSE 管理体系的建立和运行；

（5）自上而下地实施 HSE 管理承诺；

（6）保证 HSE 管理体系的有效实施。

集团公司的安全文化目前处于严格监督阶段，这就需要把推行企业安全（HSE）文化建设作为工作的重点，在 2004 年修订的《企业文化建设纲要》中，把"安全"写入了企业的核心经营理念，以此为标志，集团公司企业安全（HSE）文化建设提到了正式议事日程。

集团公司的核心经营管理理念为：诚信、创新、业绩、和谐、安全。

诚信——立诚守信，言真行实；

创新——与时俱进，开拓创新；

业绩——业绩至上，创造卓越；

和谐——团结协作，营造和谐；

安全——以人为本，安全第一。

这一理念代表着集团公司经营管理决策和行为的价值取向，是有机的统一整体，其中诚信是基石，创新是动力，业绩是目标，和谐是保障，安全是前提。安全就是业绩、责任和无隐患。

在集团公司 2004 年出台的《关于进一步加强安全生产工作的决定》中，对建立全员参与的企业安全文化又进行了进一步强调，明确提出抓安全生产要实现四个转变，强化三个 HSE 理念，明确了安全环保工作方针，安全文化建设的方向越来越清晰。

四个转变是：

（1）从单纯强调领导负责向强化全员责任意识转变；

（2）由被动防范、事后处理向强化源头、预防优先转变；

（3）从集中整治检查向制度化、规范化管理转变；

（4）由偏重伤亡事故控制向全面落实 HSE 体系转变，建立起安全生产长效机制。

要强化的三个 HSE 理念是：

（1）"安全第一、环保优先、质量至上、以人为本"；

（2）"一切事故都是可以避免的"；

（3）"HSE 源于责任、源于设计、源于质量、源于防范"。

为进一步加强企业安全文化建设，集团公司在 2006 年 12 月 28 日印发的《关于加强安全文化建设的指导意见》中指出安全文化建设的主要内容是：

（1）传承大庆精神、铁人精神，培育中国石油安全理念；

（2）夯实基层工作，打牢安全生产基础；

（3）加强制度建设，规范安全行为；

（4）强化安全培训，提高安全素质；

（5）加大宣传力度，营造安全氛围。

2008 年，集团公司为进一步规范员工安全行为，防止和杜绝"三违"现象，保障员工生命安全和企业生产经营的顺利进行，特制订反违章六条禁令，作为全体员工的保命条款和安全生产的"高压线"，对严重的违章行为实行"零容忍"政策，任何情况下，任何人都不能踩"高压线"。要求全体员工时刻牢记安全只有"规定动作"，没有"自选动作"。2009 年又颁布了 HSE 管理原则，规范了各级管理者 HSE 管理基本行为的"规定动作"。

一、有感领导

"有感领导、直线责任、属地管理"是安全管理的三个层次。有感领导是点、直线责任是线、属地管理是面，通过点、线、面把安全生产、安全管理、安全责任有机地、立体地、紧密地结合起来，强调了领导的示范、表率和引导作用，明确了安全责任取向，阐明了属地员工的安全生产责任。通过践行有感领导，推动领导干部由"重视"向"重实"转变；通过强化直线责任，推动职能部门由 HSE 管理的"参与者"向"责任者"转变；通过落实属地管理，推动基层员工由"岗位操作者"向"属地管理者"转变，最终促进"全员参与"向"全员负责"转变，确保安全生产责任制落实到位。

HSE 体系推进的关键是落实全员 HSE 责任。有感领导、直线责任和属地管理都是明晰并落实全员 HSE 责任制的有效方式和具体体现，既是一种管理理念，也是一种工作要求。这三个理念之间也是互为载体，同时具体内涵也有交叉，但针对不同职能层次也有不同的侧重点。践行有感领导、强化直线责任、落实属地管理也是健全和落实安全环保责任制的必然要求，其中，有感领导重点是指要通过领导干部以身作则的良好安全行为带动全员积极主动参与 HSE 管理，可通过制定履行安全承诺、实施个人安全行动计划、参与行为安全审核等方式实现；直线责任重点是指机关职能部门应改进完善 HSE 职责，明确"管工作必须管安全"的工作原则；属地管理重点是指基层员工通过明确属地区域、建立属地管理职责来落实 HSE 管理责任，可通过岗位日常巡检、参加工作前安全分析、参与作业许可的申请和审批等方式来实现。

1. 有感领导的概念与内涵

有感领导是指：企业各级领导通过以身作则的个人安全行为，体现出良好的领导行为和组织行为，使员工真正感知到安全生产的重要性，感受到领导做好安全工作的示范性，感悟到自身做好安全工作的必要性。

"有感领导"源于美国杜邦公司强化高级管理层对安全的负责制。杜邦公司早期火药生产过程的高风险性和生产中曾发生过的多次严重安全事故，特别是 1818 年杜邦历史上最严重的爆炸事故（爆炸中有 40 多名工人丧生，E. I. 杜邦的几位亲人也没能逃脱厄运）发生以后，公司规定在高级管理层亲自操作之前，任何员工不允许进入一个新的或重建的工厂。在当时规模不太大的情况下，杜邦要求凡是建立一个新的工厂，厂长、经理要先进行操作，目的是体现安全的直接责任，体现对安全重视，你认为是安全的，你先进行操作、开工，然后再让员工进入。发展到现在，杜邦公司成为规模很大的跨国公司，不可能让高级总裁参加这样的现场操作，所以杜邦公司安全也发展到现在的有感领导，进一步强化高级管理层对安全的负责制。该制度演变为如今的高级管理层的"有感领导"。

当今，HSE 管理的领导力具体体现在重视力、支持力、参与力、示范力、影响力五个方面，这五个方面是一个层层递进的逻辑关系，其中：

（1）重视力是指各级领导干部要真正把 HSE 放到与生产经营同等重要的位置上，体现了有感领导中的领导行为。

（2）支持力是指领导干部在 HSE 管理过程中应提供人、财、物、技术和信息等方面的资源保障，体现了有感领导中的组织行为，让员工感受到各级管理者履行对安全责任做出的承诺。

（3）参与力是指领导干部通过制定实施个人安全行动计划，带头分享安全经验等方式展现良好的个人安全行为。

（4）示范力是指领导干部通过良好的组织行为、领导行为、个人行为展示以身作则的示范作用，指自上而下，强有力的个人参与，各级管理者深入现场，以身作则，亲力亲为。

（5）影响力是指领导展现的安全行为以及对安全工作的期望，对员工的正面影响。有感是部属的感觉而不是领导者本人的感觉，是让员工和下属体会到领导对安全的重视。

2. 推行有感领导的意义和作用

（1）HSE 管理是一个自上而下的过程，高层领导个人的承诺、领导力和推动力从根本上决定了安全工作的成功。

（2）HSE 文化实际上就是"一把手"文化，各级领导以身作则，率先垂范，是履行自身 HSE 职责的内在要求，也是构建 HSE 文化的一个重要部分。

（3）有感领导是贯彻落实 HSE 管理原则的具体体现，领导干部良好的安全行为对全体员工的 HSE 表现具有非常大的示范和影响作用。

（4）要让员工转变观念必须领导首先转变观念，要让员工养成习惯必须领导首先养成习惯，要让员工提高能力必须领导首先提高能力。只有有感领导才能带动全体员工参与，而全体员工参与又会促进有感领导进一步强化，形成相互促进的良性循环。一旦形成全员参与氛围，必将促进全体员工安全责任意识和安全能力的提升，促进安全执行力的进一步强化，促进提高自主管理能力。

（5）推动领导干部践行有感领导，这是各级管理者落实 HSE 责任的基本要求，也是各级管理者履行领导承诺的有效载体，同时通过领导带头的示范作用引领全体员工积极主动参与 HSE 管理，通过有感领导的影响力引领全体员工深入推进安全文化建设，从而持续提升企业 HSE 业绩和基层现场 HSE 管理水平。

3. 落实有感领导的做法及要求

——履行岗位安全环保职责是体现有感领导的基本要求；

——落实有感领导必须要从自身做起，从小事和细节做起；

——落实有感领导必须要不断提升自身 HSE 管理领导力。

例如，某公司率先提出有感领导"七个带头"的具体做法，明确诠释了有感领导的具体内涵，包括：带头宣贯安全理念、带头遵守安全规章制度、带头制定实施个人安全行动计划、带头开展行为安全审核、带头讲授安全课、带头开展安全风险识别、带头开展安全经验分享活动。

二、直线责任

1. 概念与内涵

直线责任是指落实各项工作的负责人对各自承担工作的 HSE 管理职责，做到谁主管谁负责、谁组织谁负责、谁执行谁负责。具体表现如下：各级主要负责人要对 HSE 管理全面负责，做到一级对一级，层层抓落实；各分管领导要对其分管工作范围内的 HSE 工作直接负责；各机关职能部门要对分管的业务范围内的 HSE 工作负直线责任；项目负责人要对自己承担的项目工作和负责领域的 HSE 工作负责；各级安全管理部门对本单位的 HSE 工作负综合管理和监督责任；每名员工都要对所承担工作（任务、活动）中的 HSE 负责。

2. 落实直线责任的意义和作用

（1）通过强化落实直线责任，明晰各级领导和职能部门 HSE 管理的责任和权限，理顺管理流程，避免多头管理和管理脱节。

（2）落实各级管理者职责是推进 HSE 管理体系建设、建立安全环保长效机制的关键。

（3）做好 HSE 工作，保护自身及他人的健康和生命安全是每一个管理者的天职。

3. 落实直线责任的要求

HSE 工作负责，十分清楚并能履行自身安全职责，在实际工作中时刻关注安全，了解安全生产状况，清楚存在问题，并能制定和严格落实个人安全行动计划，对存在的问题加以解决。直线领导不仅要对结果负责，更要对安全管理的过程负责，并将其管理业绩纳入考核。直线责任赋予了有感领导、承包商管理等新的理念与内涵，进一步细化和明确了相关的 HSE 管理要求。要确保职能部门有效落实直线责任，应做到以下几个方面的内容：

（1）改进完善各职能部门和管理岗位的 HSE 内涵职责，这不是孤立或分开的，应该与岗位职责紧密结合，互为一体。

（2）职能部门人员应制定、实施个人安全行动计划，将部门和岗位 HSE 职责细化为过程指标，可操作性更强。

（3）职能部门领导应积极采取安全观察与沟通的方式，参与行为安全审核，这既展现了有感领导，同时也是对业务范围内 HSE 工作的一种过程控制，从而可以了解现状，找出改进空间。

（4）各级管理者应对其直接下属进行 HSE 培训，这也是直线责任的重要体现和内容。

4. 落实直线责任的做法

（1）应将 HSE 管理融入生产经营业务管理流程中，真正做到"管工作管安全、管业务管安全"。

（2）各级职能部门均需结合具体业务管理工作明晰自身的 HSE 职责，而不是被赋予 HSE 管理的职责。

（3）管理者通过逐级下达 HSE 目标指标，由此实现安全责任的有效传递，使得各个岗位都有 HSE 管理职责和目标。

（4）应通过逐级的培训及指导，提高各级管理人员的 HSE 管理能力，从而促进 HSE 目标指标的实现。

（5）通过过程管理和逐级考核，一级管理一级，实现一级为一级负责，实现直线责任的有效传递。

例如，生产管理部门在负责组织实施公司的生产经营计划，协调、督导日常生产管理的同时，还负责组织岗位生产作业安全操作规程制修订、生产应急指挥系统管理和应急状态下指令的发出和执行等工作。设备管理部门在负责组织实施公司各类生产设备设施的验收、安装，并进行日常维护保养的同时，还负责设备、基础设施的完好性、设备启用前安全检查，以及锅炉等特种设备安全管理等工作。

三、属地管理

1. 概念与内涵

广义上属地是指主要领导的管理范围、副职领导的分管领域、职能部门的业务领域、基层单位和员工的生产作业区域。

属地管理的重点是指生产作业现场的每一个员工都是属地主管，都要对属地内的安全负责，即对自己属地区域内人员（包括自己、同事、承包商和访客）的行为安全、设备设施的完好、作业过程的安全、工作环境的整洁负责。"谁在岗、谁负责，交班交责任"。

2. 实施属地管理的意义和作用

（1）改变传统的 HSE 管理靠"警察抓小偷"的方式，员工只是被动执行岗位职责，增强员工主动参与 HSE 管理的积极性。

（2）HSE 管理需要全员参与，HSE 职责必须明确，必须落实到全体员工，尤其是基层的员工。员工的主动参与是 HSE 管理成败的关键。

（3）属地管理是落实基层员工 HSE 职责的有效方法，是传统基层岗位责任制的继承和延伸。

（4）实施属地管理，可以树立员工"安全是我的责任"的意识，实现从"要我安全"到"我要安全"的转变，HSE 管理才能落到实处。

3. 落实属地管理的要求

属地管理可通过划分属地范围、明确属地主管、落实属地管理职责等环节具体贯彻落实。

1）划分属地范围

属地的划分主要以工作区域为主，以岗位为依据，把工作区域、设备设施及工（器）具细化到每一个人身上。例如，对操作人员来说，其属地是他的岗位区域；对维修人员来说，其属地是他的维修工作区域；对办公室人员来说，其属地是他的办公区域。

2）明确属地主管

各单位应将对所辖区域的管理落实到具体的责任人，做到公司所属的每一片区域、每一个设备（设施）、每个工（器）具、每一块绿地、闲置地等在任何时间均有人负责管理，可在基层现场设立标示牌，标明属地主管和管理职责。

3）落实属地管理职责

通过职责描述明确每个区域、每项工作的安全责任。通过属地管理推动岗位职责的履行。

（1）管理所辖区域保证其自身及在区域内的工作人员、承包商、访客的安全；

（2）对本区域的作业活动或者过程实施监护，确保安全措施和安全管理规定的落实；

（3）对管辖区域的设备设施进行巡检，发现异常情况，及时进行应对处理并报告上一级主管；

（4）对属地区域进行清洁和整理，保持环境整洁。

通过落实属地管理，确保每个生产区域、每台设备、每次作业都有明确的属地主管，做到"事事有人管，人人有专责"，保证了安全管理无空白，提升了基层生产作业现场的 HSE 管理水平，避免了各类事故事件的发生，最终实现安全生产。

4. 落实属地管理的做法

（1）某钻探公司提出了"确认、告知、跟踪、提示"的"八字"管理守则，即：确认来人身份，告知区域风险，跟踪在属地作业人员的工作质量，提示来访者及作业人员的安全行为。

（2）某石化公司推行属地管理引入"家"的概念，使各级属地主管将所辖属地当作自己的家，对属地进行细致有效的管理。

（3）某物探公司按照"现场管理不空位、不越位、不错位"的原则，依据全面实施、逐级推进、明确职责的要求，各基层单位将现场工作区域（包括作业场所、实物资产和人员）划分为若干个单元。从机关到基层，从人员到现场，从场所到设备，全面划分属地区域，做到从基层单位负责人到每名操作员工均有自己的属地。

与此同时，集团公司积极开展标准化企业及班组建设，推行实施机关干部安全行为准则，提倡企业推行有感领导、安全观察与沟通、个人安全行动

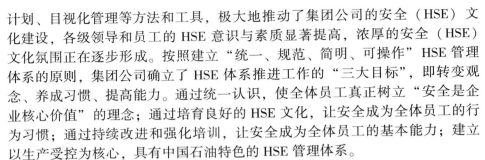

计划、目视化管理等方法和工具，极大地推动了集团公司的安全（HSE）文化建设，各级领导和员工的 HSE 意识与素质显著提高，浓厚的安全（HSE）文化氛围正在逐步形成。按照建立"统一、规范、简明、可操作" HSE 管理体系的原则，集团公司确立了 HSE 体系推进工作的"三大目标"，即转变观念、养成习惯、提高能力。通过统一认识，使全体员工真正树立"安全是企业核心价值"的理念；通过培育良好的 HSE 文化，让安全成为全体员工的行为习惯；通过持续改进和强化培训，让安全成为全体员工的基本能力；建立以生产受控为核心，具有中国石油特色的 HSE 管理体系。

集团公司 HSE 管理体系推进与提升，通过学习与借鉴国际公司先进 HSE 管理经验，充分结合 HSE 管理实践和集团公司特点，进行吸收、转化和应用发展，形成了一些具有中国石油 HSE 管理特色的新的管理理念和突出的做法与创新，并在全系统范围内大力推行，极大地提升了集团公司 HSE 管理整体水平。

第二章 海外钻修井项目的 HSE 监督管理

海外钻修井项目作为集团公司实施"走出去"战略的主营业务，需要建立系统化的 HSE 监管体系，以满足国际化甲方公司的 HSE 管理要求。本章以海外钻修井项目实际运行为例，立足于简洁、实用、与国际化甲方要求相适应的出发点，对项目策划、各层级机构和职责，以及钻修井队应开展的 HSE 监督具体工作进行了系统性介绍。

第一节 项目部 HSE 监督管理

学习目标

通过学习，了解海外钻修井项目的策划和运行过程。掌握海外项目组织机构、部门岗位 HSE 职责的确立和划分原则，知晓项目应建立健全的 HSE 监管制度。能够结合项目特点，建立完善的 HSE 责任体系。学会项目风险辨识、分析、评价、管控的依据、原理和方法。

一、项目策划

1. 项目考察

针对所获得市场信息的实际情况，前期对项目所在国家和地区的自然状况、政治经济与法律状况、社会治安及安保状况、当地财税保险特征、石油行业发展状况、竞争对手情况、市场价格及风险情况等进行考察和调研，形成考察报告。

2. 项目论证

依据考察报告，组织相关部门、海外项目部、专家组对项目的安保及HSE 管理进行全面、细致地分析和研究（分析项目所在国家或地区的安全风险等级，有无安保措施和应急预案），开展可行性论证，填写《海外项目可行性论证报告》，依据论证结果决定是否参与项目投标。

3. HSE 澄清

根据具体项目投标，研究投标工作中安保及 HSE 事项，确定投标计划和投标策略。制作标书过程中，对安保和 HSE 方面的疑问，及时向业主进行澄清，并及时反馈澄清结果。

4. 合同签订

项目中标后，组织研读合同草本，就安保和 HSE 投入、社区关系、当地的法律和甲方的政策、井场、道路、工程设计、气候条件、井控要求、对设备人员的要求、设备的定期检验检测等合同条款提出修改意见，与业主进行谈判。针对合同中未包含的内容，在签订合同时，附加 HSE 条款或 HSE 合同。

5. 问题分析

对于在执行项目，海外项目要及时记录并反馈项目执行中遇到的与项目投标相关的安保和 HSE 问题，定期进行汇总分析，优化项目投标策略。

二、HSE 职责

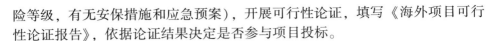

海外钻修井项目应明确组织机构和直线责任，规定各级人员在 HSE 监督管理方面的作用，赋予相应的职责和权限。

1. 原则和要求

项目部应确保各部门在其能控制的领域承担 HSE 方面的责任，遵守 HSE 管理要求。

（1）对机构、岗位设置与职能分配时，做到 HSE 职责与业务职责相结合，协调统一；

（2）HSE 职责分配应按"谁组织、谁负责，谁管理、谁负责，谁实施、谁负责"的原则，落实直线责任与属地管理；

（3）最高管理者是 HSE 管理的第一责任人，各部门主要负责人对其职责范围内的 HSE 绩效负最终责任。

如项目部适用的法律法规和其他要求、施工工艺、顾客要求、上级有关文件要求等内、外部环境发生重大变更时，项目部通过管理评审等活动，对组织机构、各部门职责和权限进行评审，进行相应的调整，以确保其适宜性和有效性。

2. HSE 组织机构和职责确定

海外钻修井项目成立项目部，项目部按图 2-1 建立组织机构。项目 HSE 管理委员会主任由项目部总经理担任，副主任由项目部 HSE 总监、副总经理和总工程师担任，委员会成员由项目部各部门负责人组成。

图 2-1　海外钻修井项目组织机构图

1）HSE 管理委员会主要职责

（1）项目部 HSE 管理委员会是项目部健康安全环境（HSE）管理的最高权力机构。

（2）组织编制项目部 HSE 管理体系，批准和贯彻执行 HSE 管理体系。

（3）组织修订、完善、批准项目部各项 HSE 管理规章制度。

（4）定期召开委员会会议，讨论、研究和决定项目部 HSE 管理体系执行情况，以及项目部各项管理工作中涉及 HSE 方面的相关事宜。

（5）审议、确定项目部年度 HSE 工作目标，下达各单位的年度 HSE 管理目标和责任指标；制定项目部年度 HSE 工作计划和重点工作。

（6）审议年度 HSE 预算，评价、批准年度安全设施采购、资源配置、培训计划等。

（7）组织贯彻落实上级单位下发的文件、规定和要求。

（8）组织对重大事故进行汇报、调查和处理。

（9）组织现场 HSE 检查，监督项目部 HSE 管理体系的执行情况，提高项目部 HSE 管理水平。

（10）组织制定和实施项目重大危险源消减计划和突发事故的应急救援预案。

（11）决定劳保、医疗等设施的配置，改善员工作业条件、保证员工健康。

（12）编制和批准实施项目部 HSE 奖罚管理规定，并综合评议基层作业队 HSE 管理优胜单位，评比年度 HSE 先进单位和个人。

（13）定期对社会安全形势进行评价，提出预防措施。

（14）践行有感领导、落实直线责任、推行属地管理，监督各岗位一岗双责的 HSE 责任的落实。

2）HSE 管理委员会办公室

项目部设立 HSE 管理委员会办公室，办公室设立在 HSE 部，具体职责如下：

（1）组织编制项目部 HSE 管理体系并贯彻执行。

（2）组织修订、完善项目部各项 HSE 管理规章制度。

（3）组织制定项目部年度 HSE 工作目标、工作计划和重点工作。

（4）完成 HSE 管理委员会下达的各项任务，并监督执行，定期向管理委员会汇报执行情况及存在的问题。

（5）向 HSE 管理委员会提交 HSE 管理过程中的相关信息、资料和报告。

（6）从 HSE 部的管理职责出发，向 HSE 管理委员会提出建议、意见，供委员会评议、决定。

（7）汇总项目部管理层现场检查情况，反馈各单位 HSE 体系执行情况。

（8）负责日常工作，建立、健全 HSE 管理台账，收集、保存 HSE 资料。

（9）负责组织对项目部发生的健康安全事故进行调查，组织编写事故报告及整改和纠正措施，进行事故分享。

3. HSE 岗位和职责的确定

项目部应设立 HSE 总监、HSE 监督管理部门经理、HSE 监督管理部门主管等岗位，并明确其职责。

1）HSE 总监岗位职责

（1）组织编制和贯彻执行项目部 HSE 管理体系。

（2）组织落实并执行上级、甲方和当地政府的 HSE 相关要求。

（3）组织建立和完善项目 HSE 管理制度并监督实施。

（4）监督践行有感领导、落实直线责任、推行属地管理以及各岗位一岗双责 HSE 责任的落实。

（5）组织协调与甲方、承包商、当地政府、社区之间有关的 HSE 事务。

（6）组织制定、实施和改进项目 HSE 计划。

（7）组织制定和实施项目重大危险源消减计划和突发事故的应急救援预案。

（8）组织对项目各种大型施工作业的 HSE 风险进行评估，制定预防措施并监督实施。

（9）负责组织项目部各类 HSE 事故的调查、取证、汇报等工作。

（10）负责组织召开项目部 HSE 例会。

（11）制订各作业队 HSE 管理检查和验收考核管理办法并实施。

（12）组织定期对各工作场所和作业现场的 HSE 管理工作进行检查，并督促其及时整改。

（13）组织项目 HSE 经验交流和推广项目部的 HSE 企业文化。

2）HSE 监督管理部门经理岗位职责

（1）在 HSE 总监的领导下，制定、实施和改进项目 HSE 计划。

（2）编制 HSE 管理体系相关文件，监督 HSE 管理体系的贯彻执行。

（3）建立和完善项目 HSE 管理制度并监督实施。

（4）落实和执行上级和甲方的 HSE 相关要求，协调与甲方、承包商的 HSE 事务。

（5）制定和实施现场 HSE 培训计划。

（6）制定和实施项目重大危险源消减计划，以及突发事故的应急救援预案。

（7）对项目各种大型施工作业的 HSE 风险进行评估，制定预防措施并监督实施。

（8）负责组织或参与项目部 HSE 事故的调查、取证、汇报等工作。

（9）组织 HSE 部定期对各工作场所和作业现场的 HSE 管理工作进行检查，制定整改措施，并监督整改。

（10）负责对安保、医疗、HSE 服务等承包商的直线管理，监督承包商执行项目部 HSE 体系和相关规定。

（11）对各施工队伍的 HSE 监督人员进行管理和考核。

（12）收集、整理并上报项目的 HSE 数据和资料。

（13）负责组织召开 HSE 例会。

3）HSE 监督管理部门主管岗位职责

（1）负责编制 HSE 管理体系相关文件，监督 HSE 管理体系的有效运行。

（2）负责贯彻落实上级、甲方和当地政府有关 HSE 方面的具体要求。

（3）与甲方、承包商、当地政府、当地社区沟通 HSE 具体事务。

（4）制定并改进项目年度 HSE 计划和重点工作。

（5）负责制定 HSE 培训计划，并组织实施。

（6）负责参与部门现场 HSE 检查，落实整改措施，监督整改情况。

（7）负责管理层现场检查情况的汇总，为项目部月度 HSE 会提供相关资料。

（8）负责现场安全设施的检查和配套，个人劳动保护用品计划编制与分发工作。

（9）负责组织召开作业队伍的 HSE 例会和参加甲方的 HSE 例会。

（10）参与项目施工作业的 HSE 风险评估，组织制定工作安全分析，监督预防措施的落实。

（11）收集、整理和上报项目的 HSE 数据和资料。

（12）对各施工队伍的 HSE 监督人员进行管理和考核。

4. 各业务部门的 HSE 通用职责确定

各部门根据其业务范围的特殊性，确定其特有的 HSE 职责。

（1）落实部门 HSE 直线管理责任，履行一岗双责的 HSE 职责。

（2）负责贯彻执行本部门业务范围的 HSE 体系和规章制度，确保现场施工满足 HSE 程序要求；进行危害因素识别、安全风险评估和工作安全分析，制定相应的控制与预防措施，并落实执行。

（3）负责本部门的 HSE 管理工作，包括 HSE 的宣传、培训、绩效考核、个人安全行动计划、安全经验分享、安全观察与沟通等。

（4）推行 HSE 属地管理，监督现场作业施工满足程序要求。

（5）组织部门现场 HSE 检查，落实整改措施，监督整改情况。

（6）负责本部门业务范围承包商的直线管理，监督承包商的服务满足项目部 HSE 体系要求。

（7）负责制定和履行部门人员的健康安全环保职责。

（8）组织或参与 HSE 事故的调查、分析和处理。

三、日常监管

海外钻修井项目应建立《HSE 监督检查制度》及具体的检查实施细则，以及《HSE 考核、奖惩制度》《HSE 监督培训制度》《HSE 隐患消项制度》《HSE 监督例会和通报制度》等，对 HSE 监督管理做出明确和具体的规定。

海外钻修井项目每年编制《年度 HSE 监督工作方案》，内容包括工作目标、监督重点、保障措施、责任划分、监督考核、资质培训、隐患整改闭合等内容，重点工作的落实应适合项目所在国实际，明确具体的时间推进表，落实相关责任人。每年根据工作任务的完成情况，形成《年度 HSE 监督工作总结》。

海外钻修井项目每年召开年度 HSE 监督管理工作会议，总结上年 HSE 监督管理工作，分析面临的形势，安排部署本年度 HSE 监督管理重点工作。每季度召开 HSE 监督例会，通报监督检查情况和隐患治理情况，跟踪阶段性管理目标完成情况，分析存在的不足和面临的形势，安排部署下一步重点工作。

四、项目风险分析与管控

1. 危害因素辨识

（1）在实施生产作业活动之前，对危害因素及环境因素的辨识和评价，其范围应覆盖项目部所有常规和非常规活动、覆盖所有进入作业场所人员的活动、覆盖作业场所内的所有设施，充分考虑人员、设备、物料、法规、环境和管理六方面的不安全因素。

（2）综合考虑评价结果、以往事故案例的情况及违反相关法律、法规及其他要求的情况，确定出重大风险和重要环境因素，并通过制定风险控制程序加以控制。

（3）针对新增危害因素和环境因素、重大风险和重要环境因素、作业场所发生重大变化等情况，项目部及时开展危害因素、环境因素辨识、评价和控制工作，更新工作前安全分析程序。更新前对风险评价及风险控制的过程有效性进行评审、改进。

（4）所有从事辨识、评价及制定控制措施的人员，应通过相应的培训，以具备相应的能力。

（5）应根据工作任务，按照岗位设置、设备设施、工艺流程和工作区域等划分基本单元，针对基本单元进行危害因素辨识。基层岗位应根据作业活动细分操作步骤，按照操作步骤辨识危害因素。

（6）按照《生产过程危险和有害因素分类与代码》（GB/T 13861—2009）、《企业职工伤亡事故分类》（GB/T 6441—1986）、《职业病危害类目录》（卫法监发〔2002〕63号）和《建设项目环境风险评价技术导则》（HJ/T 169—2004）的分类要求辨识危害因素。

（7）施工作业前应开展工作前安全分析，并针对其危害因素识别的结果采取相应的控制措施。具体执行本书第三章第一节内容要求。

2. 风险评价

（1）对已辨识出的危害因素进行风险评价，生产安全风险评价由属地单位负责组织实施。

（2）结合本项目实际，成立评价小组，选择恰当的评价方法，明确判别准则，组织风险评价，落实风险防控责任主体。

（3）根据风险后果严重程度和发生的可能性对风险进行技术分级。

（4）基层单位应对辨识出的危害因素进行风险评价、分级，形成记录；根据基层单位风险评价结果，分级明确风险防控重点，组织再评价，形成报告。

思考题

（1）海外钻修井项目部组织机构和 HSE 职责确定的原则与要求是什么？

（2）在日常监管方面，海外钻修井项目部应建立哪些制度？

（3）海外钻修井项目危害因素辨识的范围包括哪些？

第二节　钻修井队 HSE 监督管理

学习目标

通过学习，掌握海外钻修井队主要岗位的 HSE 职责。掌握海外钻修井队不同周期内应开展的 HSE 监督工作。了解海外钻修井队应配备的劳动保护用品。

一、钻修井队 HSE 职责

1. 平台经理的 HSE 职责

（1）对钻井现场总体 HSE 工作负责；

（2）执行国家及所在国有关 HSE 方面的法律法规；

（3）负责贯彻落实集团公司、项目部及甲方的相关 HSE 管理规定、制度、标准和各类会议精神等；

（4）负责组织制定本队各类 HSE 相关制度、规定并组织落实；

（5）负责定期组织对钻井施工现场的 HSE 检查，督促相关人员对存在的 HSE 问题进行整改；

（6）负责与甲方及项目部协调解决现场 HSE 问题；

（7）负责对作业许可证（PTW）进行审批；

（8）负责统计 HSE 设施、设备采购需要并上报；

（9）负责组织制定并实施钻井队各类事故应急救援预案；

（10）负责对在本队出现的各类事件、事故的调查并报告，落实整改措施；

（11）对第三方及其他属地范围内的人员 HSE 负责；

（12）负责组织执行上级体系文件，组织制定"两书一表"并实施，对体系文件持续改进提出建议；

（13）对井队各岗进行 HSE 业绩考核，对违反 HSE 相关规定及要求的员工进行处罚；

（14）上岗时按规定穿戴劳保用品，正确使用和妥善保管各种防护器具及灭火器材，持有效证件上岗。

2. HSE 监督的职责

（1）认真贯彻执行和宣传国家及所在国有关 HSE 方面的法律、法规。

（2）负责传达落实公司、项目部及甲方有关标准要求、规章制度及会议精神等。

（3）对项目部 HSE 部及甲方 HSE 监督负责，协助平台经理开展各项 HSE 工作。

（4）监督检查钻井施工作业现场岗位人员持证上岗，并监督岗位人员按操作规程进行操作。

（5）负责各种 HSE 设备设施的安装、使用、维护和保养，并认真记录 HSE 设施台账。

（6）负责对钻井施工现场的监督检查。发现问题和隐患，及时落实整改，并对整改情况进行跟踪验证。验收不合格，不允许进行下道工序。

（7）对"三违"现象和在规定期限内未完成整改的隐患与问题以及关键要害部位存有可能直接导致人身伤害的隐患，按规定进行处罚。

（8）发现严重违章和重大事故隐患，立即要求停止施工作业，制定应急措施，同时报告平台经理。

（9）参加交接班会议，对本班作业工况进行风险提示，制定风险消减措施并监督执行。

（10）重点工序（起放井架、下套管、甩钻具、整拖、开钻）作业前负责按检查验收单进行检查验收，验收合格后方可进行下道工序作业。

（11）监督员倒班前，负责向平台经理进行监督离队期间各种工况的风险提示，制定风险消减措施，做好记录并签字确认。

（12）每天向项目部 HSE 部及甲方 HSE 监督汇报监督工作情况，做好记录，按时上交各种资料。

（13）负责井队岗位人员的 HSE 培训。

（14）负责本队劳保用品的保管及发放。

（15）负责对外来人员进行入场安全教育，并做好记录。

（16）负责落实体系文件，制定"两书一表"，对体系文件持续改进提出建议。

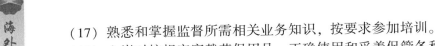

（17）熟悉和掌握监督所需相关业务知识，按要求参加培训。

（18）上岗时按规定穿戴劳保用品，正确使用和妥善保管各种防护器具及灭火器材，持有效证件上岗。

二、钻修井队日常监督要求

1. 每日监督工作要求

（1）班前班后会，进行风险提示。根据本班工作内容提出安全要求，交班班组做好本班 HSE 工作讲评。平台经理、HSE 监督对以上工作的执行进行督促和指导，对风险辨识不全面、预防措施落实不充分进行完善和补充。

（2）各岗位进行接班前属地管理巡回检查，HSE 监督员对各岗位巡回检查工作开展情况进行监督。

（3）HSE 监督员每天进行作业现场巡回检查，发现问题及时报告和整改。限时整改项要进行记录和跟踪，平台经理落实责任人进行整改，整改完成后要专人负责亲自验证关闭。

（4）使用好 STOP 卡。使用 STOP 卡步骤：收集—整改—关闭—记录—统计。各岗位开展日常巡回检查，将观察发现的内容填入 STOP 卡；平台经理对发现的问题落实到直线责任人及时整改。

（5）HSE 监督员监督现场作业安全，对本书第五章所涉及的关键工序和高危作业进行旁站式监督，及时发现和纠正不安全行为与隐患。

（6）各岗位对井场设备和车辆进行日检查并填好日检查记录，HSE 监督员除做好自身负责检查工作之外，指导和监督其他岗位做好相应检查工作。日检查必须包括但不限于以下几种：吊车日检查、叉车日检查、气动绞车日检查、皮卡车日检查等。

（7）岗位员工在操作使用前对设备设施、工器具、吊带、绳套、卸扣等进行检查，发现问题应停止操作，及时汇报至管理人员。

（8）HSE 监督员填写并汇报《HSE 监督日志》。日志内容应包括：当日进行的 STOP 卡统计和限时整改问题统计、工作前安全分析、作业许可程序、HSE 检查、HSE 会议、应急演习、吊装计划、HSE 培训、HSE 事件记录。

2. 每周监督工作要求

（1）每周参加甲方周 HSE 例会、项目部周 HSE 例会，汇报本周 HSE 工作情况及隐患整改情况，并向作业队传达会议内容，落实会议决议和要求。

（2）各岗位员工进行周检查工作，填写相应周检查记录，HSE 监督员除做好自身负责检查工作之外，指导和监督其他岗位做好相应检查工作。检查发现的问题要进行记录和跟踪，平台经理落实责任人进行整改，整改完成后要亲自由专人负责验证关闭。周检查包括但不限于以下内容：

① 安全带系统检查：载人绞车、防坠器、差速器等检查；

② 吊装设备检查：吊车、叉车检查；

③ 吊具检查：钢丝绳套、吊带和卸扣检查；

④ 硫化氢防护设施检查：正压式呼吸器、固定式气体检测仪、便携式气体检测仪检查；

⑤ 坠落物体检查：井架检查、套管扶正台检查、钻井液罐上可能掉落物体的部位检查、其他可能掉落物品检查；

⑥ 营地卫生检查：营区卫生、垃圾处理、厨房卫生、房间卫生检查；

⑦ 循环系统周检查：安全阀泄压回流系统，钻井泵、地面管线、立管、阀门组、水龙带检查；

⑧ 绊倒风险周检查：井场、营区存在绊倒风险区域的检查；

⑨ 接地电阻周检查；

⑩ 井控设备周检查；

⑪ 电焊设备周检查。

（3）平台经理组织工程师、机械师、电气师、带班队长、营房经理每周开展一次综合性检查。

（4）组织开展各类防恐及 HSE 培训。每周根据甲方要求或本队实际情况，制定培训计划，按照计划组织开展相应 HSE 培训。包括但不限于：作业许可程序培训、硫化氢防护培训、风险识别培训、防止受伤程序培训、高空作业培训、急救知识培训、防火培训、机械吊装作业培训、防落物培训及现场临时培训等，培训后要如实填写培训记录。

（5）组织开展各种应急演习。每两周至少组织举行一次防火演习、防硫化氢演习、井控演习、安保演习，演习要全员参与；定期组织伤员急救演习、化学品溢漏演习。演习要严格按照甲方或项目部规定的应急程序开展，明确应急小组成员和职责，在演习过程中要对应急小组成员的履职情况进行验证，演习结束后针对演习过程进行讲评，填写相应的应急演习记录。

3. 每月监督工作要求

（1）制定 HSE 监督工作月计划。以天为单位，确定本月中每天的监督工作，每天工作应包括监督工作重点、检查项目、应急演习、会议安排等。在没有特殊情况下，严格按照计划开展工作。

（2）开展并监督相关岗位员工进行月检查工作，填写相应月检查，HSE监督员除做好自身负责检查工作之外，指导和监督其他岗位做好相应检查工作。检查发现的问题要进行记录和跟踪,平台经理落实责任人进行整改。月检查包括但不限于以下:消防设备检查,包括井场灭火器月检查,营房灭火器月检查,烟雾报警器月检查,消防水龙带、消防枪、应急消防泵检查,气体探测仪月检查。

(3)统计本月各类安全隐患的整改情况,统计本队本月百万工时月报及可记录事件月报。

(4)根据本月施工和气候等自然状况,以及对 STOP 卡系统性的分析与统计,识别出相应动态风险和安全隐患。做好整改工作计划并监督实施,及时上报整改工作动态并做好整改情况的现场通报工作。

4. 半年监督工作要求

(1)提交半年工作总结。工作总结中至少要涵盖半年工作的内容和自评;现场各项防恐及 HSE 制度落实情况;对项目 HSE 管理方案的意见和建议;工作中的优秀做法和不足;今后努力的方向等。

(2)组织进行吊具检测及颜色更换。

① 现场钢丝绳套、吊钩、卸扣、耳板和提丝等吊索具,每 6 个月应进行一次检测,并采用绿、橙、蓝和白四种颜色进行循环标识,表明吊索具可以安全使用。

② 集中检测标识的时间为每年 2~3 月份和 8~9 月份。如果检测后状况良好,按照图 2-2 的奇偶数年份的不同时间对应的安全颜色进行标识。

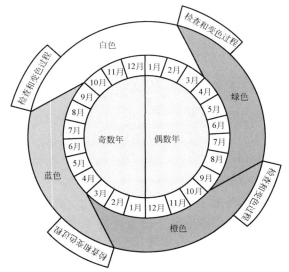

图 2-2　吊索具安全颜色标示图

③ 吊索具的检测更换的时间是 60d，在检查更换期内，两种色标可以同时出现并使用，检测更换期结束后，所有检测合格的吊索具都要使用新的色标。禁止使用的吊索具标记为红色，并及时进行报废处置。

④ 钢丝绳的色标涂在铝合金套管上，吊钩、卸扣、提丝等的色标涂在本体上。钢丝绳每次更换色标时，应保持 10mm 的原有色标，作为判断钢丝绳使用时间的依据。

5. 年度监督工作要求

（1）组织各岗位人员开展风险辨识活动，汇总辨识风险并上报，监督落实预防措施。

（2）按照要求做好各种设备的年检工作。

（3）负责推荐 HSE 优秀员工并组织文字材料的收集工作。

（4）提交年度工作总结，工作总结中至少要涵盖全年工作的内容和自评；现场各项防恐及 HSE 制度落实情况；对项目 HSE 管理方案的意见和建议；工作中优秀做法和不足；今后努力的方向等。

6. 不定期监督工作要求

（1）特殊作业前，监督实施者执行作业许可程序（PTW），指导操作者填写相关许可记录，确认作业地点和人员，确保安全措施落实到位；必要时组织召开安全工作分析会（JSA），并通过提问方式对操作者（雇员）风险识别和控制能力进行检查。

（2）对政府、甲方、上级管理机构提出的 HSE 方面的问题进行解释、整改并汇报整改完成情况。

（3）传达上级 HSE 方面的各项规章制度、标准和措施，监督作业队贯彻落实。

（4）对新员工进行入场教育。

（5）未遂事件及 HSE 事件分析上报。发生未遂事件损工事件及以上（包括损工事件）按照事故管理办法进行汇报。同时，参与事件调查，认真分析事故原因，落实纠正预防措施，传达各类事件通报。针对发生的事故或未遂事件开展专项检查。

（6）对作业队各类 HSE 资料、文件进行记录、统计、上报、归类、整理和存档。

（7）监督施工现场标准化管理落实情况，完善目视化管理工作。

（8）对作业队劳动保护用品管理及使用情况进行监督。

（9）对特种设备管理及使用情况进行监督。

（10）监督特种作业人员的持证情况。

（11）不定期组织员工参加各种防恐及 HSE 知识普及活动，并进行心理辅导。

（12）开钻前监督作业队根据地质风险、社会安全风险、自然条件风险、交通风险及 HSE 风险的评估结果，制定本口井《HSE 作业计划书》，对风险进行有效预防和控制。

（13）HSE 设施、设备及作业队所属的安保设备维护与更换。建立 HSE 及作业队所属安保设备台账，明确注明各类设备设施的使用时间、有效日期、更换记录及库存。

（14）吊装作业时，指导和监督作业人员和吊车司机共同填写《机械设备吊装计划》，监督吊装指挥人员穿好信号服，站位准确，指挥信号标准清晰。

（15）有长途出车情况需出具派车单。

（16）组织作业队开展开钻前防恐及 HSE 验收检查。

（17）对来访人员进行安全提示和必要的安全培训，并做好现场监督工作，消除外来隐患。

（18）负责安排专门人员对垃圾进行分类摆放等。

（19）推进安全文化建设。

三、劳动保护用品

现场劳动防护用品配备标准见表 2-1。

表 2-1 劳动保护用品配备

序号	名称	数量	技术要求	其他说明
1	安全帽	根据实际人数配置	不得使用有毒、有害或者引起皮肤过敏等人体伤害的材料；材料耐老化性能不能低于安全标识明示的日期；安全帽有附件时，要保证安全帽佩戴的稳定性；冲击吸收性能、耐穿刺性能、刚性、电绝缘性能、阻燃性能符合《安全帽测试方法》（GB/T 2812—2006）规定	现场颜色分为白、黄、红、蓝四种
2	工服	按照实际人数和消耗数量配置，颜色为集团公司规定色	不得使用有毒、有害或者引起皮肤过敏等人体伤害的材料；使用和报废对环境没有影响；质量轻，穿脱方便；不影响工作和人体活动，出汗不贴身；不影响其他安全装备的使用	颜色为集团公司规定色
3	工鞋	按照实际人数和消耗数量配置	工鞋前部为钢头，能抗拒一定的冲击力，底部为花纹防滑设置，透气性良好，具备防水防油性能	

续表

序号	名称	数量	技术要求	其他说明
4	手套	按照实际人数和消耗数量配置	现场手套分胶皮手套、帆布手套、牛皮手套和绝缘手套	
5	耳罩和耳塞	按照机房工作人数和消耗数量配置	有效减少噪声传播，最大限度减少低音共振，长时间佩戴也能比较舒服	
6	劳保眼镜	按照实际人数和消耗数量配备	防风、防尘、防飞溅、防紫外线	
7	防毒面具	按照实际人数和消耗数量配备	现场配备半面罩和全面罩	
8	全身安全带	共5套，放置于钻台2套、库房3套	安全绳组件的有效长度不大于2m，悬挂点至少承受15kN，且能承受住坠落冲击；使用3m以上长绳时应加缓冲器，必要时联合使用缓冲器自锁钩、速差防坠器等	

注：其他劳保用品，按照需求数量配备防尘口罩、围裙、雨衣、雨靴、电焊帽、打磨防护帽等。

思考题

（1）海外钻修井队平台经理的 HSE 职责是什么？

（2）海外钻修井队每天、每周应开展哪些类型的监督检查工作？

（3）海外钻修井队应开展哪些 HSE 培训和应急演练？

第三章 钻修井 HSE 管理工具和方法

第一节 工作前安全分析 （JSA）

学习目标

（1）了解工作前安全分析的定义；

（2）掌握工作前安全分析的实施步骤和方法。

一、方法简介

工作前安全分析（JSA）是指事先或定期对某项工作任务进行风险评价，并根据评价结果制定和实施相应的控制措施，达到最大限度消除或控制风险目的的管理工具。

二、实施步骤和方法

JSA 实施的全过程依次大致可以分成如下几个部分：

——确定工作任务；

——划分工作单元；

——确定每一个工作单元的具体步骤；

——对每一个工作步骤进行危害因素辨识和风险描述；

——针对危害因素制定风险控制与消减措施；

——作业准备及实施作业；

——总结与反馈；

——记录及更新归档。

1. 工作任务的确定

（1）符合（但不限于）下列情况之一，应进行 JSA：

——本单位发生过未遂事件、事故尚未做过 JSA 的作业；

——需要工作许可的作业（如高处作业、动用电气焊设备、有限空间作业等）；

——承包商作业（如电测、中途测试、固井及其他第三方服务等）；

——无程序规范标准管理、控制的作业或者偏离程序规范标准又不得不进行的作业；

——新的作业（首次由操作人员或承包商人员实施的工作）；

——有规范控制，但工作环境变化或工作过程中可能存在规范未明确的危害如：可能造成人员伤害、发生井喷、有毒气体泄漏、火灾、爆炸等；

——非常规性（临时）的作业活动；

——作业规范或工作发生变化的作业；

——现场作业人员提出需要进行 JSA 的工作任务。

（2）以前做过分析或已有操作规程的工作任务可以不再进行 JSA，但需审查以前 JSA 或操作规程是否有效，如果存在差异，需重新进行 JSA。

（3）作业现场负责人对要开展的工作任务进行审查，决定是否开展 JSA，并决定 JSA 工作开展流程。

（4）成立现场 JSA 小组。JSA 小组组长由作业现场负责人指定，由基层队干部担任；组长选择当班的熟悉 JSA 方法的管理、技术、安全、操作人员，以及相关方人员组成 JSA 小组。小组成员应了解工作任务及所在区域环境、设备和相关的操作规程，组长应熟练掌握风险分析和评价的工具与方法，作业班组每个成员都要参与到 JSA 中。

2. 工作单元的划分

（1）JSA 小组审查工作计划安排，搜集与工作任务有关的相关信息，将工作任务按顺序步骤、作业区域或设备的岗位操作等不同性质进行工作单元的划分。

（2）按作业顺序进行单元划分。

（3）按作业区域、岗位以及设备操作进行单元划分。

3. 确定工作步骤并进行危害因素辨识和风险分析

根据划分的工作单元，JSA 小组要充分考虑完成每个工作单元所需的具体步骤（尽可能划分得细致、简练、准确，原则上不超过 12 个步骤，否则要考虑重新划分工作单元），按照危害因素辨识和风险分析的方法，从人的不安全行为、物的不安全状态、环境的影响和制约、管理的不足与疏忽等进行认真分析，辨识出该工作任务各工作单元乃至每一个具体步骤存在的所有潜在危害因素，填写工作前安全分析表，见表3-1。

表3-1　工作前安全分析表

编号：		时间：		日期：	
工作描述：		负责人：		队号：	
序号	工作主要步骤		潜在危害	控制措施	

　　识别危害时应充分考虑在正常、异常、紧急三种状态下的人员、设备、材料、环境、方法五个方面危害，同时还应识别危害的影响和可能影响的人群，并应考虑工作场所内所有人员。

　　生产作业过程中，危害可能来源于以下四个方面。

　　1）人的因素

　　（1）心理、生理性因素：包括负荷超限、健康状况异常、从事禁忌作业、心理异常、辨识功能缺陷等；

　　（2）行为性因素：包括指挥错误、操作失误、监护失误等；

　　（3）资质技能因素：包括工作熟练度不够、缺乏相应的培训、安全意识薄弱。

　　2）物的因素

　　（1）物理性因素：包括设备、设施、工具、附件缺陷，防护缺陷，电伤害，噪声，振动伤害，电离辐射，非电离辐射，运动物伤害，明火，高温物质，低温物质，信号缺陷，标志缺陷，有害光照等。

　　（2）化学性因素：包括爆炸品，压缩气体和液化气体，易燃液体，易燃固体、自燃物品和遇湿易燃物品，氧化剂和有机过氧化物，有毒品，放射性物品，腐蚀品，粉尘与气溶胶，地层中的高压油气、H_2S 等有毒有害气体，工艺过程中可能产生的 H_2S 等有毒有害气体。

　　（3）生物性因素：包括致病微生物，传染病媒介物，致害动物，致害植物，地沟、下水道等存在产生 H_2S 的厌氧菌等。

　　3）作业环境因素

　　（1）室内作业场所环境不良：包括地面湿滑，作业场所狭窄，作业场所杂乱，地面不平，梯架缺陷，地面、墙和天花板上开口缺陷，房屋基础下沉、安全通道缺陷，安全出口缺陷，采光照明不良，空气不良，温度、湿度、气压不适，给水、排水不良，室内涌水等。

（2）室外作业场地环境不良：包括恶劣气候和环境，场地和交通设施湿滑，场地狭窄，场地杂乱，场地不平，阶梯或活动梯架缺陷，地面开口缺陷，建筑物和其他结构缺陷，门和围栏缺陷，场地基础下降，安全通道缺陷，安全出口缺陷，光照不良，空气不良，温度、湿度、气压不适，场地涌水，施工现场存在的高压、低压电力线路、光缆、管线等。

（3）其他作业环境不良：包括强迫体位、综合性作业环境不良等。

4）管理因素

管理因素包括组织机构不健全、责任制不落实、规章制度不完善、投入不足等。

JSA小组还要组织实地考察工作现场，重点核查以下内容：

（1）以前此项工作任务中出现的健康、安全、环境问题和事故；

（2）工作中是否使用新设备，是否会熟练正确使用新设备，是否有超期服役或存在隐患的设备；

（3）工作环境、空间、光线、空气流动、出口和入口等；

（4）实施此项工作任务的关键环节；

（5）实施此项工作任务的人员是否有足够的知识技能；

（6）是否需要作业许可及作业许可的类型；

（7）是否有严重影响本工作任务安全的交叉作业。

在进行工作前安全分析时，危害因素的描述要精准简练。对危害因素的描述，应描述物的不安全状态、人的不安全行为或环境不良的具体表现形式，不得采用设备缺陷、工具缺陷、设计不合理、指挥错误、操作错误、站位不合理等归纳性的语句，而应采用设备护罩被拆卸或设备护罩破损，手锤手柄松动，手锤上有毛刺，人手扶旋转部位、人手碰触电线裸露部位等具体的状态描述。

4. 风险控制和消减措施的制定

（1）针对识别出的凡是可能导致"损失工时伤害事故"的危害因素和风险，JSA小组均应制定相应的控制和消减措施，将风险控制在最低合理可行的程度。针对危险采取措施的优先顺序依次为消除、替代、工程控制、隔离、程序控制、减少员工接触时间、佩戴个人劳动防护用品等。在现场实际应用过程中采取的具体措施包括改变工作方法或工作位置、加强交流或增加安全标识、佩戴劳动防护用品、使用安全设施等。

（2）制定出所有风险的控制措施后，还应确定：

——是否全面有效地制定了所有控制措施；

——对实施该项工作的人员还需提出什么要求；

——风险是否得到有效控制，是否已到最低合理可行。

（3）预先评估已制定的控制措施实施后的风险水平，如果每个风险都得到了有效控制，或风险水平已降至最低合理可行，并得到JSA小组成员的一致同意，则进行作业前准备。如果风险水平没有控制在可接受的程度，则停止该工作任务、重新设定工作任务内容或者制定改进控制措施。改进控制措施制定完成后，要重新对其进行风险评价。如果改进后的残余风险可接受，则进行作业前准备，如果还不可接受，停止该工作任务。

5. 作业前准备及作业实施

（1）针对需要办理作业许可的工作任务，完成危害识别和风险评价后在作业前应获得相应的作业许可，工作前安全分析表及相关资料应附在作业许可之中。

（2）作业前召开工具箱会议，进行有效的沟通，确保JSA措施落实到位，所有作业人员再签字，见表3-2。

表3-2　工具箱会议记录

工具箱会议（TBT）				
开会地点：		参会人数：	时间：	日期：
主题：				
姓名	岗位	签字		会议内容
紧急措施	"眼睛"：分开眼睑，用水冲洗眼睛至少15min； "皮肤"：万一皮肤被烧，请向医生求助； "逃生路线"：规定逃生路线，并确保无障碍物阻挡； 出现严重事故后立即进行急救，并向现场医疗人员寻求帮助，同时向上级主管报告； 如有任何紧急报警（火警、H_2S、井涌、安保等），应以安全的方式停止工作，迅速撤离至指定的集合点			

（3）按照工作安排和落实风险控制及消减措施之后的方案实施作业，完成工作任务。

6. 总结与反馈

（1）工作任务完成后，作业人员总结经验，若发现 JSA 实施过程中的缺陷和不足，向 JSA 小组反馈。

（2）由承担作业任务的负责人对 JSA 执行情况进行跟踪评价。

（3）JSA 小组根据作业过程中发生的各种情况以及 JSA 跟踪评价结果，提出更新和完善该工作任务的建议，并将意见反馈到本单位 HSE 主管部门。

7. JSA 记录及更新归档

作业现场建立 JSA 档案，对已有的 JSA 资料和新增的案例如实记录、更新并归档，档案应包含（但不限于）如下资料：

（1）工作前安全分析相关管理制度；

（2）公司现有的 JSA 汇总表及使用、审核和更新记录；

（3）JSA 小组名单（姓名、岗位、在小组内担任的职务）；

（4）已完成的 JSA 表。

思考题

（1）您所从事的岗位有哪些作业需要开展工作前安全分析？

（2）某井队清理钻井液罐，作为属地负责人，您应如何组织完成此项工作？

第二节 作业许可（PTW）

学习目标

（1）了解作业许可管理的定义；

（2）掌握作业许可管理的实施步骤和方法。

一、方法简介

作业许可（PTW）是指在从事非常规作业及高危作业之前，为保证作业安全，必须取得授权许可方可实施作业的一种管理工具。

二、实施步骤

1. 基本要求

（1）海外钻修井队的以下作业活动（包含但不限于）须办理作业许可：

——连接动力源设备、关键装置和要害部位的检（维）修作业；

——搬运使用易燃易爆及危险化学品等有毒有害物质作业；

——载人升降活动；

——非计划性维修作业（未列入日常维护计划的和无程序指导的维修作业）；

——承包商作业；

——偏离安全标准、规则和程序要求的作业；

——在承包商区域进行的工作；

——缺乏安全程序的工作；

——改变现有的作业；

——动火作业；

——进入受限空间作业；

——起重作业；

——临时用电作业；

——高处作业；

——非常规作业；

——管线打开作业；

——其他容易导致人员伤亡事故的作业。

（2）现场作业许可实行许可证制度管理，作业许可证（图 3-1）主要应包含如下信息：作业活动基本信息，基本内容包括作业单位、作业区域、作业范围、作业内容、作业时间期限、作业许可有效期、作业危害及控制措施、应急措施及个人防护、作业申请、作业批准和作业关闭等内容；许可证应有编号，编号由许可证批准人填写，许可证签发后不得做任何修改。作业许可证一式三联，具体如下：

① 第一联（白色），许可证填写并签发后，第一联保存在 HSE 办公室，许可证签发后不得做任何修改；

② 第二联（黄色），和工作前安全分析表等由作业负责人携带，以便查阅，作业许可关闭后交还 HSE 办公室归档存留；

③ 第三联（蓝色），张贴在平台经理办公室的信息板上，许可证关闭后交还 HSE 办公室。

作业许可

作业类型	
冷工作业	
热工作业	
受限空间	
临时用电	

A—工作描述

队号：_____ 井号：_____ 日期：_____

工作内容：_____

_____

作业地点：_____ 有效期：(从) _____:_____HH:MM(至) _____:_____HH:MM

注意：作业许可的有效期不能超过一个班次的时长

B—隐患识别

1. 受限空间 ☐
2. 火 ☐
3. 高压 ☐
4. 滑倒、绊倒、跌落、夹伤 ☐
5. 噪声 ☐
6. 环境影响 ☐
7. 有害气体 ☐
8. 电 ☐
9. 化学药品接触 ☐
10. 吊装 ☐
11. 高空作业 ☐
12. 其他 ☐

C—安全设施/劳保

1. 头部防护 ☐
2. 眼部防护 ☐
3. 听力防护 ☐
4. SCBA ☐
5. 坠落防护 ☐
6. 围裙 ☐
7. 呼吸面具 ☐
8. 防毒面具 ☐
9. 灭火器 ☐
10. 面罩 ☐
11. 电焊手套 ☐
12. 其他 ☐

D—防控措施

检查确认

	YES	NO	N/A
1.现场已经过安全检查	☐	☐	☐
2.设备被隔离、上锁、挂牌	☐	☐	☐
3.设备能量释放	☐	☐	☐
4.气体检测	☐	☐	☐
5.孔洞、排污口被封堵	☐	☐	☐
6.必要的护栏和安全标识	☐	☐	☐
7.辐射测量	☐	☐	☐
8.强制通风	☐	☐	☐
9.看护人	☐	☐	☐
10.充足照明	☐	☐	☐
11.设备接地	☐	☐	☐

E—额外审批材料

1. 电力隔离 ☐
2. 受限空间 ☐
3. 电工作业 ☐
4. 高处作业 ☐
5. 高压测试 ☐
6. 吊装作业 ☐
7. 化学品处理 ☐

F—支持性材料

1. 工具箱会议 ☐
2. 工作前安全分析 ☐
3. 其他 ☐

G—气体检测记录

检测时间 _____ _____ _____

1. 可燃气体 _____ _____ _____
2. 氧气 _____ _____ _____
3. 硫化氢 _____ _____ _____
4. 一氧化碳 _____ _____ _____

检测人 _____ _____ _____

H—审批 本人声明，在遵守上述预防措施的前提下，本许可证所涉及的作业内容是安全的

作业负责人：_____ HSE监督：_____ 平台经理：_____ 甲方监督：_____

签名：_____ 签名：_____ 签名：_____ 签名：_____

HSE监督的签字表明他已经检查并确认了所有的安全措施，并且工作条件安全，但不代表能直接授权

I—作业状态 本人声明，在本人结束工作时，作业状态如下：

1.作业已完成 ☐ 2.作业未完成 ☐ 3.作业延期 ☐ 4.作业取消 ☐ 5.作业区域安全 ☐

时间：_____ HH:MM 日期：_____

作业负责人：_____ 签名：_____ 平台经理：_____ 签名：_____

注： 第一联：填写完整并保存在HSE监督办公室；第二联：作业负责持有，工作结束后交回HSE监督办公室；第三联：在会议室展板上张贴，工作结束后交回HSE监督办公室

图3-1 作业许可证样式

将三联许可证和工作前安全分析等资料一并存档，许可证保存期限为一

年（含取消的许可证）。

2. PTW 申请

（1）申请作业许可证之前，申请人应组织作业人员进行工作前安全分析。

（2）对于一份作业许可证可能涉及的多种类型作业，应统筹考虑作业类型、作业内容、交叉作业界面、工作时间等各方面因素，统一完成工作前安全分析。

（3）申请人在提出申请前根据工作前安全分析的结果，组织作业人员逐项制定和落实安全防控措施，安全防护设施工具必须处于完好待用状态。凡是可能存在缺氧、富氧、有毒有害气体、易燃易爆气体的作业，都应进行气体检测，并确认检测结果合格，同时，在控制措施或安全工作方案中注明工作期间的检测时间和频次。

（4）作业申请人负责填写作业许可证，作业申请人应是作业活动的具体实施者或负责人，负责协调所有完成该作业活动相关的人力、设施和资源，包括检查、记录、跟踪和结果反馈。作业申请人应实地参与作业许可所涵盖的工作。

（5）提交作业许可证时，需要同时提交相关资料，可能包括工作前安全分析表、安全工作方案（如 HSE 作业计划书）及相关附图、作业环境示意图、工艺流程示意图、平面布置图等。

（6）作业许可证涉及多个负责人时（如多种类型作业的情况），被涉及的负责人均应在申请表内签字（包括相关方）。

3. 作业许可审批

（1）审批人在收到申请人作业许可申请后，应组织申请人和作业涉及的相关方人员集中对许可证中提出的安全措施进行书面审查，并记录审查结论。审批人一般有现场 HSE 监督、平台经理、甲方监督，审查内容包括：

——确认作业的详细内容；

——确认作业前后应采取的所有安全防控、应急措施及相关支持文件（作业区域相关示意图和作业人员资质证书等）；

——确认作业活动应遵守的其他相关规定；

——分析评估作业与环境或相邻区域的相互影响，并确认安全措施；

——确认许可证期限及延期次数；

——其他。

（2）书面审查通过后，所有参加书面审查的人员应到作业许可所涉及的区域实地检查，确认各项安全措施的落实情况。确认内容包括但不限于：

——与作业有关的设备、工具、材料等；

——现场作业人员资质及能力情况；

——系统隔离、置换、吹扫、检测等情况；

——个人防护用品按规定穿戴；

——安全设施的配备和完好性，应急措施的落实情况；

——工作前安全分析和作业许可中提出的其他安全措施落实情况；

——培训、沟通情况。

（3）批准人在书面审查和现场审查通过之后批准作业许可，签字确认后，现场作业负责人方可下令开工，批准人为平台经理或甲方监督。

（4）如果书面审查或现场核查未通过，对查出问题应记录在案，申请人应重新提交一份带有对该问题解决方案的作业许可申请。

（5）凡是涉及有毒有害、易燃易爆等作业场所的作业，作业单位均应配备个人防护装备。

（6）作业人员、监护人员等现场关键人员变换时，应事先经过批准人审批同意，并告知相关人员。

4. 作业许可实施（含变更管理）

（1）作业许可获得批准后，实施作业前必须召开安全会。施工作业组织者向所有参与此作业的人员进行工作和安全交底，明确作业风险及风险预防措施，安全监督或安全员、现场安全负责人在会议记录上签字确认措施已经有效告知并落实。

（2）作业人员严格按作业许可证、HSE作业计划书、风险控制单、作业前安全会、操作规程等施工，并承担风险防控责任；现场负责人负责施工过程管理，督促落实安全措施，承担现场风险管理责任；安全监督或现场安全负责人承担现场监督责任。

（3）作业现场应根据相关作业管理程序和规定设置作业监护人，监护人应知晓作业内容、危害因素、风险控制措施和应急处置程序，严禁擅离职守，承担作业监护责任。

（4）作业人员应按规定正确穿戴个人防护装备，严格遵循许可证要求的安全防护措施进行作业，如果不采取安全措施，有权拒绝工作。

（5）发生下列任何一种情况，生产单位和作业单位都有责任立即终止作业，报告批准人，并取消作业许可证。需要继续作业的，应重新办理作业许可证。

——作业环境和条件发生变化；

——作业内容发生改变；

——实际作业与作业计划发生重大偏离；

——发现重大安全隐患；

——紧急情况或事故状态；

——发现有可能发生立即危及生命的违章行为。

（6）当正在进行的工作出现紧急情况或发出紧急撤离信号时，所有作业许可证立即失效，重新作业应办理新的作业许可证。

（7）一份作业许可证控制多个专项作业许可时，若其中任何一项作业因上述原因被停止，其他相关作业应同时停止，本作业许可证及其下相互影响的专项许可证也同时取消。

（8）如果在一个班次内未完成工作，审批人可申请许可证延期，延期最多不能超过一个班次。办理延期时，作业许可申请人、批准人及相关方应重新核查工作区域，确认作业环境和条件是否发生变化，确认所有安全措施是否仍然有效，所有作业人员了解风险消减控制措施。有夜间照明等新要求的，应在作业许可证上注明。在新要求落实以后，作业许可申请人、批准人和相关方方可在作业许可证上签字延期。

（9）在规定的延期时间内没有完成作业，应重新申请办理作业许可证。

5. 作业许可关闭

施工作业结束后，由现场监督人员组织全面验收，确定作业结束，并在"作业许可证"上签字，平台经理或甲方监督签字批准后，方可结束作业许可，解除有关风险消减控制措施及应急措施，将记录和许可证报平台经理（或甲方监督）归档备案，保存期一年。确认的内容包括：作业人员已清理作业现场，将作业使用的工具、防护设施、拆卸下的物件、余料和废料清理运走；现场没有遗留任何安全隐患、现场已恢复到正常状态、工作任务验收合格等。

思考题

（1）作业许可实施步骤有哪些？

（2）工作前安全分析与作业许可有什么关系和区别？

第三节　上锁挂牌

学习目标

（1）了解上锁挂牌的定义；

（2）掌握上锁挂牌的实施要求和方法。

一、方法简介

上锁挂牌（LOTO）是为防范因危险能量或物料意外释放导致财产损失和人员伤害，防止由于误操作而引起的人员伤害、设备损坏及其他事故，在设备设施的开关部位加装锁具和挂牌，授权指定人员进行设备拆装、检维修作业的管理工具。

二、实施要求

1. 通用要求

（1）在钻修井作业时，为避免设备设施或系统区域内蓄积危险能量或物料的意外释放，对所有危险能量和物料的隔离设施均应上锁挂牌。

（2）钻修井队以下（包括但不仅限于）作业活动须执行上锁挂牌的作业管理程序（表3-3、表3-4）。

表3-3　设备检维修作业项目及上锁部位一览表

序号	作业项目	锁定设备、设施	上锁部位	上锁部位状态	隔离方式
1	绞车检维修作业	机械绞车及传动链条（传动轴）	停1号柴油机（大庆Ⅱ-130、45J传动装置）	停车	挂牌
			绞车输入离合器气开关	断开位	锁定
			绞车输入离合器进气管线	断开	拆除
			SCR房内绞车电路控制开关	断开位	锁定
		电动绞车	驱动电动机穿锁定销	穿销断开位	上锁挂牌
2	转盘检维修作业	机械转盘	转盘离合器控制开关（或上台气开关）	断开位	锁定
			转盘离合器进气管线（或上台离合器进气管线）	断开	拆除
		电动转盘	SCR房转盘电路控制开关	断开位	锁定
			转盘启动开关	断开位	锁定
3	钻井泵检维修作业	机械钻井泵	司钻操作台钻井泵气开关	断开位	锁定
			泵房钻井泵气开关	断开位	锁定
			钻井泵输入离合器进气管线	断开	拆除
			阀门组各闸阀开关状态正确，并对关闭的闸阀进行锁定	关位	锁定
		电动钻井泵	SCR房钻井泵控制开关	断开位	锁定

序号	作业项目	锁定设备、设施	上锁部位	上锁部位状态	隔离方式
3	钻井泵检维修作业	电动钻井泵	驱动电动机穿锁定销	穿销断开位	锁定
			阀门组各闸阀开关状态正确，并对关闭的闸阀执行上锁	关位	锁定
4	钻杆动力钳检维修作业	钻杆动力钳	气源管线	断开	拆除
			液压站电源启动开关	断开位	锁定
5	钻杆动力钳液压站检维修作业	液压站	MCC（SCR）房内液压站电路控制开关	断开位	锁定
			液压站电源启动开关	断开位	锁定
6	柴油机检维修作业	柴油机	柴油机输出离合器气控开关	断开位	锁定
			柴油机输出离合器进气管线	断开	拆除
			柴油机启动气源开关	关位	锁定
7	节能发电机检维修作业	节能发电机	节能发电机输入离合器气开关	断开位	锁定
8	传动系统检维修作业	联动机	与维修部位直接联动的柴油机	停车	挂牌
			与维修部位存在联动的相关离合器气开关	断开位	锁定
			与维修部位存在联动的相关离合器进气管线	断开	拆除
			与维修部位直接联动的柴油机	停车	挂牌
		链条并车箱	与维修部位存在联动的柴油机输出离合器气开关	断开位	锁定
			与维修部位相邻的机械离合器控制手柄	断开位	锁定
9	自动压风机检维修作业	自动压风机	自动压风机组合调节阀气源开关	断开位	锁定
			自动压风机离合器进气管线	断开	拆除
10	罐区用电设备检维修作业	离心机、加重泵、除砂器、除砂泵、剪切泵、搅拌器等检维修设备	MCC（SCR）房所对应控制开关	断开位	锁定
			检维修设备启动开关（或拆除设备供电线路电缆插件并锁定）	断开位	锁定
11	其他用电设备检维修作业	检维修用电设备	MCC（SCR）房所对应检保设施电路控制开关	断开位	锁定

续表

序号	作业项目	锁定设备、设施	上锁部位	上锁部位状态	隔离方式
11	其他用电设备检维修作业	检维修用电设备	所检保设施电路控制开关或断路器（若开关或断路器无法锁定可拆除设备供电线路电缆插件并锁定）	断开位	锁定
12	顶驱检维修作业（电动钻机）	顶驱	SCR 房顶驱电源总开关	断开位	锁定
			发电房顶驱电源总开关	断开位	锁定
			VFD 房总断路器	断开位	锁定
13	发电机及其配电柜检维修作业	发电机	停发电机	停止	挂牌
			发电机蓄电池电源线	断开	拆除
14	MCC/SCR 房电路检维修作业	MCC/SCR 房电路	发电机输出总开关	断开位	锁定
			MCC（SCR）房内总断路器	断开位	锁定

表 3-4　设备拆装和其他需能量隔离作业项目及上锁部位一览表

序号	作业项目	锁定设备、设施	上锁部位	上锁部位状态	上锁方式
1	井场电路拆、装作业	井场电路	发电机输电源总开关	断开位	锁定
			总断路器	断开位	锁定
2	清罐作业	搅拌器	所清钻井液罐 MCC（SCR）房电路控制开关（若开关或断路器无法锁定可拆除供电线路电缆插件并锁定）	断开位	锁定
			所清钻井液罐搅拌器控制开关	断开位	锁定
3	起下钻作业（机械钻机）	转盘	转盘离合器控制开关手柄	断开位	止动
4	钻进作业	待命状态钻井泵（机械钻机）	钻井泵气控开关手柄	断开位	止动
		钻杆动力钳待命状态	移送缸换向阀手柄	中位	止动
5	全工况	备用立管阀门组	备用立管流向第一个阀门	关位	锁定
6	机房设备控制开关待命状态（机械钻机）		机房控制箱气控开关	断开位	止动

序号	作业项目	锁定设备、设施	上锁部位	上锁部位状态	上锁方式
7	配电室（SCR）非接线作业		MCC（SCR）房内接线室房门	关闭	锁定
			MCC（SCR）房外出线口	关闭	锁定
8	发电房非接线作业	发电房出线口	关闭		锁定

2. 实施步骤

1）辨识

通过工作前安全分析 JSA 辨识所有危险能量和物料的来源及类型，编制上锁清单。需要控制的危险能量主要包括以下种类：

（1）电能，电流或电子流（如微电流、微电压等）；

（2）动能，运转的设备等；

（3）势能，蒸汽、压缩气体、真空、加压液体、弹簧、张力杆、配重等；

（4）化学能，危险化学品；

（5）热能，电热、冷却系统。

2）隔离

钻修井作业过程中，任何一项存在能量意外释放风险的非常规或危险性作业都必须考虑能量源的隔离。如果存在需要隔离的能量源，必须编写和实施能量隔离方案。隔离方案应明确隔离方式、隔离点及上锁点清单。根据危险能量和物料性质及隔离方式选择相匹配的断开、隔离装置。隔离装置的选择应考虑以下内容：

（1）满足特殊需要的专用危险能量隔离装置。

（2）安装上锁装置的技术要求。

（3）按钮、选择开关和其他控制线路装置不能作为危险能量隔离装置。

（4）控制阀和电磁阀不能单独作为流体隔离装置。

（5）应使用合适的方法确认危险能量或物料已被去除或完全隔离。在试验不能完全确认的情况下，应进行测试确认。

（6）因系统设计、配置或安装的原因，能量可能再积聚（如有高电容量的长电缆），应采取相应措施。

（7）系统或设备包含储存能量（如弹簧、飞轮、重力效应或电容器）时，储存的能量应被释放或使用组件阻塞。

（8）在复杂或高能电力系统中，应考虑安装防护性接地。

（9）可移动的动力设备（如燃油发动机、发动机驱动的设备）应采取可靠措施（如去除电池、电缆、火花塞电线或相应措施）使其不能运转。

3）上锁挂牌

（1）上锁挂牌准备。

① 作业人员必须掌握检维修设备能量隔离点部位，隔离、测试方法等内容。

② 检维修作业前，作业人员必须（或与操作人员共同）确认能量（动力源）已隔离，危险能量已完全释放。

③ 确定上锁部位，上锁设施安装牢固、可靠，符合上锁要求。

（2）上锁挂牌操作。

① 上锁挂牌应由作业人员本人进行操作，并保证安全锁和标签置于正确的位置上。特殊情形下，本人上锁有困难时，应在本人目视下由相关岗位人员代为上锁。

② 电气隔离点上锁挂牌操作时，若作业人员不具有相关专业操作资格，必须在专业人员的指导下完成，严禁他人代替上锁挂牌操作。

③ 上锁程序完成后，作业人员随身携带由本人完成上锁的钥匙，

④ 检维修作业必须使用安全锁进行能量隔离，安全锁使用时，"危险禁止操作"挂牌必须随安全锁同时使用。

⑤ 当存在两处以上检维修作业，且在同一隔离点需进行锁定时，每一名检修人员都应对隔离点进行锁定。

⑥ 两人及以上检维修作业，每一名检修人员都应对隔离点进行锁定。

⑦ "危险禁止操作"标签挂牌日期（时间）、理由等内容填写齐全、清晰、准确，标签的填写必须由作业人员本人完成。

（3）测试确认。

① 切断设备的电源、开关并上锁挂牌后，上锁挂牌人员必须进行测试确认，确认电源开关、阀门等已被切断并上锁无误，危险能量或物料已被隔离或去除。

② 电路、电器设备检维修，执行上锁挂牌后，必须进行验电确认或放电试验。

③ 当任何人对上锁、隔离的完整性有疑虑时，均可要求现场负责人共同对所有的隔离点再进行一次检查。

④ 上锁、挂牌、测试后需在"危险禁止操作"挂牌的禁止操作"理由"下方签名处签字确认。

4）实施

确认危险能量或物料被有效隔离后，方可开始作业。

5）解锁

（1）作业完成后，操作人员确认设备、系统符合运行要求，由作业人员本人进行解锁操作。特殊情形下，本人解锁有困难时，应在本人目视下由相关岗位人员代为解锁。

（2）两人及以上检维修作业，操作人员应在确认所有作业人员完成作业后，方可解除本人所上安全锁。

3. 其他规定和要求

（1）当特殊测试作业必须在有能量的条件下进行，且无法上锁挂牌时，必须落实作业许可和监控人员（如必须进行的电压、电流测试等）。

（2）检维修作业未完成进行换班或岗位轮换时，交接班人员必须共同进行检修内容交接，在交班人员解除个人安全锁后，接班人员必须重新执行上锁挂牌程序，方可继续检维修作业。

（3）当用电设备开关无法进行锁定时，可采取在上一级控制开关进行锁定后，拆除用电设备线路电缆插件，并对连接插件进行锁定实现两级锁定。

（4）多人进行检维修作业，在需对多种能量进行隔离锁定时，设备操作人员（或检维修主要负责人）应对所有能量隔离点进行上锁挂牌，其他参与检维修作业人员可只需对主要能量隔离点，通过联锁器与安全锁结合进行上锁挂牌。

（5）设备检维修上锁步骤，应本着先锁定直接控制开关（或最近开关）再锁定上一级开关的上锁原则；检维修结束后的解锁步骤应本着先解除上一级控制开关再解除直接控制开关（或最近开关）的原则。

（6）如检维修设备无上一级控制系统时，必须关停电、气等能量输出设备，并在设备启动开关（阀件）醒目部位设置"在修"标志牌。

（7）非正常解锁：

① 为上锁者本人不在场或没有解锁钥匙时，且其警示标签或安全锁需要移去时的解锁。

② 工作确认完成，而锁具无法打开时，须经现场负责人许可后方可由锁定人亲自移去锁或将锁破坏。

③ 上锁者本人因特殊情况无法亲自解除锁具时，解锁程序应满足以下条件之一：

——与上锁者联系并取得其允许，且经现场负责人同意；

——经现场负责人确认下述内容后方可解锁；

——确知上锁的理由；

——确知目前工作状况；

——检查过相关设备；

——确知解除该锁及标牌是安全的；

—在该员工回到岗位，告知其本人。

4. 锁具管理

（1）个人锁和钥匙归个人保管并标明使用人姓名。个人锁不得相互借用。

（2）各单位要建立安全锁具及危险警示标牌发放回收记录。

（3）安全锁一把锁只能有一把钥匙。如果有备用钥匙，则应制定备用钥匙控制程序。原则上备用钥匙只能在非正常拆锁时使用，其他任何时候，除备用钥匙保管人外，任何人都不得接触备用钥匙。严禁私自配制钥匙。

（4）危险警示标牌的设计应与其他标牌有明显区别。警示标牌应包括标准化用语（如"危险禁止操作"或"危险未经授权不准去除"）。危险警示标牌应标明员工姓名、上锁日期、岗位及理由。

（5）使用中危险警示标牌不能涂改，并满足上锁使用环境和期限的要求。使用后的标牌应集中销毁，避免误用。

（6）危险警示标牌除了用于上锁挂牌隔离点外，不得用于其他目的。

（7）上锁设施除应适应上锁要求外，还应满足作业现场防火防爆等安全要求。

思考题

（1）您所从事的岗位有哪些需要进行上锁挂牌的设备？

（2）上锁挂牌的具体实施步骤有哪些？

第四节 目视化管理

学习目标

（1）了解目视化管理的定义；

（2）掌握目视化管理的实施要求和管理方法。

一、方法简介

目视化管理是通过使用安全色、标签、标牌等统一标识方式，明确人员的资质和身份、工器具和设备设施的使用状态、生产作业区域危险程度等，提高现场安全管理水平的管理方法。

二、实施要求

1. 目视化模板

（1）海外钻修井现场应执行统一的目视化模板，不得随意更改安全标识的设计内容、指定位置和配备数量。

（2）在本规范的目视化模板中，涉及公司名称的安全标志，将以"长城钻探工程公司"为样例，其他单位在制作时根据实际情况更改。

（3）海外钻修井目视化模板，详见本书后的附录1。

2. 安全色及标志

1）设备设施安全色

（1）作业现场各种设备设施应统一涂以醒目的安全色，能使员工提高对不安全因素的警惕。

（2）现场设备设施喷涂颜色标准，见表3-5。

表3-5　现场设备喷涂颜色标准

序号	名称	颜色	标准编号	备注
1	井架	中部为大红色，两端为白色	R03	
2	底座	白色	标准白	
3	钻台偏房	白色	标准白	
4	天车	大红色	R03	
5	游车	黄黑相间斜条纹		斜条纹应右斜角度为45°，黑黄斜条纹宽度各为20cm
6	大钩	中黄色	Y07	
7	水龙头	中黄色	Y07	
8	绞车	天蓝色	PB10	
9	转盘	天蓝色	PB10	链条护罩为天蓝色
10	气动绞车	中黄色	Y07	
11	液压大钳	大红色	R03	
12	B型大钳	大红色	R03	

续表

序号	名称	颜色	标准编号	备注
13	柴油机组	中黄色	Y07	联动机护罩和机房底座为灰色
14	发电机组	中黄色	Y07	配电盘为白色
15	钻井泵	天蓝色	PB10	空气包、安全阀及泄压管线为大红色
16	压风机	白色	标准白	储气罐、干燥器、气管线为白色
17	井控装置	大红色	R03	管汇及其附属设施为大红色
18	钻井液管汇系统	大红色	R03	高、低压管线和阀门手轮为大红色
19	固控装置	中黄色	Y07	搅拌器减速箱及电动机护罩为淡黄色
20	钻井液罐	中灰色	B02	土粉、加重剂、散装水泥储存罐为中灰色
21	药品罐	橘红色	R05	
22	柴油罐	橘红色	R05	机油罐、油管线为橘红色
23	柴油泵	中灰色	B02	电动机为灰色
24	水罐	艳绿色	G03	水泵及管线为艳绿色
25	井控房	大红色	R03	
26	消防工具房	大红色	R03	各种消防设备和工具为大红色
27	锅炉房	白色	标准白	
28	野营房	白色	标准白	
29	防护栏杆、扶手	淡黄色	Y06	
30	平台、梯子、铺板、桥架	中灰色	B02	
31	梯子第一级和最后一级踏板	淡黄色	Y06	
32	设备安全吊点	大红色	R03	标记吊装标识

2）安全标志

（1）作业现场各区域应摆放或悬挂符合规范的警告、禁止、指令和提示类安全标志，多个标志牌在一起设置时，应按警告、禁止、指令、提示类型的顺序，先左后右、先上后下地排列。描述语言应包括中文、英文（及当地语言），以提高现场人员的危害因素识别和应急处理能力。

（2）安全标志应使用荧光漆，以保证夜间光线不足的情况现场人员也可以识别。

（3）修井机及车载钻机井场安全标志分布图，详见本书后的附录2。

（4）50D、70D钻机等井场安全标志分布图，详见本书后的附录3。

3. 目视化管理实施

（1）内部人员和外部人员进入作业现场时，均应按照目视化要求统一着装。内部员工和外来人员的入场（厂）胸卡证件样式应有明显区别，易于辨别。

（2）特种作业人员如司钻、电工、焊工、锅炉工、吊车司机、叉车司机等，应具有相应的特种作业资质，并将特种作业资格目视标签粘贴于安全帽显著位置；从事井控、硫化氢防护等操作的人员应接受专业培训，并在安全帽上粘贴相应合格目视标签。

（3）压缩气瓶的外表涂色以及有关警示标识应符合所在国或行业相关标准的要求。同时，还应用标牌表明气瓶的状态（满瓶、空瓶或使用中）。

（4）在手持电动工具（如电钻、电磨、电割、电动砂轮机等）明显位置，粘贴不同颜色且附有检查日期的标签，以确认该工具合格。

（5）在现场设备设施的明显部位应设置设备标识牌，标注设备名称、维护保养人、操作使用人等信息；设备的旋转部位应有标明旋转方向的明显标识；在现场使用的工艺管线（如井控管线、钻井液管线等）上应标明介质名称和流向。

（6）在仪表控制及指示装置上用中、英文（当地语言）标注控制按钮、开关、显示仪的名称。厂房或控制室内用于照明、通风、报警灯的电器按钮、开关都应标注控制对象。

（7）作业现场长期使用的工器具、车辆（包括井场内机动车、特种车辆）、消防器材、逃生和急救设施等，应根据需要停放或放置在指定位置，并进行标识（可在周围划线或以文字标识）；标识应与其相对应的物件相符，且易于辨别。

（8）作业区域内的逃生通道、紧急集合点设置明确的指示标识。

4.检查与维护

（1）在每次搬家安装作业结束后，平台经理应组织对现场使用的安全色、标签、标牌等进行专项检查，以保持整洁、清晰、完整，如发生变色、褪色、脱落、残缺等情况，须及时重涂或更换。

（2）现场各属地责任人对属地区域内的所有安全标识进行日常检查和维护保养。

（3）现场 HSE 驻队监督将安全标识的配置、安装、使用情况作为监督工作的重要内容，进行日常监督，并跟踪问题整改情况。

思考题

（1）您所在的工作环境中，有哪些目视化管理的应用？

（2）您对自己所在单位的目视化管理有哪些改善建议？

第五节　安全观察与沟通

学习目标

（1）了解安全观察与沟通的定义；

（2）掌握安全观察与沟通的基本要求和实施步骤。

一、方法简介

安全观察与沟通（STOP）是对安全行为和不安全行为进行观察、沟通和干预，以达到改进员工不安全行为、改善 HSE 业绩的一种系统性管理工具。

不安全状态，指可能导致人员伤害或其他事故的物（设备设施和环境）的状况。

不安全行为，指可能对自己和他人以及设备造成危险的行为。

二、基本要求

（1）安全观察与沟通的重点是观察和讨论员工在工作地点的行为及可能产生的后果。安全观察既要识别不安全行为，也要识别安全行为。

（2）安全观察与沟通不能代替传统的 HSE 监督检查，除违反《反违章禁令》及可能造成严重后果两种情况外，其结果不作为处罚的依据。

（3）沟通时应采取双向交流的方式，尊重对方的意见和想法。

（4）观察到的所有不安全行为和不安全状态都应立即采取行动。

三、实施步骤

（1）安全观察与沟通按照"决定、停止、观察、行动、报告"五个程序进行。

"决定"是指根据计划，安排时间开展安全观察与沟通。

"停止"是指靠近被观察的员工，选择一个可以全面观察且不影响被观察者正常工作的位置。

"观察"是指对员工的安全行为、不安全行为及物的不安全状态进行观察，观察内容包括七大部分，具体内容见表3-6。

表3-6　安全观察内容

类别	内容	
员工的反应	观察到的人员的异常反应 ■　调整个人防护装备 ■　改变原来的位置 ■　重新安排工作	■　停止工作 ■　接上地线 ■　上锁挂签 ■　其他
员工的位置	可能 ■　被撞击 ■　被夹住 ■　高处坠落 ■　绊倒或滑倒 ■　接触极端温度的物体 ■　触电	■　接触、摄入有害物质 ■　不合理的姿势 ■　接触转动设备 ■　搬运负荷过重 ■　接触振动设备 ■　其他
个人防护装备	未使用或未正确使用；是否完好 ■　眼睛和脸部 ■　耳部 ■　头部 ■　手和手臂	■　脚和腿部 ■　呼吸系统 ■　躯干 ■　其他
工具和设备	■　不适合该作业 ■　未正确使用 ■　工具和设备本身不安全 ■　其他	
程序	■　没有建立 ■　不适用 ■　不可获取	■　员工不知道或不理解 ■　没有遵照执行 ■　其他

海外钻修井项目通用HSE培训教材

续表

人机工程学	■ 重复的动作 ■ 躯体位置 ■ 姿势 ■ 场所与环境 ■ 工作区域设计	■ 工具和把手 ■ 照明 ■ 噪声 ■ 其他
作业环境	■ 不整洁、规范 ■ 杂乱无章 ■ 材料及工具摆放不适当 ■ 其他	

　　——员工的反应。员工在看到观察者时，是否改变自己的行为（从不安全到安全）；员工在被观察时，有时会做出反应，如改变身体姿势、调整个人防护装备、改用正确工具、抓住扶手、系上安全带等行为。这些反应通常表明员工知道正确的作业方法，只是由于某种原因没有采用。

　　——员工的位置。员工身体的位置是否有利于减少伤害发生的概率。

　　——个人防护装备。员工使用的个人防护装备是否合适，是否正确使用，个人防护装备是否处于良好状态。

　　——工具和设备。员工使用的工具是否合适，是否正确，工具是否处于良好状态，非标工具是否获得批准。

　　——程序。是否有操作程序，员工是否理解并遵守操作程序。

　　——人机工程学。办公室和作业环境是否符合人体工效学原则。

　　——作业环境。作业场所是否整洁有序。

　　"行动"是指按照观察、表扬、讨论、沟通、启发和感谢的"六步法"进行沟通。

　　——观察。现场观察员工的行为，决定如何接近员工，并安全地阻止不安全行为。

　　——表扬。对员工安全行为好的方面进行表扬。

　　——讨论。与员工讨论观察到的不安全/危险行为和可能产生的后果，鼓励员工讨论更为安全的工作方式。

　　——沟通。就如何安全地工作与员工取得一致意见，并取得员工的承诺。

　　——启发。引导员工讨论工作地点的其他安全问题。

　　——感谢。对员工的配合表示感谢。

　　"报告"是指在安全观察与沟通卡片上填写相关内容，安全观察与沟通卡简称"STOP卡"，格式见图3-2。

　　——观察人员应在被观察人员不在场的情况下填写STOP卡，但尽量于当日内填写，以免过时遗漏。

——STOP 卡上不记录被观察人员的姓名。

——观察人员填写 STOP 卡后，尽快交至指定收集站。每个基层单位必须至少设立 1 个收集站，各单位可根据实际情况设计、制作。

观察单位　　日期　　时间　观察人员签名＿＿＿＿＿＿＿＿＿＿＿＿

观 察 内 容	安全观察与沟通报告
（观察步骤：决定→停止→观察→行动→报告） 有任何不安全请打× 　完全安全请打√	**安全行为：**
员工的反应 □ □调整个人防护装备　□装上接地线 □改变工作位置　　　□进行上锁挂牌 □重新安排工作　　　□停止作业 □其他	
员工的位置 □ □碰撞到物体　　　　□被物体砸到 □陷入物体之间　　　□跌倒、坠落 □接触极高温　　　　□接触电流 □吸入有害物质　　　□过度负荷 □不良的位置/固定的姿势　□其他	**不安全行为和不安全状况：**
个人防护装备 □ □头部　　　　　　　□眼部及脸部 □耳部　　　　　　　□呼吸系统 □臂部及手　　　　　□躯干 □腿部及脚　　　　　□其他	
工具和设备 □ □使用不正确的工具或设备 □不正确使用工具或设备 □工具设备状况不良　□其他	

观察统计：	
安全行为	
不安全行为	
不安全状况	

程序 □

□不适合程序　□不知道或不了解程序
□未遵守程序　□其他

人机工程学 □

□重复的动作　　□躯体位置
□姿势　　　　　□场所与环境
□工作区域设计　□工具和把手
□照明　　　　　□噪声
□其他

图 3-2　安全观察与沟通卡片

（2）安全观察与沟通"六步法"应遵守以下原则：

——以请教而非教导的方式与员工平等地交流讨论安全和不安全行为，避免双方观点冲突，使员工接受安全的做法。

——说服并尽可能与员工在安全上取得共识，而不是使员工迫于纪律的约束或领导的压力做出承诺，避免员工被动执行。

——引导和启发员工思考更多的安全问题，提高员工的安全意识和技能。

> 安全观察与沟通技巧
>
> 1. 原则上，不应当着员工的面记录观察结果。
> 2. 观察时，应重点关注人的行为。
> 3. 安全观察活动不应仅得出一份整改措施的清单。
> 4. 在开始讨论之前应对员工的工作进行观察。
> 5. 观察时，应充分与员工交流、沟通，花费一些时间营造轻松、愉快的氛围，不能急于求成。
> 6. 观察小组在与员工交流时，应采用请教或询问的方式，目的是让员工认识到改善其安全表现的必要性。讨论应采用一定的技巧进行引导，而不是采取强制、指教的方式。
> 7. 讨论应开放、真诚、直接，而不应形成争论或者对峙的场面，将讨论活动当作一次相互之间的学习机会。
> 8. 应鼓励员工对安全问题提出改善建议，并书面记录。此记录可作为隐患整改的参考建议。
> 9. 对遵章守纪、严格执行操作程序的员工行为应进行鼓励，提出表扬。
> 10. 应对员工积极参与讨论并提出改善建议的行为表示感谢。
>
> 不安全行为应在安全观察报告中进行记录，并且可以将其与在此期间所做的其他安全观察报告一起进行总结，从而为趋势分析等提供帮助。这些总结报告可以在整个组织范围内使用，并为安全讨论提供信息。此外，还应在执行此观察活动的特定直线组织范围内发布有关发现。
>
> 安全观察与沟通是提升企业整体安全状况的一种有效手段。管理层应积极参与，主动与员工交流安全问题。安全观察与沟通活动也是提高员工士气的一种有效手段。

（3）观察人员所属单位、部门应安排专人收集整理，每季度交至HSE主管部门。

思考题

（1）安全观察与沟通的基本要求有哪些？
（2）安全观察与沟通的实施步骤包括哪几部分？
（3）安全观察与沟通的技巧有哪些？

第六节　变更管理

学习目标

（1）了解变更管理的定义和分类；
（2）掌握变更管理的管理要求。

一、方法简介

变更管理是对永久性或暂时性的变化实施有效控制，确保人员、设备设施、工艺等变更可能产生的危害和不良影响，有效控制风险的一种管理方法。

二、变更分类及相关定义

变更类型包括 HSE 关键岗位人员、工艺、设备设施等方面的永久性或暂时性的变更。

1. HSE 关键岗位人员变更

关键岗位是指与风险控制直接相关的管理、操作、检维修作业等重要岗位。此类岗位会因人员的变动而造成岗位经验缺失、岗位操作熟练程度降低，可能导致人员伤亡或不可逆的健康伤害、重大财产损失、严重环境影响等事故。关键岗位包括但不限于：

——危害分析结果认定的高风险作业的岗位；

——国家法规规定的特种作业岗位；

——实施风险管理和危害分析的岗位；

——从事关键设备检测、检维修的岗位；

——审批许可作业的岗位；

——对关键岗位人员进行考评与提供培训的岗位；

——环境、职业卫生监测岗位；

——生产、井控、应急、危险物品、社会安全管理岗位；

——HSE 管理、监督岗位；

——行业规范及集团公司相关规定确认的其他关键岗位。

人员变更是指生产单元或关键岗位员工发生变化，包括永久性变动和临时性承担有关工作，表现形式有：生产单元整体员工变化，关键岗位员工的调离、调入、转岗、替岗等。

2. 工艺、设备设施变更

工艺和设备设施变更应实施分类管理，基本类型分为重大变更、微小变更和紧急变更。

（1）重大变更是指工艺技术、设备设施、工艺参数等超出现有设计范围的改变，主要包括：

——生产能力的改变；

——物料的改变（包括成分比例的变化）；

——化学药剂的改变；

——设备、设施负荷的改变；

——工艺和工程设计的改变；

——安全报警设定值的改变；

——仪表控制系统及逻辑的改变；

——软件系统的改变；

——安全装置及安全联锁的改变；

——操作方式、步骤的改变；

——试验性操作；

——运输路线的改变；

——装置布局的改变；

——产品质量的改变；

——设计和安装过程的改变。

（2）微小变更是指影响较小，不造成任何工艺参数、设计参数等的改变，但又不是同类替换，即"在现有设计范围内的改变"。例如，

——由四孔法兰变更为八孔法兰，但压力等级不变；

——设备供应商发生变更，但设备规格与参数未发生变化；

——压力表的连接方式发生变化。

（3）紧急变更是指在满足紧急情况下，正常的变更流程方式无法执行时的需求，如在夜间，周末假日和一些不寻常的突发情况下，需要在48h内实施的工艺及设备变更，否则可能造成潜在的安全风险或造成重大的财产损失。

三、管理要求

1. HSE 关键岗位人员变更管理

（1）关键岗位人员变更必须履行审批手续。各单位应确保所属人员变更在不影响安全生产的前提下实施，上（替）岗人员应具备岗位配置的基本要求，并保留人员变更记录。人员变更不能满员工配置的岗位基本要求时，应停止相关变更。

（2）人员变更由变更后人员所在单位提出申请，填写"关键岗位人员变更申请表"，由所在单位主管领导组织考评。考评合格后方能上岗。考评方式可以是提问、考试、现场模拟、操作演示等；高风险作业项目的考评必须包括现场模拟操作演示。关键岗位人员变更申请表见表3-7。

表 3-7 关键岗位人员变更申请表

申请单位：　　　　　　　　　　　　　　　　　　　　　　　　　　日期：

变更人员		员工编号	
变更前岗位		变更后岗位	
变更原因及目的			
考评结果及 需要改进的方面	考评人：　　　　　　　　　日期：		
主管领导意见	签字：　　　　　　　　　　日期：		
业务主管部门意见	签字（公章）：　　　　　　日期：		
人事部门意见	签字（公章）：　　　　　　日期：		

（3）关键岗位人员变更申请表和变更过程中的培训及考评信息等资料，由相应管理部门保存。

（4）各单位应有计划地培养关键岗位的后备人员，确保关键岗位人员变更的顺利实施。

（5）与承包商签订的服务合同中，应要求承包商关键岗位人员变更须得到甲方单位批准。

2. 工艺、设备设施变更管理

（1）变更实施前要充分考虑健康、安全和环境影响，进行风险评估，对所有变更都需要办理审批手续。

（2）重大变更申请由组织实施生产活动的属地单位提出，工程或装备主管部门组织各专业人员（包括生产、技术、设备、安全等专业人员）对变更方案的可行性、风险的识别与控制进行评估，确定最终技术方案。重大变更申请审批表见表 3-8。

表3-8　重大变更申请审批表

公司名称：　　　　　　　　　　　　　　　　　　　　　　　编号：

变更名称		申请日期	
申请人		变更起止日期	
变更原因及目的：			
变更内容：			
潜在的影响及控制措施（安全与健康、环境影响、产能/产量、质量、成本/效益、能源、法律等）：			
变更的技术依据（预期改善的性质、实施此项变更的安全性、评审支持性的实验或工艺数据等）：			
变更详细说明（包括操作程序、试验日志、关键的工艺变量值等）：			
是否要求工艺危害分析？ □　是（若是，请附上分析结果） □　不是　（请注明原因）：			
变更申请人：		日期：	
评估小组 技术专业人员： 设备专业人员： HSE专业人员：		日期：	
批准人：		日期：	
分发至相关人员或部门：			

注：超出变更截止时间不得继续实施变更方案。

（3）微小变更申请由施工现场作业人员提出，并对变更的影响进行检查评估，由现场技术人员审核，负责人批准实施。微小变更申请审批表见表3-9。

表 3-9　微小变更申请审批表

基层队名称：　　　　　　　　　　　　　　　　　　　　编号：

变更名称		申请日期	
申请人		变更起止日期	
变更原因、内容：			
潜在的影响及控制措施（安全与健康、环境影响、产能/产量、质量、成本/效益、能源、法律等）：			
变更申请人：		日期：	
技术负责人： 变更批准人：		日期： 日期：	

（4）紧急变更，按相关应急程序执行，在变更后 48h 内补办审批程序，变更批准人对变更后的工艺、设备运行可靠性进行后评估。

（5）工艺和设备变更申请审批的内容主要包括：

——变更目的；

——变更的相关基础技术资料；

——变更内容（危害物料改变、设备设计依据改变、工艺或工程设计依据改变）；

——可能造成的 HSE 影响；

——涉及操作规程修改的，审批时应提交修改后的操作规程；

——对人员培训和沟通的要求；

——变更的限制条件（如时间期限、物料数量等）。

（6）批准后变更批准人要组织培训和沟通，内容包括变更目的、作用、程序、变更内容、岗位和职责、变更中可能的风险和影响、以及同类事故案例。

（7）变更实施过程中如涉及作业许可，应办理作业许可证。

（8）变更申请人负责组织对变更过程进行跟踪检查。"变更检查表"参见表 3-10。

（9）完成变更的工艺、设备在运行前，变更属地单位应组织对变更涉及人员进行培训或沟通，内容包括变更后可能导致的风险或影响，需更新的操作规程，以及对现有作业的影响。变更涉及人员一般包括：

——在变更所在区域的人员，如维修人员、操作人员等；

——变更管理涉及的人员，如设备管理人员、培训人员等；

——相关的直线组织管理人员；

——承包商；

——外来人员；

——供应商；

——相邻社区人员；

——其他相关的人员。

（10）变更所在单位应建立并保留变更工作文件和记录。

（11）变更实施完成后，变更批准人应对变更是否符合规定内容和结果进行验证。验证内容包括但不限于：

——所有与变更相关的工艺、设备信息都已更新；

——规定了期限的变更，期满后应恢复以前状况；

——试验性操作已记录在案；

——确认变更结果；

——变更实施过程的相关文件归档。

表 3-10　变更检查表

安全健康	是	否	不适用
是否存在任何可能导致安全问题的条件？	□ *	□	□
是否存在任何易燃易爆化学物质或灰尘？	□ *	□	□
是否存在任何有危险的原材料变更？	□ *	□	□
是否具有为安全操作所必需的仪表、控制、紧急制动、开关或报警？检查操作人员通道所在地并实施监控	□ *	□	□
是否有任何出于安全考虑而必须联锁的设备？	□ *	□	□
是否有任何校准与否对安全非常重要的仪表？	□ *	□	□
有无会给人员及设备造成危害的腐蚀物？	□ *	□	□
是否存在空气排放问题？检查通风要求	□ *	□	□
是否存在有毒或危害性化学物品？如石棉或放射性物质？检查通风要求	□ *	□	□
是否存在任何压力容器？泄压需要是否受变更方案的影响？	□ *	□	□
消防系统是否需要进行变更？	□ *	□	□
是否存在任何机械伤害？通常需要添加围栏、扶手、机械防护或其他操作人员保护设施等	□ *	□	□
是否需因安全原因变更照明？考虑高空照明和应急照明	□ *	□	□

安全健康	是	否	不适用
静电或雷电是否会构成危害？	□ *	□	□
是否能够对误操作进行提示和纠正？	□	□ *	□
是否考虑工作环境问题，即噪声、温度、照明等？	□	□ *	□
是否考虑了操作和维修作业中的移动、姿势和可及度？人工加载任何新原料时是否考虑了材料对人体的影响？	□	□ *	□
工作场所附近的事故应急设备是否满足需要？例如，将易燃物放入非易燃物存放区后，应增加灭火器；或者，使用腐蚀性化学物品的情况下，应考虑洗眼站	□ *	□	□
在变更中，是否有可能使用或产生涉及国家法律规定应严格控制的有毒物质？	□ *	□	□
环境影响	是	否	不适用
Ⅰ.空气问题			
气候环境条件是否符合变更要求？	□ *	□	□
变更活动场所是否属于封闭空间？	□ *	□	□
有无有毒有害气体？	□ *	□	□
有无缺氧？	□ *	□	□
是否需要填写工作许可？	□ *	□ *	□ *
是否有大风或不适合工作的天气？	□ *	□	□
是否下雨或不适合工作？	□ *	□	□
是否要求持续的排放监测/报告？	□ *	□	□
是否要求排放检测？	□ *	□	□
增加工艺设备或者更换现有设备（包括工艺容器、辅助设备等等）？	□ *	□	□
Ⅱ.废弃物问题			
本项目的建设是否会导致任何废弃物的产生？	□ *	□	□
是否考虑了废弃物最小化的备选方案？	□ *	□	□
是否会构建新的废弃物管理工具，或者改进现有的废弃物管理工具？	□ *	□	□
本项目需要土方挖掘吗？	□ *	□	□
是否有有害废弃物的产生？	□ *	□	□
是否有无害废弃物的产生？	□ *	□	□

续表

安全健康	是	否	不适用
新产生或者增加的废弃物是否按合适方式处置?	☐	☐ *	☐
是否可以提供一份包含本项目涉及的所有化学品清单（仅列举那些增加、减少或者新增加的即可）	☐	☐ *	☐
Ⅲ.其他问题			
是否存在有新员工参与?	☐	☐ *	☐
是否需要与第三方沟通?	☐ *	☐	☐
此项目是否考虑了地下水保护措施?	☐	☐ *	☐
是否需要和周边群体进行沟通?	☐ *	☐	☐
需要的其他外部许可?（请列举）:	☐ *	☐	☐
取得所有许可证的估测时间（如果需要）?	☐ *	☐	☐

注：（1）以上检查表由申请人组织确认。

（2）若选择结果带星号（＊），则应在《重大变更申请审批表》中变更详细说明一栏做出说明。

（3）以上问题若涉及对工艺安全的不利影响，应考虑进行系统的工艺危害分析。

思考题

（1）变更管理有哪几种类型?

（2）HSE关键岗位包括哪些?

（3）工艺和设备变更申请审批的内容主要包括哪些?

第四章　作业现场 HSE 管理要求

第一节　钻台区域

学习目标
（1）了解钻台区域的设备设施及相关作业的注意事项；
（2）掌握活绳头、刹车片等设施的安全参数。

一、钻台

（1）钻台应有防滑垫，干净整洁，无杂乱工具，各钻台安装牢固可靠。

（2）钻台四周护栏安装牢固，安全别针齐全，护栏底边挡板高度不得低于 10cm。

（3）钻台偏房及工具房与钻台面接触处应安装连接安全盖板，防止人员踏空。

（4）钻台载人绞车安装应采用固定螺栓固定，有明确安全标识。

（5）偏房内应张贴钻井现场应急信号图、应急联络图、应急人员名单和钻台上作业人员岗位职责。

（6）偏房内应至少配置 5 个 30min 正压式呼吸器，以及 10 具 10min 防毒面具。

（7）偏房设置全身五点式安全带储放空间以及备用安全帽、护目镜、手套存放空间，另外配备储放人员饮用水杯空间和一个医用急救箱。

（8）偏房门前旁设置洗眼站一个，同时做好安全提示。

（9）钻台工具房，各类工具摆放整齐，工具干净整洁，并设置工具登记本。每班有专人负责定期清洗、清点。

（10）钻台面与转盘面平齐，无孔洞。

（11）司钻房内应满足正压防爆要求，不能存放杂物，保持视野良好。

（12）对于没有偏房和工具房而只有操作房的修井队，应参照以上相关规定执行。

二、绞车

（1）活绳头紧固牢靠，余量长度不小于20cm。

（2）钢丝绳断丝每扭不许超过3丝，无严重锈蚀、扭结、压扁、磨损超标。

（3）大绳排列整齐，整体不打扭。大钩下放至转盘面时，滚筒上剩余钢丝绳最后一层不少于7圈。

（4）滚筒无龟裂，磨损厚度不超过说明书规定范围。

（5）各固定螺栓齐全牢靠；链条松紧合适，开口销、弹簧销、链片齐全完好。

（6）根据 API RP 9B—2005《油田钢丝绳的应用、保养和使用的推荐方法》（或 SY/T 6666—2017）《石油天然气工业用钢丝绳的选用和维护的推荐作法》规定准确计算大绳吨公里（或吨英里）数值，及时进行滑、割大绳作业。

三、刹车系统

1. 盘式刹车（电动钻机）

（1）液压管线无渗漏。

（2）刹车块厚度磨损到小于12mm时，应更换。

（3）安全钳松刹间隙小于0.5mm。

（4）刹车盘和刹车毂无油污。

2. 带式刹车（机械钻机）

（1）刹车系统连接固定可靠，润滑好，灵活好用。

（2）平衡梁调节平衡，左右间隙相等，刹带吊钩、托轮调节符合规定标准。

（3）刹带片与钢毂的磨损量不超过说明书规定值，无油污。

3. 辅助刹车

（1）各固定螺栓固定牢靠。

（2）盘式刹车动静摩擦片完好，磨损量不超过厂家说明书的规定值。

（3）气缸完好不漏气，推盘无损坏，气管线、循环水路畅通，不漏气、水。

四、转盘

（1）转盘驱动装置各部位固定螺栓齐全牢靠。转盘离合器及惯性刹车离合器固定牢靠，摩擦片完好，磨损量不超过厂家说明书的规定值。

（2）井口操作时，不准许任何人员站在转盘的旋转部位。

（3）起下钻时，应将转盘锁定，防止意外转动伤人。

（4）起下钻过程中，摆放钻具时应使用拉钩或棕绳以正确的姿势拉钻具。

（5）起钻结束后，应及时用盖板将井口盖住，以防落物。

五、液压大钳

（1）液压大钳应有安全链，吊绳（φ19mm 钢丝绳）及尾座固定牢靠，高度合适，水平度满足井口作业要求。

（2）钳头腭板、堵头尺寸与钻具尺寸相符。

（3）钳牙齐全完好、固定牢靠，钳头扣合灵活、转动无阻卡，刹带调节合适。

（4）手动液压换向阀、溢流阀、管线连接处紧密、无渗漏，启动手柄有锁止装置。

（5）气控元件固定完好，连接紧密，无漏气，快放阀灵活好用。

（6）液压站电动机、柱塞泵运转正常、无杂音，电动机接地良好。

（7）液压大钳每次使用后，应将所有液气阀回复零位，单向阀回关位，停液压泵。在接单根间隙等非工作状态，必须同时关闭大钳总气路阀门。

六、B 型大钳

（1）钳柄无裂纹，无损伤。

（2）各部位配合应用专用销连接，绝不允许使用代用销。

（3）钳牙应装整齐，无松动现象，挡销齐全，钳牙上无油泥，磨损量不影响使用要求。

（4）调平丝杠位置合适，钳体上下移动灵活，与吊绳连接牢靠。

（5）钳柄尾部固定牢靠，钳尾销的保险销使用磁性销子，下面装别针。

（6）钳尾绳（φ22mm 专用柔性钢丝绳），断丝数量满足安全要求（一个绳节距内，断丝应少于 6 个，且每股断丝少于 3 个），两端各用 4 个绳卡卡紧，卡距符合要求。

（7）更换钳牙时不能在井口附近，以防钳牙、工具、销子等掉入井内，并应防止钳头等砸伤手指或钳牙崩出伤人。

七、液压猫头

（1）固定牢靠，顶端导向滑轮处应安装护罩。

（2）钢丝绳断丝数量满足安全要求（一个绳节距内，断丝应少于 6 个，且每股断丝少于 3 个），连接牢靠。

（3）液压缸密封好，管线连接紧密。

（4）液压猫头换向阀固定牢靠、灵活好用、无渗漏。

八、提升设备（天车、游车、大钩、顶驱、水龙头等其相关设备）

（1）提升系统中的任何部件都不应承受超过其设计的安全负荷。

（2）天车和游车滑轮无裂纹、无窜动，滑轮槽磨损不超标。

（3）大钩钩口开关灵活，保险销可靠。

（4）水龙头中心管转动灵活，无径向跳动，提环转动灵活，各个固定螺栓齐全、紧固，不漏油、不漏钻井液。

（5）水龙头与水龙带连接紧固，有安全链。

（6）气动马达气管线和旋转短节防扭绳均应固定牢靠，并配有保险绳（ϕ16mm 钢丝绳）。

（7）吊环完好，保险绳（ϕ16mm 钢丝绳）可靠。

九、死绳固定器

（1）各固定螺栓齐全、紧固，背帽齐全。死绳头安全绳卡数量应不少于 3 个。

（2）钢丝绳排列整齐，按固定围槽排满，挡绳杆齐全。

（3）压力传感器、传压管线连接牢固，无渗漏。

（4）死绳固定器至天车端大绳无刮碰。

十、防碰天车

作业队应同时配备过卷式、重锤式和电子数码式三种天车防碰装置。

（1）过卷式：过卷阀灵活好用，气路畅通，过卷阀长度调节合适，1s 内将滚筒刹死。

（2）重锤式：防碰天车引绳（φ6mm 钢丝绳）松紧合适，无打扭及缠挂井架现象，开口销符合使用要求，保险可靠，防碰天车挡绳与天车滑轮距离应大于 4m。

（3）电子数码式：电子数码防碰装置及传感器、电磁阀完好、正常，报警器提示及刹车正确。

十一、气动绞车

（1）绞车固定和刹车可靠，具有断气刹车功能。

（2）手动或自动排绳装置灵活好用，起重绳（φ16mm 钢丝绳）不打结、无锈蚀、断丝数量满足安全要求（一个绳节距内，断丝少于 6 个，且每股断丝少于 3 个），排列整齐。

（3）自旋式吊钩与钢丝绳固定连接牢靠，配重装置齐全，钩口安全装置齐全好用。

（4）机体上应醒目标明安全工作载荷。

（5）非作业状态下，供气管线应处于关闭状态。

（6）操作手柄应具有自动复位功能。

（7）气动绞车天滑轮在井架上固定牢靠，应于起井架前认真检查，滑轮绳槽底面直径不小于钢丝绳直径的 30 倍。

十二、指重表

（1）指重表有两种设置，一种直立于井架一侧，一种置于司钻操作台面，都应满足能够精确记录大钩悬重（最大钩载时的误差在 5% 以内）。

（2）对于直立于钻台面的指重表应高度合适，采取可靠的方式固定，并加装安全绳（φ12.7mm 钢丝绳）。

（3）指重表系统宜随时调校并定期进行检查。校准方法为：将其读数与钻杆或油管柱的重量进行比较，然后再进行必要的调整，附加悬吊系统其他附件的重量。

十三、井口工具

（1）卡瓦整体完好，灵活好用，不打滑、不松动。

（2）安全卡瓦卡瓦牙弹簧固定牢靠，各轴节灵活，并加黄油或机油润滑，卡瓦的节数与被卡钻具的直径相符，销子保险链齐全、牢靠，销孔不堵塞。

（3）吊卡舌簧、活门灵活可靠，润滑良好（平台阶吊卡、台阶磨损大于2mm应更换）。侧开门吊卡的保险销应使用磁性销子。

（4）钻头盒把手、盖板完好无裂缝，防喷盒把手、盒体完好。

（5）起下钻时，应使用对开门吊卡（牛头吊卡），并且转盘上不得放置任何手工具或其他杂物。

十四、载人提升设备

（1）吊篮四周及顶棚覆盖铁丝网完好，四周护栏上下间隔不大于20cm，内锁式门自动关闭灵活，吊篮内置扶手。

（2）安全带挂钩齐全牢靠，有合格证明。

（3）载人绞车（选配）具有第三方检验合格证书，自动刹车和备用刹车装置灵活好用，配有防止钢丝绳过度缠绕装置。

（4）载人提升设备的使用、维护应满足 ANSI B30.23《Personnel Lifting Systems》的要求。

（5）吊篮的钢丝绳应按照说明书要求定期检验。

（6）机体上应醒目标明安全工作载荷标识。

十五、钻台梯子

（1）钻台梯子设置四个，其中一个位于大门坡道右侧，两个设置在机房一侧和钻井液罐一侧，应急撤离滑梯设在大门偏房一侧。

（2）钻台梯子与钻台面链接应有销子固定，销子别针完整，梯子踏板与地面成平行面，梯子应防滑，且踏板底部要求有底板，两边有扶手，扶手与踏板连接的每一个部位都应有销子。

（3）应急滑梯口应设置缓冲沙坑或垫子，沙坑长2m，宽2m，深0.4m填满沙子后与地面齐平。

（4）梯子上部的安全链，作业时应保持常闭状态。

思考题

（1）钻台区域的提升设备有哪些？

（2）活绳头的安全余长是多少？

（3）缓冲沙坑的规格要求是多少？

第二节　井架区域

学习目标

（1）了解井架区域的设备设施及相关作业的注意事项；

（2）掌握井架区域设备设施的安全参数。

一、井架

（1）井架、底座及钻台偏房支撑架各杆件无变形，销子及安全别针齐全紧固。

（2）梯子栏杆、立管、平台固定销子及安全别针齐全紧固。

（3）底座与基础接触良好，无悬空。

（4）井架起放大绳保养良好，不打扭，不打结，在使用或存放两年后应更换，或经拉力试验检查符合要求后才可使用，发现断丝、砸伤、局部磨损等应立即停止使用。

（5）防坠落、逃生装置灵活好用、无阻挡物。

（6）全身式安全带无磨损，磨蚀和断裂，符合安全要求。

（7）蹬梯助力装置使用钢丝绳不打结、断丝数量满足安全要求（一个绳节距内，断丝少于6个，且每股断丝少于3个），两端用3个绳卡卡紧，卡距符合要求。配重重锤吊挂在绷绳上，不卡滞。

（8）井架上的各承载滑轮应为开口链环型或为有防脱措施的开口吊钩型，不准许在井架任何部位放置工具及零配件。

（9）遇有6级（风速10.8~13.8m/s）以上大风、雷电或暴雨，雾、雪、沙尘暴等能见度小于30m时，应停止设备吊装拆卸及高空作业。

（10）天车顶部设立防坠落装置专用耳板，严禁将防坠落装置上端挂在井架的爬梯横杆上。

（11）井架天车顶部应安装航空警示灯和避雷针。

二、二层台逃生装置

（1）逃生装置钢丝绳直径不小于11.5mm（$\frac{7}{16}$in），装置应可控制下降速度。

（2）逃生绳与地面夹角一般应不大于45°，宜在二层台两侧各设置一条逃生绳。

（3）逃生绳张力大小应保证人员能在离地面高度小于2m处停住，着落点配有沙堆或缓冲垫，锚定点应全部埋入地面以下。

（4）除有紧急情况外，井架工不应乘坐安全装置或使用应急撤离设施。应定期培训井架工掌握从井架撤离的正确方法。

（5）地面逃生绳绷绳点应设置安全围栏，并在绷绳2m处挂彩色荧光警示带，防止夜间作业车辆碰刷。

三、套管扶正台

（1）所有连接销子及安全别针齐全紧固。

（2）升降小车液压马达运转正常，无噪声和振动，断绳刹车装置灵活好用。

（3）操作人员防坠吊耳承载能力不小于5kN，有检验合格证明。

（4）扶正台起吊孔与井架相应位置穿入安全绳（φ20mm钢丝绳），不打结、断丝数量满足安全要求（一个绳节距内，断丝应少于6个，且每股断丝少于3个）。

思考题

（1）井架区域的安全设备设施有哪些？

（2）防坠吊耳承载最小是多少？

第三节　循环罐区

学习目标

（1）了解循环罐区域的设备设施及相关作业的注意事项；

（2）掌握循环罐区域设备设施的安全参数。

一、钻井液罐

（1）罐面铺设网状钢板通道，通道内无杂物，护栏齐全、紧固，不松动。上、下钻井液罐组的梯子不少于3个。

（2）罐区应配备洗眼站和淋浴器，两者之间的距离不宜靠得太近；应将洗眼站安装在罐面上（气候炎热地区还应加装遮阳棚），淋浴器安装在罐面下靠近加重漏斗区域。

（3）通风用电动鼓风机的规格宜按该区域的防爆等级选择。

（4）密闭钻井液罐宜有充足换气设备、通风报警设备和气体检测仪。

（5）所有用于喷射的固定钻井液枪在非工作状态下，应锁住或拴住。

（6）员工需要进入钻井液罐时，应执行受限空间作业程序；带有搅拌器的钻井液罐，还要执行上锁挂牌制度。

（7）钻井液罐面不得有开放性的空间存在，所有盖板需常闭。同时对于罐面的各类管线应整齐排放，有固定储存场所。

（8）罐面上所有灯架固定牢靠，定位销子应定期检查，对锈蚀严重的应及时更换，灯架上部有安全链，防止灯架坠落。

（9）套装水罐上下罐之间缝隙应有防护，同时，有警示标识，防止人员坠落水罐。

二、固控设备

（1）高架槽宜有支架支撑，支架应摆在稳固平整的地面上。

（2）振动筛应使用压板固定，振动筛出砂口位置应有防踏空隔板，或安全护罩。

（3）除气器、除砂器、除泥器、离心机及混合漏斗应与钻井液罐可靠地固定。

（4）除砂器（除泥器）砂泵底座护罩完好，连接管线、旋流器管线不泄漏。

（5）除砂器（除泥器）的电动机连接牢靠，绝缘良好。

（6）各种设备都应接地保护。

思考题

（1）循环罐区域的安全设备设施有哪些？

（2）循环罐区域洗眼站应安装在哪些位置？有什么要求？

第四节 泵房及高压管汇

学习目标

（1）了解泵房及高压管汇区域的设备设施及相关作业的注意事项；

（2）掌握泵房及高压管汇区域设备设施的安全参数。

一、钻井泵

（1）各连接螺栓齐全、紧固，连接位置不刺不漏。

（2）钻井泵安全阀杆灵活无阻卡。剪销式安全阀销钉应按钻井泵缸套额定压力选用并穿在规定的位置上。

（3）钻井泵的弹簧式安全阀应垂直安装，并戴好护帽。每班检查一次安全阀，不应将安全阀堵死或拆掉。开启压力应调至钻井泵缸套额定压力的105%~110%范围内。

（4）安全阀泄压管线固定牢靠，直径不小于73mm，无变径，出口弯管应大于120°，用φ12.7mm钢丝绳作为保险绳。

（5）泵压力表完好清洁，读数准确，并在检验期内。

（6）预压式空气包应配压力表，空气包应充装氮气，禁止充装氧气或可燃气体，充装压力为钻井泵工作压力的1/3。

（7）泵房宜设置两个沿不同方向通往外界的出口。

（8）钻井泵工作时，在安全阀、管汇附近不准许任何人逗留。

（9）检修保养时，应把泵离合器开关锁好，切断线路或气路，挂牌锁定，以免发生错误操作，造成人身或机械事故。

二、高压管汇

（1）高低压阀门应安装牢靠，手柄齐全，无渗漏，开关位置正确。

（2）地面高压管线应固定牢靠。

（3）高压软管的两端，用专用软管卡与相连接的硬管线接头卡固，卡在硬管线上。

（4）立管应上吊下垫，不应将弯头直接挂在井架拉筋上。应采用花篮螺

栓及 φ19mm 的钢丝绳套绕两圈立管吊挂在井架横拉筋上，弯管应正对井口。

（5）立管中间用不少于 4 只 φ20mm U 形螺栓紧固，立管与井架间应垫专用立管固定胶块。

（6）立管压力表宜安装在离钻台面 1.2m 高处，表盘朝向以便于司钻观察为宜，压力表清洁。

思考题

（1）泵房和高压管汇区域的注意事项有哪些？

（2）安全阀泄压管线固定有什么要求？

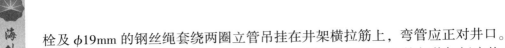

第五节　机房及电气设备

学习目标

（1）了解机房区域作业注意事项；

（2）掌握电气设备设施的安全参数。

一、机房区域

（1）柴油发电机组紧急停车装置设置在机组本体和司钻控制房内，安全可靠。

（2）在可燃性气体含量较高作业区域，柴油机排气口应配置防火装置，排气总管外体加装隔热设施，同时在中冷器前段应有紧急停车断气功能装置。

（3）机油、柴油罐的管线及阀门不渗不漏。

（4）各种安全阀、压力表定期校验，有合格证明。

（5）禁止将抹布、工具等杂物放在柴油机上。

（6）柴油机运转和刚停机时，禁止卸下散热器盖检查冷却液面，防止高温液体溅出伤人。

（7）柴油机曲轴箱呼吸器附近不可长时间站人，防止有毒、有害气体伤人，保证通风良好。

（8）柴油机维修后启动，应做好熄火准备，以防飞车或其他意外情况发生。

（9）对电动机的控制电路检查时应停机，并切断主开关或去掉蓄电池负极。

（10）检修电气设备时，应执行上锁挂牌程序。

二、电气系统

（1）所有安装于危险区域（依据合同要求的标准划分）的电气和仪表设备，应采用具有国际资质且选型正确有相关证书支持的防爆产品，并保持标识清晰完整。

（2）未经OEM（原生产商）书面授权不得试图改动/改造任何防爆设计/产品或设备。

（3）防爆设备的维护保养周期、程序及方法参照OEM手册或IEC 60079—17，并有签字记录存档。

（4）室内设备防护等级不得小于IP20，户外设备包括分线盒插接件不得小于IP54且应遵照OEM手册安装。

（5）井场电路应采用TN-S系统，工作零线与接地线在唯一的连接点后严格分开。

（6）接地系统应采用环形（网）接地方式，接地电阻不得大于4Ω。

（7）接地线采用黄绿双色软铜线缆，所有连接通过端子或线鼻子。

（8）主回路接地线横截面积依据规定选择，但不得小于$50mm^2$（PVC）；重型护套线不得小于$35mm^2$。

（9）接地系统需重复接到每个独立单元且不少于两点，避免环网开路。

（10）每个发电机接地点也需在接地网中，发电机配电箱等用电器应重复接地。

（11）接地系统的测试维护需并入维护保养体系中，并有相关确认签字记录。

（12）所有设备的金属部分都需做等电位连接。

（13）等电位连接线需用黄绿双色软铜线，横截面尺寸不得小于$4mm^2$。

（14）等电位线需保持良好的连接，接触电阻不得大于0.5Ω。

（15）任何情况下黄绿双色线都不得作为相线、零线或信号线使用。

（16）所有插座和照明回路应装有剩余电流动作保护器（RCD），其额定剩余动作电流不大于30mA，剩余电流保护电器的分断时间不超过30ms。

（17）插座和灯具中的接地线连接正确完好。

（18）严格按照RCD要求的测试周期及方法完成相应测试，并做好签字记录。

（19）电缆铺设应充分考虑避免受到腐蚀和机械损伤。

（20）井架和油罐区均安装独立避雷系统，接地电阻不大于10Ω。

（21）所有接地点应定期浇水，并检测接地电阻值。

思考题

（1）机房区域的注意事项有哪些？

（2）电气设施的接地有什么要求？

第六节　井场

学习目标

（1）了解井场区域作业注意事项；

（2）掌握井场区域设备布局的原则和要求。

一、井场场地

（1）地面应有足够的抗压强度。地面平整、中间略高于四周，有1：200~1：100的坡度，排水良好。

（2）场地应平整、干净、无积水和油污，废料堆放规整，道路畅通，行走方便。钻台下、泵房、钻井液罐罐区应有通向集水池的引水沟。

（3）各类设备基础，应设置在地基承载力较大的挖方上，地基承载能力不得小于0.2MPa。基础平面应高于井场面10~20cm，并应排水畅通。

（4）井场的有效使用面积一般应不小于表4-1的要求（不包括活动住房、其他建筑电力线、通信线、井场外管线等井场附属设施的占地面积）。

表4-1　井场参考面积

钻机级别	井场面积，m²	长度，m	宽度，m
20级以下钻机	6400	80	80
30钻机	8100	90	90
40钻机	1000	100	100
50钻机	11025	105	105
70及以上钻机	12100	110	110

二、井场布置

（1）井场区域设备应按照有利于防爆的要求、地形条件、钻机类型进行合理布置。

（2）值班房、发电房、库房等工作房及油罐区距井口不小于 30m，机房与油罐区相距不小于 20m。

（3）热工作业区应设置在油品存放区域 30m 以外，并有明显热工作业区域标识，区域为半封闭有顶棚空间，并备有存放切割下来的下脚料桶。

（4）风向标的设置应满足应急管理要求，分别设置在井场入口大门一侧、钻台偏房顶部、循环罐和套装水罐四处。

三、猫道与管排架

（1）猫道摆放平整，底部干净整洁，两边与大门坡道有固定的销子链接，销子上有别针，猫道远端应安装有钻杆缓冲装置，且拆卸方便。

（2）管排架之间的距离为 5m，管排架高度应与猫道水平一致，与猫道连接端有销子连接并有别针，管排架两端预留插孔，插入挡杆后能够阻止钻具滑落。

（3）管排架上摆放的管具应排列整齐、稳固，高度不得超过 3 层，且管具护丝完整。坡道禁止存放钻具。

（4）在装卸或转动管具时，应有专人指挥叉车或吊车，管排架之间严禁站人。

（5）管具通径时，管具两端人员应密切配合，人员身体应偏离管具口，防止通径过程中受伤。

思考题

（1）井场布局有哪些要求？

（2）值班房、发电房、库房等工作房及油罐区距井口有什么要求？

第七节　钳工房

学习目标

（1）了解钳工房设备设施的注意事项；

（2）掌握电气焊设备、砂轮机、台钳使用的安全要求。

一、电气焊设备

（1）电焊机完好，使用前接好地线（TN-S 系统接 PE 线），电焊线完整，避免在雨天或潮湿的地方进行焊接。

（2）使用电焊时应用防触电保护器和 RCD。

（3）启动电焊机时，焊钳与焊件不能接触，以防短路。

（4）调节焊接电流和变换极性接法时，应在空载下进行。

（5）氧气和乙炔气瓶应分开存放，铁链固定，上部有遮阳棚。安全帽和防振圈齐全完好。

（6）氧气、乙炔气瓶应直立使用，两瓶相距应大于 6m（20ft），距明火处大于 10m。均加装回火保护装置，并挂有使用时效标识。

（7）氧气表、乙炔表应灵敏可靠，气瓶嘴与表接头均应干净无异物，严防被油污玷污。

（8）电焊机、氧气瓶、乙炔气瓶、焊具（割具）等设备设施应由专人保管、使用。

二、砂轮机

（1）固定式砂轮机安装地点适当，不准对着其他设备和操作人员，以及过往通道。

（2）使用前检查砂轮无裂纹，磨损至极限时应更换，转动时应平稳、无跳动。

（3）砂轮防护罩开口上端应设可调整的挡屑屏板，其宽度应大于砂轮防护罩宽度，并应牢固地固定在护罩上，砂轮圆周表面与护板间的间歇应小于 6mm。

（4）砂轮卡盘外侧与砂轮防护罩开口边缘之间的间隙应为 5～15mm，防护罩应安装牢固。

（5）砂轮托架应装卡牢固，且可调；砂轮圆周表面与托架间间隙不得大于 3mm。

（6）磨料头、料边、毛坯和材料进行火花鉴别的砂轮机可不设托架，但必须设置固定标志说明。

三、台钳

（1）台虎钳安装在钳桌上时，必须使固定钳身的钳口工作面处于钳台边缘之外。

（2）台虎钳固定在钳桌上必须牢固，两个夹紧螺钉必须扳紧。

（3）夹紧工件时，只允许依靠手的力量来扳动手柄，不许用手锤敲击手柄，以免丝杠、螺母或钳身损坏。

（4）丝杠、螺母和其他活动表面上要经常加油并保持清洁，以利润滑。

思考题

（1）氧气、乙炔气瓶直立使用的安全距离是多少？

（2）砂轮机的安全设施有哪些参数？

第八节　材料房

学习目标

（1）了解材料房安全设备设施的配备标准；

（2）掌握材料房的安全管理要求。

材料房的安全管理要求如下：

（1）库房区域远离钻井液罐和套装水罐100m。

（2）集装箱统一进行编号，按照号码顺序排放，现场排成一字形。

（3）集装箱内货架承载安全，整洁有序，杂物及时清理。

（4）存放橡胶件的集装箱内要安装空调，且工作状况良好，满足橡胶件储存温度的要求。

（5）每个集装箱内部配置8kg干粉灭火器1个。

（6）热工区域设置于电焊房对面，使用铁板焊制，形成半封闭场所。

（7）热工区配置8kg干粉灭火器2个，5kg二氧化碳灭火器1个，消防毯2块，电焊面罩2个，防导电安全手套2副。

（8）氧气瓶和乙炔瓶分开存放并做防晒措施，铁链固定，防护帽和齐全，并做满瓶空瓶标记。氧气、乙炔气瓶应直立使用，两瓶相距应大于6m（20ft），距明火处大于10m。均加装回火保护装置，并挂有使用时效标识。

（9）电焊机完好并接地，使用防触电保护器和 RCD，电焊线完整，电焊线与焊把、搭铁连接状态良好。

思考题

（1）材料房的消防设施配备标准是什么？

（2）热工区的消防设备有哪些？

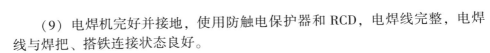

第九节　油、水罐区

学习目标

（1）了解油水罐区安全设备设施的配备标准；

（2）掌握油水罐的安全要求。

一、柴油罐区

（1）储油罐距井口、出口罐、分离器距离不小于 30m，距发电房不小于 20m 的安全位置。

（2）罐周边设有高 0.3m、上宽 0.3m、下宽 0.5m 的梯形围堰；罐底部应铺垫塑料防渗布或土工膜，铺设面积应大于罐区底座面积，防渗布或土工膜应铺在围堰之上，且外边缘超出围堰边缘 0.5m，防止油污外溢；防火堤完好无破损，雨水排放阀保持常闭。

（3）柴油罐罐体配有呼吸阀，罐体有中英文及当地语言等三种语言的"禁止烟火"字体，罐头上有"当心泄漏"及"释放静电"的安全标识、标注容量和燃料名称，并贴有"重点防火部位"牌。

（4）油罐区防静电接地装置电阻不大于 30Ω，防雷接地装置电阻不大于 10Ω。

（5）柴油预滤器完好、有效。

（6）油泵组密封及管路无泄漏，有防盗措施，油泵及电路符合防爆要求。

（7）油罐流量计、液位计表盘清晰、完好，流量计在有效期内。

（8）配电箱（柜、盘）处必须设置中英文及当地语言等三种语言"当心触电"标志，控制开关有统一规范控制对象标识。

（9）油罐区配备的灭火器状态完好，有检查记录，检查周期不超过一个月，具体执行《海外钻修井队消防设备设施 HSE 实施规范》。

二、工业水罐区

（1）工业水罐符合 NB/T 47003.1《钢制焊接常压容器》标准的要求，罐体采用 6mm 厚钢板压制的瓦楞板制作，罐壁铺设 12 号槽钢；罐底铺 8mm 厚钢板；罐一端设防尘泵房。

（2）泵房端设上罐爬梯，罐顶设进罐入口，可以到罐底清除污物。

（3）罐面安装磁浮液位控制开关，可以自动和手动两种形式向上罐供水。罐内安装溢流管，可以保证上罐的上水安全。

（4）所有电器安装符合 API RP 500《石油装置用电气设备位置分类的推荐规程》的规定；点击采用防爆点击，照明灯采用防爆照明灯；所有防爆电控箱电源接入插头均采用快速插头。防爆等级为 ExdIIBT4，防护等级为 IP55。

（5）配置一个手提式干粉 MF/ABC 灭火器，灭火器设置在灭火器托架上，其顶部离地面高度不大于 1.5m，底部离地面不小于 0.08m。

（6）吊点处喷醒目标识，并标注吊装方式和安全工作载荷（SWL）。用钢印将"安全工作载荷"打在吊点上或附近，清晰可见。吊耳必须进行无损探伤，并提供探伤报告。

思考题

（1）油罐的安全设施配备标准是什么？

（2）工业水罐有哪些要求？

第十节　营区

学习目标

（1）了解大小营区安全设备设施的配备标准；

（2）掌握大小营区的安全要求。

一、营地

（1）井场营房包含平台经理室、甲方监督室、平台经理室、公共办公室、会议室、医务室、电气师、机械师等 24h 值班人员的宿舍。

（2）营地应考虑当地季风的风频、风速、风向，位于上风口方向，营房距井口的距离不小于 300m，并在远控台同侧方向。

（3）营地区域设置停车场，标识清楚。

（4）营地与井场之间使用警示栏杆隔离，并配有出入井场的通道。所有进入该安全警示带的人员视为进入作业现场，劳保穿戴应满足作业安全的要求。

（5）营地配备垃圾桶，垃圾桶放置营房门前。

（6）营地配备足量的照明灯。

（7）营地内外禁止吸烟。

（8）营房内按照要求配备 2～5kg 灭火器、烟雾报警器、应急灯，营房外侧配置电子报警器 1 台。

（9）营房内张贴营区安全管理规定。

（10）营房配置配电柜，安装接地保护漏电断路器、电路故障断路器。

（11）营地配备 40m³ 生活水罐，电泵运转正常，泵仓内阀门和管线连接密封良好，仓内整洁。生活水罐预留消防水龙带连接口。

（12）营地设置处理池，所有营房的上、下水管线无泄漏，废水直通处理池。

（13）医务室设备、药品供应充足、适用，控制药品、危险药品的保管和安全。

二、井场小营地

（1）井场小营地应包含平台经理室、HSE 监督室、医疗诊室、会议室、技术服务工程师室（地质、钻井液、测录试等）；电气师、机械师等 24h 值班人员的宿舍。

（2）小营地的营房应考虑当地季风的风频、风速、风向，放置于上风口方向，营房距井口的距离不小于 25m，并在远控台同侧方向。

（3）小营地应根据人数的需求配备容积不小于 15m³ 的生活水罐和生活污水处理装置。营房经理应定期对污水处理装置工作状况进行检查并填写检查记录表。

（4）小营地与井场之间应设立安全警示带，并配有出入井场的通道。所有进入该安全警示带的人员视为进入作业现场，劳保穿戴应满足作业安全的要求。

（5）小营地各营房前配备垃圾桶，垃圾桶放置各营房门前安全警示带外侧，垃圾桶应有中、英文（当地语言）标示。作业现场垃圾清理由当日场地工负责，在每天下午 17：00 前集中回收到井场入口处，定期根据合同要求予以处理。

（6）小营地营房外应设立指定吸烟区域，配备烟蒂沙罐和凳子，张贴指定吸烟区域标识，营房内部禁止吸烟。

思考题

（1）大营区安全设施配备标准是什么？
（2）小营区有哪些要求？

第十一节　工、器具管理

学习目标

（1）了解手工、器具的摆放要求；
（2）掌握电动、气动安全要求。

一、手工具

（1）手工具应定期检查、维护和更换，并执行定置化管理。
（2）严禁使用现场加工、制作或改造过的手工具。
（3）电动工具应有双重绝缘标志，即有"回"字标志的Ⅱ类工具。
（4）使用手提电动工具要求进行接地，应使用漏电保护装置。
（5）手提电动或气动工具应有自动断电（气）保护，应保证启动开关不会被锁住。
（6）手提电动工具每季度检查1次，并在本体显著位置张贴不同颜色且附有下次检查日期的标签。
（7）按用途使用手工具，操作电器或在电器周围工作，应当使用绝缘的手工具。
（8）保持手工具处于良好工作状态——锋利、干净、润滑、磨光等。
（9）要经常检查手锤、凿子和其他类似工具的锤击面，以免产生蘑菇帽、受损面和其他伤痕，应将蘑菇状飞边打磨掉，避免碎片飞溅，并戴好护眼用品以防碎屑伤害眼睛。
（10）不可超出手工具承受能力使用手工具，按照工具属性正确使用工具，禁止用手锤把当撬杠，同样禁止用扳手当手锤。
（11）严禁使用现场加工、制作或改造过的手工具，未经许可不可使用加力棒。

（12）使用凿子时必须使用手部保护装置或夹具以避免伤害到手。

（13）使用刀具剥线时必须戴防割手套，锋利的手工具不能放到口袋里。

（14）木头把（柄）应当完好无损，要做楔形头牢固地镶在工具上，不能用带子捆绑裂缝之类的伤痕。

（15）使用锤击扳手时，要用一根绳子绑在扳手把上，把扳手拉紧，控制住扳手。

（16）员工携带手工具攀登井架梯子时，应将手工具加装安全尾绳或放在系于其身上的工具袋内；在高空使用手工具作业时，要通知在下边干活的或站着的人。

（17）起下钻时转盘上不得放置任何手工具，在转盘或井口周围使用手工具，须加装安全绳，同时要把井口盖好。

（18）当检测到作业现场成为易燃易爆场所时，必须使用合格的防爆手工具。

（19）暂不使用的手工具应放置在安全位置，要经常目视检查在用的手工具，确保使用安全。

二、电动、气动手工具

（1）气动、电动和液动工具的管理，使用人员应认真学习使用说明书和安全注意事项，外籍员工必须进行安全教育并培训合格后方可独立操作使用。

（2）禁止移除、改造电动、气动工具原设计中的任何开关、按钮和安全装置；Ⅱ类电动工具电源必须装设额定漏电动作电流不大于 15mA、动作时间不大于 0.1s 的漏电保护器；临时用电时电源线不得任意接长或拆换，当电源线长度不够时应使用相匹配的专用延长电线并通过合格的防爆转换插座相连。

（3）接通电动工具电源前，应进行检查，确保其插头和插座规格相符，开关处于关闭位置，若插头插座不匹配，严禁夹断插头，线头插入插座中使用电动工具；在开启电动工具前，应拔掉调位键的钥匙或扳手。

（4）打开气动工具气源之前，应进行检查，确保已安装过流关断阀，气路软管无切口、裂缝，各部件连接紧固，开关处于关闭位置；拆卸气动工具前，应首先关闭供气管路阀门，释放管路余压后方可实施。

（5）使用气动工具过程中，不应将软管锐角弯曲、缠绕、打结或将重物置于其上；禁止用软管悬吊工具；禁止用供气管路中的压缩空气清洁机器和吹尘。

（6）禁止在电动、气动工具放倒或移动时启动电动、气动工具，工具在切断动力源之前不得进行修理，停止运转之前，不得随意放置；更换部件时应关闭电源、气源，待转动部件完全停止转动后方可进行。

（7）应避免电动、气动工具长时间空载运转，防止飞脱伤人；禁止将电动、气动工具或敞开的空气软管指向任何人；电动、气动工具在未使用或完成作业后应断开电源、气源。

（8）对使用电动、气动工具可能产生飞溅、冲击、触电危害的区域应进行隔离防护，如设防护板或防护屏等，身体任何部位远离转动部分及溅出火花、碎片，必要时个人要穿戴好防护用品，如护目镜及绝缘手套。

（9）电动工具应有双重绝缘标志，即有"回"字标志的Ⅱ类工具，应有自动断电保护，应保证启动开关不会被锁住。

（10）使用手提电动工具要求进行接地，应使用漏电保护装置。

（11）手提电动或气动工具应有自动断电（气）保护，应保证启动开关不会被锁住。

（12）保证工具柄和支座清洁、表面干燥，不再潮湿的表面上工作，保证不接触其他金属物。

（13）电动手工具使用结束后，应拿住插头缓慢拔出，严禁拿住电线往外拉。

（14）不宜在易燃易爆区使用电动、气动工具，特殊情况下使用时，按照《海外钻修井队工作前安全分析实施规范》进行危害识别和风险评价，采取可靠的安全控制措施。

思考题

（1）Ⅱ类电动工具电源必须装设额定漏电动作电流是多少？

（2）电动、气动工具在未使用或完成作业后应注意什么？

第十二节　危险品管理

学习目标

（1）了解危险品的操作要求；

（2）掌握井场存放危险品的具体要求。

一、危险化学品

（1）现场应留存每种化学药品的化学品安全说明书（MSDS），并将化学品的危害及应急处置措施告知所有人员。

（2）选择合适的场地进行存放，场地应与营房保持一定距离，选择主风向的下风向。

（3）尽量选择封闭场所存放化学药品，露天放置的化学药品应搭建防雨棚或使用防雨布进行遮盖。

（4）存放场地应铺设防渗膜，防止化学药品渗入地下。

（5）在存放场所应将每种化学品的危险化学品安全防护标识（MSDS标识）在明显位置张贴。

二、放射源性物品

1.一般要求

（1）储存前对储存区域进行一次放射性本地测量，并记录测量结果。当放射性物品运走后，对储存区域本底进行监测，并记录测量结果。

（2）确认放射性物品安全存放在源罐中。

（3）源罐应锁好，将所有源罐用链条锁在一个固定物上。专用源车应停放在安全地点。

（4）储存区域竖立放射源警示标志，设立警戒线。

2.陆上井场的储存要求

陆上井场的储存应符合以下要求：

（1）以源为中心的划定储存区域直径不小于2m；在条件许可的条件下，存放点距离井口不少于15m。

（2）井场存放点应考虑到可能的火灾危险、远离井场食宿区、出入方便程度、在可视范围内（有条件可使用视频监控）等因素，并与属地负责人达成一致意见。

（3）建立巡视制度。指定人员每隔2小时巡视一次，确认放射性物品的安全，做好巡视记录。

3.海上平台的储存要求

海上平台的储存还应符合以下要求：

（1）放射性物品送到平台之前确定好储存区域，并应标记在相应图上以备后用。

（2）平台储存点应考虑到尽可能远离食宿区，不妨碍进入火灾集结地、救生船、直升机场，远离其他任何危险物品等因素，并与井场负责人达成一致意见。

（3）特殊的具有增强防护功能的放射性物品储存容器可能需要特定存放区域，必须事先了解当地法律法规。

（4）放射性运输容器应满足海上施工安全要求，装有 2 个浮漂，配置大于钻井平台所在区域水深的绳索。

三、民爆物品

（1）施工现场，民爆物品临时存放点和装配地点应距离井口 15m 以上。临时存放点和装配地点设置"当心爆炸""严禁烟火""禁止无线电"等安全标志，在施工作业场区边界设置警戒标识，圈闭相应的作业区域，运到现场的民爆物品应分类放置，并做好安全防护措施。

（2）现场施工作业时应执行以下规定：

电缆射孔施工作业前，应将仪器车接地，消除施工现场用电干扰，切断井场电源，停止所有电气焊作业，并告知相关方检查现场用电设施有无漏电。如有漏电，应立即采取措施消除。

测量电雷管电阻值时，应将电雷管放入专用防爆容器中，用专用的电雷管电阻测量表进行测量，测量人员不应面对容器口；严禁对连入射孔枪的雷管进行电阻测量。

现场施工中，民爆物品操作现场周围 10m 内不准无关人员进入，50m 范围内严禁吸烟和使用明火，严禁使用无线通信设备，并严禁有其他易燃、易爆物品堆放。

现场装配和拆卸射孔器、切割器、电缆桥塞、爆炸筒及井壁取心器时，作业人员应在射孔器、切割器、电缆桥塞、爆炸筒和井壁取心器的两端方向。装配结束后及时清理现场，将废弃的民爆物品收集，妥善保管，交回库房。

射孔器、切割器、电缆桥塞、爆炸筒、取心器与点火缆芯连接前，应切断地面仪器与电缆的连接，并把缆芯接地放电，确认点火缆芯无电后，方能接线下井，待上述器件下入井内 70m 以下方可接通仪器电源。

射孔作业点火前，原则上须经甲方代表确认射孔深度无误后，方可点火。

下井未能起爆的射孔器、切割器、爆炸筒等民爆器件，在提至距井口 70m 之前，应切断仪器电源，方可提出井口，由专人立即拆除雷管或起爆器，并妥善保管。在打开未能起爆的民爆器件时，禁止用金属工具敲砸。

返工、损坏、报废的民爆物品，不应再次下井使用，作业人员不准私自拆卸或销毁，应如数交回库房统一管理。

思考题

（1）井场存放危险化学品有什么具体要求？

（2）井场存放放射性物品有什么具体要求？

（3）井场存放民爆物品有什么具体要求？

第五章 关键工序和高危作业 HSE 管理

第一节 钻机搬迁、安装与拆卸

学习目标

（1）了解搬迁、安装和拆卸作业条件；

（2）熟悉作业中的 HSE 风险及防控措施；

（3）掌握相关作业程序；

（4）了解常见不安全行为及搬家作业十不准。

一、作业应具备的条件

（1）作业环境良好，一般应在没有较大风雨的白天进行，特殊情况需夜间作业时，井架四周要有充足的照明。

（2）确保人员熟悉本作业文件，能按作业程序正确操作。

二、钻机搬迁

1. 部件和工具检查

（1）工具和绳套。

（2）几把撬杠（大小都必须有）和两把铁锹。

2. 准备工作

（1）搬迁前召开一个小型会议，明确具体工作任务、各人员分工和 HSE 要求。

（2）检查要搬迁的各个部件及其数量，确保其完整性和便于运输的状态。

（3）易燃、易爆、易碎和易皲易折材料以及仪器仪表应使用专用车辆运输。通常要将这些材料和仪表放到钻台偏房或库房，固定好后随房子一起运往新井场。

（4）根据钻机部件的尺寸、重量和数量制定好车辆计划，并报相关部门或组织批准。

（5）准备好吊装绳套以确保运输车辆中钻机部件的安全。

（6）检查运输部件上的耳板、吊钩和孔眼，确保没有任何松动、破裂和断开等，如果有任何松动立即进行紧固。

（7）装车之前清除车辆上的杂物和垃圾。

（8）在搬迁之前，根据运输钻机部件的高度、宽度、重量和转弯半径，对搬家路线的桥梁、公路、隧道、电线和通信电缆等进行实地勘察，确保在长途搬家过程中可以顺利通过。

（9）如果运输路线要通过城市的商业中心，应确定道路通过能力以避免发生交通堵塞和交通事故。

（10）在冬季或天气寒冷地区要检查底座与地面的结冰情况，并使用蒸汽对底座进行解冻。

（11）对井场进行清扫。

3. HSE 提示和消减措施

钻机搬迁 HSE 提示和消减措施见表5-1。

表5-1　钻机搬迁 HSE 提示和消减措施

HSE 提示	消减措施
作业者在夏天或天气炎热地区可能发生中暑或灼伤，冬天或寒冷地区可能发生冻伤	（1）在夏天或高温地区要准备好足够的药物和水，以避免作业者中暑或灼伤； （2）寒冷的天气（低于-20℃），高空作业时间不得超过2h； （3）在温度低于-40℃时禁止作业； （4）在恶劣的天气下如狂风、大雪、暴风雨和多雾的情况下可暂缓作业
作业者的手可能被钢丝绳上的毛刺刺伤	（1）检查钢丝绳，清理上面的毛刺，禁止使用不合格的吊索； （2）作业人员必须佩戴劳保手套
吊索、部件连接、吊耳的损坏伤害作业者	（1）禁止使用小型吊索吊装重型设备； （2）起吊过程中注意绳索的张力，如果发现异常情况则停止起吊； （3）起吊带有锋利棱角的部件时，应采取保护措施避免吊索遭到损坏； （4）起吊前检查各部件的连接部位和吊耳，确保其处于良好状态；

HSE 提示	消减措施
吊索、部件连接、吊耳的损坏伤害作业者	（5）当起吊张力超过部件重量的20%时，停止起吊并进行解冻或清理其他的连接物品后再次试吊； （6）禁止超负荷吊装； （7）当设备吊起来时作业者应立即退到安全的地方
吊车倾覆和起吊物品的跌落可能伤害下面的人员	（1）起吊前按照要求打好千斤，如果有必要在其下垫上木块； （2）对吊车和刹车进行功能测试，将物品起吊20cm后再慢慢放下； （3）起吊动作不能太猛，要轻轻地拉紧吊索，禁止从侧面拉重物； （4）禁止作业者用手或肩推拉起吊物品，应在起吊物品上绑上引绳； （5）确定好吊装物品的重心，并对其进行试吊从而防止吊翻； （6）如果要使用两台吊车吊一件东西，应使用低而稳定的速度，并安排专人指挥、旁站监督配合作业； （7）禁止停留在吊装部件下面，禁止直接跨越吊装部件，不允许任何人进入吊车臂的旋转范围； （8）及时挪动吊车，切忌伸长吊臂从远处拖拉重物
手伤害	（1）应在专门人员的指导下进行吊装作业，只有当指挥人员得到挂吊索人员的"起吊"信号后，吊车司机才能开始起吊； （2）当紧固部件或封闭盖板时，吊车司机应该小心配合以免夹伤手
电击或跌落	（1）当穿过比重载卡车所载设备高度低的电线时，应使用绝缘棒支起电线，从下面通过； （2）当吊装设备时应注意和电线的安全距离； （3）在高压电附近吊装时必须保持足够的安全距离，如安全距离不够必须采取断电或安全屏蔽措施
人员伤害	（1）指挥者应该站在卡车的左边（驾驶员一侧）而不是后边，便于指挥司机倒车； （2）禁止人员站在吊车的后边； （3）高处挂取绳套等作业必须系安全带
钻机搬家过程中交通事故可能引起人员伤亡	提醒载重汽车司机注意行车速度和行车路线；在运输超大型部件时最大行车速度应在50km/h以下；在通过颠簸不平的路段后，如果还要继续行进，司机应下车检查部件是否有移动或松动

HSE 提示	消减措施
火灾爆炸	（1）严禁在高压电下吊装氧气、乙炔、油桶等易燃易爆品； （2）吊装时操作要轻、稳，防止吊钩撞击； （3）油罐中燃油较多时，应用油罐车先将油料倒出后再吊装； （4）吊索具选用应符合要求，防止起吊过程中坠落或断裂； （5）油罐等危险品管线阀门关闭、上锁，监控检查

4. 实施

1）装车

（1）井场应安排一名指挥人员，保证在任何情况下卡车能安全通过。

（2）召开会议，统一和规范指挥语言与手势，指挥信号应符合国家标准或行业习惯。

（3）合理进行人员分工，分别进行装车和部件固定作业，每组应指定一名负责人。

（4）当指挥人员引导吊车停到一个合适的位置后，支起千斤并观察其是否下陷，如果下陷，则收回千斤垫上枕木，重新打好千斤以确保不再下陷。

（5）指挥吊车下放吊钩，通常情况下吊车有两个吊钩，一个是主吊钩，用于起吊超过 2.5t 的重物。另外一个是辅助吊钩，用于起吊较轻的物品。把吊索挂在吊钩上，指挥吊车司机慢慢把绳子起吊到合适的高度。

（6）指挥吊车司机转动拔杆使吊钩处于被吊物品的正上方。挂绳套的人员将绳套挂在吊耳上并发出准备起吊的信号，指挥者给吊车司机发出信号收拔杆、拉紧吊索。动作不能太猛，要缓缓收紧绳子。当挂绳套人员走到安全的地方后方可起吊。

（7）当起吊设备距地面 0.2m 时停止起吊，检查千斤是否下陷，如果没有下陷则慢慢放下载荷。

（8）在吊索上系上引绳，然后指挥吊车起吊到合适的高度（高出卡车 0.1~0.2m），转到卡车正上方缓慢地放到卡车上。

（9）如果吊起的设备非常重，则吊起一定高度后停止起吊，指挥卡车倒车到设备的正下方，然后吊车司机将重物慢慢放到卡车上。

（10）设备装到卡车上后，指挥者检查负荷，当装载物稳定下来后，指挥人员取掉吊索。

（11）挂吊索的人员从吊钩上取掉钢丝绳，并给指挥人员示意，同时将吊索拉到一边。然后指挥吊车司机将吊车臂转到下一个吊装物品上面。

（12）取掉卡车上的吊索并等吊车臂移走后，指挥卡车开出去进行固定。

2）设备的固定

（1）用钢丝将物品固定在卡车的四角并用撬杠绞紧。

（2）大型和超重的物品应使用车上的铁链进行固定。

（3）容易滚动的物品应垫上木块后再进行固定。

（4）设备组件应该平衡、稳定、整齐、牢固放置。在对物品进行固定后，井队人员应和司机共同检查设备的装载情况，车辆运行前司机要在设备清单上签字。

3）货物的运输

（1）运输途中，超长、超高或超宽的物品应有明显的标识，并安排人员押运车辆。

（2）运输超大型部件时最大行车速度应控制在 50km/h 以下。在通过颠簸不平的路段后，如果还要继续行进，司机应下车检查部件是否移动或松动。如果有松动，进行紧固。

（3）当穿过比重载卡车低的电线或通信电缆时，应使用绝缘棒支起电线，使卡车从下面通过。

（4）部件的连接装置和固定装置应集中一起运输。

（5）在恶劣的天气，如狂风、大雪、暴雨、大雾的天气，应暂停运输。

4）卸车

（1）准备好几副标准吊索和两把断丝钳，在下面的吊索上绑上绳子作为引绳。

（2）指挥吊车停到合适的位置，在地面上打好千斤（如果地面容易下陷，垫上木块）。

（3）用断线钳剪断并抽出用于固定的钢丝。

（4）降低吊车主钩，把吊索挂在吊钩上。

（5）吊车司机将钩子提到合适的高度，转到待卸货物的正上方，同时调整吊索的高度。

（6）挂吊索的人员将吊索挂在起吊物品的吊耳上，并给指挥者发出信号。指挥吊车吊起物品，将物品吊起 10~20cm 后停下来，仔细检查千斤。如果千斤没有下陷，指挥卡车前进。

（7）卡车离开后，指挥吊车下放物品到距地面 10~20cm，调整物品的方向，然后将物品放到地面上。

（8）确定物品的位置正确后，即可取掉吊索。

（9）取掉吊索后，作业人员即可给指挥者发出"已取掉吊索"的信号。

（10）收到"已取掉吊索"的信号后，指挥者即可指挥吊车司机将吊索提到适当的高度，转动拔杆起吊下一个物品。

5. 作业关闭

搬家结束后清理井场。

三、钻机安装

1. 设备和工具检查

（1）所有必需的手工具。

（2）合格的吊索具。

2. 准备工作

（1）召开班前会，做好任务分工、各部件用途、人员布置及 HSE 要求等。

（2）准备好井架底座的销子、螺栓和固定装置，清除上面的铁锈并涂上黄油。

（3）除掉井架销子上的杂质，清理上面的别针孔并涂上黄油。

（4）指挥两个吊车（根据钻机型号确定吨位），停在底座的两边，垫上木块，打好千斤。

3. HSE 提示和消减措施

钻井安装 HSE 提示和消减措施见表 5-2。

表 5-2　钻机安装 HSE 提示和消减措施

HSE 提示	削减措施
作业者在夏天或天气炎热地区可能发生中暑或灼伤，冬天或寒冷地区可能发生冻伤	（1）在夏天或高温地区要准备好足够的药物和水，以避免作业者中暑或灼伤； （2）寒冷的天气（低于 -20℃），高空作业时间不得超过 2h； （3）在温度低于 - 40℃时禁止作业； （4）在恶劣的天气下如狂风、大雪、暴风雨和多雾的情况下可暂缓作业
吊车倾倒和起吊物品的跌落可能伤害下面的人员	（1）起吊前按照要求打好千斤，如果有必要需在下面垫上木块并进行试吊； （2）禁止从侧面猛拉重物； （3）禁止作业者用手或肩推拉装物品，如果有必要，应在吊装物品上绑引绳； （4）确定好吊装物品的重心，并对其进行试吊以防止吊翻

海外钻修井项目通用HSE培训教材

续表

HSE 提示	削减措施
吊车倾倒和起吊物品的跌落可能伤害下面的人员	（5）在安装井架主体时，应使用防滑吊索，将吊索固定在离中心一米的地方，当起吊和翻转的时候，作业人员应在其摆动范围之外； （6）在安装井架大腿时，要使用两根吊索起吊，吊索要挂在距部件中心 2m 的地方； （7）如果要使用两台吊车吊一件东西，应低速进行，这种作业应在有资质的人员指导下进行； （8）禁止停留在吊装部件下面，禁止直接跨越吊装部件，不允许任何人进入吊车臂的旋转范围
吊车的转动有可能引起人员伤害和卡车损坏	不允许人员和卡车在吊车的后面
不合格的吊索、部件连接、吊耳伤害作业者	（1）检查并确保吊索是合格的； （2）禁止使用小吊索起吊超重设备； （3）观察吊索的张力，如果有任何异常情况，停止起吊； （4）起吊带有锋利棱角的部件时，应采取保护措施避免吊索遭到损坏； （5）在起吊前检查部件的连接部位和吊耳，确保其处于良好状态
吊索和连接部件有可能夹手	（1）指挥人员只有当操作人员发出"准备起吊"的信号时，才能指挥进行起吊作业； （2）不要用手抓住连接部件的表面，而应该使用引绳，作业者应该集中注意力，如果多人操作，人员之间应互相合作； （3）当连接井架斜拉筋和天车时，作业者应将手臂离开其表面。只有在保证安全的情况下，才能进行连接作业，慢慢排列好连接销子孔，如果很难排列，可暂时用较小的销子穿在里面
井架工从井架上跌落	连接井架时，井架工应佩戴防磨安全带，在起吊井架时，清除井架上的积雪和油污
手锤和销子的坠落会伤害下面的作业者	（1）在上面作业时，应使用特制的手锤并系上保险绳； （2）当砸手锤时，应和作业地点保持一定的安全距离； （3）禁止垂直平面内上下同时装销子等作业

4. 实施

（1）沿着测线，将支撑梁靠近底座的两侧摆好，安装横梁。

（2）安装绞车底座，插上销子并进行固定。

（3）在底座的最上端安装可调支撑架的左右斜铁部件。

（4）用吊车安装左右井架大腿，将第一节装在可调支架上，然后一节接一节安装第二节、第三节和第四节。

（5）将"十"字形连接横梁安装在井架上部，对井架左右大腿进行初步调整，通过支架的调节对井架进行找平。

（6）在井架的背面安装横梁和斜拉筋。

（7）安装天车、二层平台等附属设备（如水龙带）。

（8）用两台大型吊车在动力系统两边附近安装绞车。

（9）安装人字梁，首先将两个前腿安装在支架上，并放置在第一节井架上，井架上面应垫放方木；然后安装人字梁前后腿之间的横拉筋，用吊车慢慢起吊翻转安装后腿到支架上；最后安装人字架横梁。

（10）放置游车大钩，在游动系统上安装大绳，在大钩上挂好起升井架滑轮。

（11）准备好一段直径为9.5mm的钢丝绳作为引绳，将其和大绳连接起来。用手动绞车拉出引绳，准备好穿大绳，用7个绳卡子固定好大绳两端。

（12）当安装井架和拉筋时，应注意在所有的销子和螺栓上安装保险销子，保证所有的部件连接可靠、牢固。

5. 作业关闭

清理作业现场，回收工具。

四、钻机拆卸

1. 设备和工具检查

（1）人员保护装置；

（2）手工具；

（3）起吊作业手势；

（4）吊索。

2. 准备工作

（1）取掉井架起升大绳，盘整齐分别进行运输。

（2）将游动系统的大绳缠在绞车的滚筒上。

（3）如果天车尺寸超过井架的上部横截面，拆掉天车。

（4）将井架绷绳缠起来固定在地锚上。

（5）拆掉水龙带。

（6）穿戴个人防护用品，高空作业者应佩戴安全带并将工具系上保险绳。

（7）对每个人进行任务分工。

3. HSE 提示和消减措施

钻井拆卸 HSE 提示和消减措施见表 5-3。

表 5-3　钻井拆卸 HSE 提示和消减措施

HSE 提示	消减措施
作业者在夏天或天气炎热地区可能发生中暑或灼伤，冬天或寒冷地区可能发生冻伤	（1）在夏天或高温地区要准备好足够的药物和水，以避免作业者中暑或灼伤； （2）寒冷的天气（低于-20℃），高空作业时间不得超过 2h； （3）在温度低于-40℃时禁止作业； （4）在恶劣的天气下如狂风、大雪、暴风雨和多雾的情况下可暂缓作业
不合格的吊索、部件连接装置、吊耳有可能断裂并伤害到作业人员	（1）检查并确保吊索是合格的； （2）起吊带有锋利棱角的部件时，应采取保护措施避免吊索遭到损坏； （3）起吊前检查部件的连接部位和吊耳，确保其处于良好状态
井架工可能从井架上跌落下来	连接井架时，井架工应佩戴防磨安全带；起吊井架时，清除井架上的积雪和油污
手锤和销子的高处坠落有可能伤害下面的作业人员	（1）拆卸井架时，不能将销子和螺栓等工具及其配件放在井架上； （2）在上面作业时，应使用特制的手锤并系上保险绳； （3）当砸手锤时，应和作业地点保持一定的安全距离； （4）禁止垂直平面内上下同时拆销子等作业； （5）不要将个别部件从支架上拆下来

4. 实施

1）拆卸（开式井架）

（1）使整个井架处于水平状态。

（2）拆"人"字梁，首先拆掉后支撑腿上的销子，将"人"字梁靠在第一节井架上，然后逐件拆掉"人"字梁。

（3）按照其构造拆掉底座和其他构件，并逐件将它们拆掉。

（4）拆掉梯子和扶手，固定好，然后一件一件移走。

（5）用手锤向上敲击卸掉钻台周围的栏杆，并进行分类打包。

（6）按要求起吊下钻台、转盘和转盘大梁。

2）拆卸（塔式井架）

（1）在卸下天车之前，不能松掉井架螺栓、销子和绷绳。

（2）分别拆掉二层平台和井架梯子。

（3）从上而下拆掉井架，拆卸过程中要保持井架稳定。

（4）拆掉井架下部的所有部分，如果可以的话，最多只能留两件。

（5）拆掉支架。

5. 作业关闭

清理作业现场，回收工具。

五、常见不安全行为归纳

1. 高空及临边作业不安全行为

（1）井架高空作业与钻台平面作业同时垂直交叉进行。

（2）高空作业，手工具没拴系保险绳，或到高位后才拴保险绳。

（3）高空作业保险带低挂高用。

（4）高处拆卸的零件直接往下扔。

（5）临边作业拆装钻台边沿栏杆或者梯子，不系安全带，易发生人员高空坠落事故。

（6）拆井架时，把安全带系在将要拆除的井架构件上，导致井架拆开后，瞬间摆动，把人员带落。

（7）出口管位置高，人员在上面安装行走距离长，没有安全带系绳，极易发生人员跌落危险。

（8）顶驱安装井架上横梁没有生命绳，易在人员移动时，失去平衡坠落。

（9）用载人提篮高空作业时，人员从提篮翻越到井架上或顶驱上，没有及时将安全带系在需要过去的构件或设备上，极易造成坠落。或者人员站在提篮内，同时也将安全带系在提篮上，应系在相应高空区域的自动防坠落装置上。

（10）过早拆除钻台栏杆或盖板，易造成临边人员滑落。

（11）梯子使用频繁、不规范使用带来的滑落风险。

（12）没有工具清单，高空作业后不检查，将工具遗留在高处。

（13）"人"字梁圆梁上无生命绳，放井架人员扶大绳进滑轮移动过程中易发生坠落。

（14）有时吊索绳环过大，与吊耳不匹配，比较松弛，在吊起移动过程中，如受外力影响，容易脱开掉落。

2. 吊装作业不安全行为

（1）吊车停放在松软或倾斜地面上，千斤顶不垫枕木。

（2）吊装重物设备，不使用牵引绳。

（3）使用小绳套吊超负荷物件、设备。

（4）起吊设备及大件时吊车拔杆下有人走动。

（5）吊装小件，一绳多吊。

（6）直接用吊车拖拉小件物品。

（7）标准绳套4根，只挂对角2根绳子起吊物件。

（8）吊装时，有时吊物不水平，人员站在吊物上找平。

（9）吊车有时多人指挥。

（10）装车有时人随设备一起起吊。

（11）大件起吊时人员未及时躲离危险区域。包括站在起重物下方、附近、侧倾方向，狭窄无逃生通道处，站在已拆除安全稳定的平台上，站在易滑台面上，站在上方正在安装的设备下或近旁，站在已打扭大绳或水龙带旁边，站在吊车司机看不见的位置等。

（12）人员站位不正确，紧急时无法逃生（如在2个罐或设备之间）。

（13）吊重物时，绳套受力不均匀，猛提、猛放。

（14）卸设备后，绳套随手扔，吊车拔杆回摆时绳套下部碰刮伤人。

3.安装过程不安全行为

（1）穿大绳时，多人、多方位指挥，有时人员站在大绳内侧，有时来回跨行。

（2）上钻机时指挥人员、钻台工作人员站位不正确。

（3）钻机滚筒排大绳有时起车速度过快，人员站位不正确。

（4）多人抬物件，站位不正确，起、放口令不一致。

（5）活动扳手等手工具当手锤使用。

（6）安装电器、线路无挂警示牌。

（7）检修电器开关后部分配件安装不齐全。

（8）启动电气设备有时没检查直接启动。

（9）起井架时，大钳平衡锤处于高位，极易在井架立起后，失重造成平衡锤构件瞬间受到强烈冲击，易发生高空坠物事故。

（10）起吊天车头更换大、小支架时，有时将2个吊车绳套各挂一侧，易造成负荷不平衡，扭曲井架耳孔，甚至损坏井架。

4.拆卸设备过程人员不安全行为

（1）上下井架销子同时拆、装，存在垂直交叉作业，易对下部人员造成伤害。

（2）高空拆销子时，不拴安全绳，销子飞出弹碰伤人。

（3）拆井架高空人员移动不系安全带。

（4）不研究构件结构，不按照次序拆装设备，发生坍塌，造成人员坠落。

（5）方井未加盖或设置明显的提醒，增加人员坠落风险。

（6）绳套挂在锋利的边沿上。

（7）拆拔各压力管线或电力线路，不确认载荷是否卸完。

5. 管理不安全行为

（1）没有合理规划搬家计划，主管部门未及时审核和提醒。

（2）人员配置或分工不合理，主要岗位人员能力不足或者岗位缺乏，技能不能满足大型作业风险防范，主管部门没有能够及时要求或做人事调整。

（3）道路、井场勘察，风险识别不足，盲目自信进行生产。

（4）没有进行安全风险交底和防范措施交底，作业过程中，没有监督检查，现场作业秩序混乱。

（5）对运输公司吊车及运输车辆不检验，对操作员、现场 HSE 人员能力未审核。

（6）赶工期，赶时间，恶劣天气进行起放底座和井架作业，进行顶驱安装等高风险作业。

（7）工作计划不周，没能按照分解步骤提前做好工具、物料准备，等进入设备拆卸安装的关键阶段，到处找工具，易发生超越程序或违章情况。

六、搬家安装作业十不准

（1）不准无计划、未交底、未沟通进行作业。

（2）不准关键作业不受监控作业。

（3）不准盲目赶进度。

（4）不准多头指挥。

（5）不准不按照正常工序无序作业。

（6）不准天黑或恶劣天气进行大型作业。

（7）不准超限作业。

（8）不准新人员、资质、能力不达标从事危险作业。

（9）不准同一作业面从事立体交叉作业。

（10）不准没有应急车辆、急救措施、安保措施实施作业。

思考题

（1）钻机搬迁之前道路勘察主要包括哪些内容？

（2）在钻机安装和拆卸过程中如何预防高处落物伤害？

（3）常见的高空及临边作业不安全行为有哪些？

（4）哪些管理不安全行为会导致人员伤害事故？

第二节 起放井架作业

学习目标

（1）了解起放井架作业应具备的条件；
（2）熟悉作业中的 HSE 风险及防控措施；
（3）熟悉作业所需的工具和设备；
（4）掌握起放井架作业的操作程序。

一、作业应具备的条件

（1）井架所有部件应按要求用合适的销子固定。检查井架是否有任何松动，确保井架构件焊缝无裂纹和严重变形。

（2）正确安装和固定辅助设施如电梯、栏杆及走道，检查并移走井架上任何可移动的物体。

（3）二层台安装在合适高度，固定牢靠，猴台尺寸符合要求，不影响游车上下活动。

（4）井架底座与基础表面之间的间隙应小于 3mm。

（5）钢丝绳和滑轮应充分可靠固定。

（6）立管和高压软管应安装规范固定牢靠，且高压软管应安装防脱链或安全绳。

（7）检查起升支座销轴和起升绷绳与井架底座的连接情况。

（8）安装电路和照明灯。

（9）马丁戴克仪表（指重表）工作正常。

（10）按照安全规范检查起升钢丝绳的直径和长度，并正确安装。死绳端固定牢靠。

（11）确定所有钢丝绳在滑轮绳槽内。

（12）检查游车钢丝绳规格和安装情况，死绳端固定牢靠，并安装两个防滑绳卡。

（13）保证游动系统足够的钢丝绳长度，井架放倒前游车降至钻台面时，绞车滚筒上的钢丝绳至少应缠绕一层半。井架起升作业开始前钢丝绳绷紧时，绞车滚筒上的钢丝绳至少保持一层半。

（14）钻井大绳的死绳固定器应确保固定牢靠。

（15）起升井架要求有配重时，按照制造商说明书检查配重和其位置是否合适。当配重使用水时，确保在水柜中充满水。

（16）检查气动缓冲器的状况。

（17）按照制造商说明书适当放置游车。

（18）按照制造商说明书检查支承梁和支承点的高度。

二、HSE 提示和消减措施

起井架 HSE 提示和消减措施见表 5-4。

表 5-4　起井架 HSE 提示和消减措施

HSE 提示	消减措施
人员伤害	（1）井架安装结束后检查井架各部位是否留有螺栓、销子、扳手、手锤撬杠等物件，以免在起井架时掉下伤人； （2）起井架过程中，钻台人员除司钻、机械师、带班队长外，其余人员不得上钻台，地面人员在安全位置观察井架起升； （3）认真检查井架上的栏杆，悬吊滑轮的情况，固定牢靠，避免高空落物将人砸伤； （4）执行高空作业程序
井架损伤	（1）起井架各滑轮润滑转动良好，滑轮挡销紧固，与滑轮间隙合适，井架主体大腿与底座连接的销孔干净清洁，涂抹黄油； （2）检查起井架大绳，确保完好无损伤； （3）各悬吊绳索排放整齐、有序，井架起升过程中与设备不碰剐

三、人员、设备、工具和作业环境的检查

（1）作业人员具备作业技能和要求，身体健康。

（2）检查各种绳索到位，固定牢靠，无擦剐和交叉，连接销钉，各滑轮固定牢靠，各滑轮润滑油保养充足，转动灵活，起架大绳各绳无交叉，连接销子牢固，别针齐全。

（3）井架、底座各部位销子的连接可靠，底座各拉筋无损伤变形。

（4）检查低速离合器或者悬停的运转情况良好、各设备固定牢靠。

（5）检查压风机的供气情况，气压不少于 0.8MPa。

（6）绞车的刹车系统及辅助刹车一切正常，指重表灵敏可靠。

（7）缓冲气缸（油缸）灵活，气开关进放气正常。

（8）"人"字架支撑轴轴头挡销螺栓齐全紧固，滑轮、天车、大钩、游车、绞车、井架上各滑轮完好灵活。

（9）二层台操作台固定牢靠，猴台拉起并固定牢靠，井架上无遗留杂物。

（10）死绳、活绳头固定牢靠。

（11）大绳导向滑轮轴清洁润滑，涂抹黄油，大绳导向滑轮旋转灵活。大绳进滑轮槽。

四、起井架准备工作

（1）起井架前，由钻井队平台经理负责组织进行工作安全分析，进行人员分工，风险识别，制定消减措施，并对井架周围危险区进行限制隔离。指定专人对导向滑轮、天车、游车等的转动情况进行检查，防止阻卡，大绳打扭。

（2）井架安装结束后，起井架前，由钻井队负责对井架各部位进行一次全面检查。

（3）穿上大绳、起井架大绳及各种工作绳索，起井架大绳与井架及大钩连接好，别针完好。

（4）试验缓冲气缸（油缸）的伸缩情况。

（5）清理井架上遗留物。

（6）对井架、绞车、动力系统、控制系统、游动系统、刹车系统等进行一次全面检查。

五、起井架作业步骤

（1）间断挂合滚筒低速离合器（或者通过缓慢控制电子手柄）控制速度缓慢将起井架大绳拉紧，注意防止大绳夹在挡杆与滑轮之间，损伤起井架大绳。地面滚筒与死绳固定器之间的大绳与底座或井架大腿碰剐。

（2）拉起游车，提起井架距大支架0.2m处刹车，停留5~15min。检查起井架大绳、滑轮、基础、井架底座、各节井架的连接情况，以及底座与基础之间的间隙，检查完毕后，缓慢下放井架于大支架上，大绳不放松。

（3）挂合缓冲气缸（油缸）手柄，处于正常工作位置。指挥者与场地联系后，发出起井架指令，操作者长鸣信号起升井架，操作者应根据"一起、二动、三负荷"的原则，将井架平稳拉起，无其他特殊情况不能刹车。

（4）当井架起升到60°时，启用缓冲装置，缓冲气缸（油缸）距井架1m左右时可试放油（气），距"人"字架0.5m低速气开关放气，缓慢拉井架入位，刹住刹把，缓冲气缸（油缸）放气，井架靠自重靠到位。

（5）由井架工卡好井架固定卡子，下放游车，释放起井架大绳。

六、作业关闭

（1）检查回收所带工具。

（2）对井架进行全面检查、验收。

七、HSE 提示和消减措施

放井架 HSE 提示和消减措施见表5-5。

表5-5 放井架 HSE 提示和消减措施

HSE 提示	消减措施
人员伤害	（1）放井架过程中，钻台人员除司钻、机械师、带班队长外，其余人员不得上钻台，地面人员在安全位置观察井架起升； （2）认真检查井架上的栏杆，悬吊滑轮的情况，固定牢靠，避免高空落物将人砸伤
井架损伤	（1）井架各滑轮润滑转动良好，滑轮挡销紧固，与滑轮间隙合适； （2）检查井架大绳，确保完好无损伤； （3）各悬吊绳索固定牢靠，井架下放过程中与设备不碰刮

八、人员、设备、工具和作业环境的检查

（1）作业人员具备作业技能和要求，身体健康。

（2）检查各种绳索到位，固定牢靠，无擦刮和交叉，连接销钉，各滑轮固定牢靠，各滑轮润滑油保养充足，转动灵活，起架大绳各绳无交叉，连接销子牢固，别针齐全。

（3）井架、底座各部位销子的连接可靠，底座各拉筋无损伤变形。

（4）检查低速离合器或者悬停的运转情况良好、各设备的固定牢固。

（5）检查压风机的供气情况，气压不少于0.8MPa。

（6）绞车的刹车系统及辅助刹车一切正常，指重表灵敏可靠。

（7）缓冲气缸（油缸）灵活，气开关进放气正常。

（8）"人"字架支撑轴轴头挡销螺栓齐全紧固，滑轮、天车、大钩、游车、绞车、井架上各滑轮完好灵活。

（9）二层台操作台固定牢固，猴台拉起并固定牢靠，井架上无遗留杂物。

（10）死绳、活绳头固定牢靠。

（11）大绳导向滑轮轴清洁润滑，涂抹黄油，导向滑轮旋转灵活。在放井架初期需有专人看护，直到快绳完全进入滑轮槽方可离开。

九、放井架准备工作

（1）放井架前，由钻井队平台经理负责组织进行工作安全分析，进行人员分工，风险识别，制定消减措施，并对井架周围危险区进行限制隔离。指定专人对导向滑轮、天车、游车等的转动情况进行检查，防止阻卡，大绳打扭。

（2）放井架前，由钻井队负责对井架各部位进行一次全面检查。

（3）由钻井队负责对井架、绞车、发电机、控制系统、游动系统、刹车系统（包括辅助刹车）等进行一次全面检查。

（4）拆除立管与地面管线的连接、井架照明线路连接。

（5）拆除悬吊工具，绳索固定在井架上。

（6）将二层台猴台翻起，不影响游车过二层台。

十、放井架作业步骤

（1）大钩上挂上起放架，连接起井架大绳，上提游车将起井架大绳提起，指重表显示 1~2t 为止，场地人员目测大绳拉紧。

（2）挂上辅助刹车。

（3）拆除井架固定卡子，启动缓冲油缸（气缸）顶出井架。顶出过程观察指重表悬重变化，随悬重增加变化下放，直至全部伸出。

（4）挂合刹车控制手柄，松开滚筒刹车，用伊顿刹车（或电子手柄）控制下放速度。操作者下放井架做到平稳、均匀，尽量一次性放下。需要停放时必须缓慢刹车，严禁猛刹；当井架下放距支架高度 1m 左右时，调整支架位置。

（5）缓慢下放在支架上。

十一、作业关闭

（1）完全放松大绳，将游车放到猫道上。

（2）检查回收所带工具。

思考题

（1）为防止起井架作业人员伤害和井架损伤应采取哪些消减措施？

（2）起井架前应做好哪些准备工作？

第三节　表层作业

学习目标

（1）了解表层作业应具备的条件；

（2）熟悉作业中的 HSE 风险及防控措施；

（3）熟悉作业所需的工具和设备。

一、作业应具备的条件

（1）各岗位进行巡回检查，并确认设备运转正常。

（2）作业人员劳保护具穿戴齐全、规范。

（3）钻台区域清洁，工具摆放正确，逃生路线通畅。

二、HSE 提示和消减措施

表层作业 HSE 提示和消减措施见表 5-6。

表 5-6　表层作业 HSE 提示和消减措施

HSE 提示	消减措施
浅层气	虽然在绝大多数井场遇到浅层气的风险非常小，但即便如此，在没有钻领眼的情况下，还应该执行标准的浅层气工作程序
井斜	（1）采取合适的底部钻具组合和钻井参数，尽可能保持井斜不超过设计要求，如果井斜有任何的增加趋势，则减少钻压，并增加转速； （2）进行必要的测量和防碰措施，避免钻穿邻井

HSE 提示	消减措施
砾石层	当钻遇砾石层时，司钻应特别注意可能遇到产生高扭矩的情况，并依据井眼状况及时调整钻井参数
井眼清洁和预防卡钻	（1）在接单根时向井内注入一定量的高黏度钻井液，确保在钻具组合周围的钻井液能将岩屑悬浮在环空而不会沉淀到井底，避免卡钻；在接单根之前，上提一个立柱，再划至井底；除非有必要预防卡钻，否则不进行倒划眼； （2）如果钻井泵出现故障，不许减少排量或用单泵继续钻进，将钻头提出转盘

三、导管作业程序

1. 设备和工具检查

（1）根据钻井设计，使用带 30°斜坡的 30in 导管。

（2）焊提升短节所用的焊机。

（3）26in 钻头。

（4）根据井下钻具组合程序，用 26in 扶正器。

（5）31in 备用转盘。

2. HSE 提示和消减措施

打桩作业 HSE 提示和消减措施见表 5-7。

表 5-7　打桩作业 HSE 提示和消减措施

作业	HSE 提示	消减措施
打桩	导管损害	（1）通常情况下，拒锤值是 1000~1100 次/m 或 1~2mm/次，套管打桩时严禁超过拒锤值，当地经验可以提供不同的拒锤值； （2）在与邻井井深相近的情况下，检查邻井数据和潜在的问题； （3）当导管下入深度达到设计要求但拒锤值不等于该值时，进行内部循环冲洗； （4）导管在到达设计深度前可能需要进行多次内部冲洗

3. 准备工作

（1）检查导管头部确保在焊接过程中焊接坡口最大倾斜度为 30°。

（2）每根长度大约为 12~15m（40~50ft）。

（3）桩鞋的底端有 45°斜坡。

（4）每根导管的连接处焊接 2 个吊眼（每个额定值为 30t），这两个吊眼焊接在距导管顶端 1.5m 处，一个吊耳焊在靠近导管的底端以便起吊时使用。

（5）为确保导管更容易穿入地层，在转盘的上部安装一个 31in 的备用转盘。

（6）在钻台上使用打桩机。开始打桩作业前，检查所有设备并丈量记录每根导管的尺寸。

4. 实施

（1）用游车吊起导管鞋（下部第一节导管），割掉吊耳，将导管通过 31in 备用转盘放入转盘，使短节到达吊眼。

（2）吊起第二根导管并将其焊接在导管鞋上（焊接处为 30°倾角）。

（3）用游车吊起导管，割掉导管鞋上的吊眼。

（4）下放导管柱直到导管鞋到达圆井底部。

（5）用游车和绳索提起打桩机并放到第二根导管的上端。

（6）开始打桩作业。因为第一锤吃入的深度可能会很大，要特别注意。

（7）当打到吊眼距离 31in 备用转盘上面 0.5m 时停止锤击，这时先不要割掉吊眼。

（8）移开打桩机。

（9）吊起导管进行下一根导管的连接，同时割掉第二根导管的吊耳和吊眼。继续打桩作业直到设计深度或达到最大吹风能量。

5. 注意事项

如果在达到预定深度之前，就已经达到最大吹风能量，按以下步骤进行：

（1）移开锤。

（2）在 30in 导管上距圆井水平面以上 0.5m 处焊接两个吊眼。

（3）在钻机底座处用 4 条绳索吊起导管。

（4）在圆井平面以上 1.5m 处切割掉 30in 导管。

（5）移开 31in 备用转盘。

（6）下入 26in BIT+3×9in DC+HWDP，进行循环冲洗导管至导管鞋以上 0.5m 处。

（7）起出钻头。

（8）安装 31in 备用转盘。

（9）将割掉的短节焊接在 30in 导管上。

（10）拆开悬吊绳索并割掉吊眼。

（11）提起打桩机并继续打桩作业直到达到设计井深。在达到设计井深前，可能需要多次进行这种导管内部冲洗作业。

（12）在转盘以下适当的位置割掉 30in 导管。

（13）安装喇叭口和分流器。

（14）将 31in 备用转盘放下钻台。

四、一开钻进并下导管

1. 准备工作

（1）提起预先组装好的一开钻具组合，包括钻头、接头、加重扩眼器（HDHO）。

（2）HDHO 下入之前要进行检查，浮阀应预安装在扩眼器的上面和下面。

（3）在入井之前，测量所有钻具的尺寸。

（4）按钻井设计连接钻头和井底钻具组合。

（5）所有的钻具组件在现场必须配备有相应的打捞工具，以便出现钻具事故时进行打捞作业。

2. 实施

（1）下入钻具组合。

（2）用高黏度钻井液和低泵速钻前两个单根。在圆井内使用灌注泵（文丘里管／射流管）或特殊的泵（根据当地经验选择合适的设备）进行循环。

（3）钻进到设计井深，并在每次接单根前打入一定量的高黏度钻井液。如果井壁承受钻井液冲击的能力小，则低速泵入钻井液。

（4）钻到设计井深后，进行循环洗井，并替入胶状钻井液（超过井眼容积的 50%），起钻。

（5）钻具重新下到井底。遇阻时，按上述步骤进行操作，否则就用聚合物钻井液再次置换井眼（超过理论井眼容积的 100%），进行测斜并提出钻具组合。

（6）下入导管，并用内管柱进行固井。

（7）在转盘下某一深度（根据钻井设计）切割导管，连接分流器组件。

（8）安装喇叭口和分流器装置。

（9）下入钻头并利用司钻控制台和远控台对分流器进行压力测试，操作步骤如下：

① 关闭分流器，封住钻杆，然后通过分流器两边的管线进行循环。

② 逐渐增大到最大泵速和要求的压力。

③ 打开分流器密封圈。

五、二开钻进并下套管

1. 准备工作

（1）在钻头上装配相应的喷嘴并检查钻井设备，如吊卡、安全卡瓦、卡瓦。检查井底钻具组合的所有部件，根据测量尺寸画出草图。

（2）阅读指令和震击器的说明书。

（3）检查导管鞋的深度并留出间距，同时预测可能出现的浅层气。

（4）按照钻井设计连接二开井底钻具组合。

（5）所有的井底钻具组件必须满足要求。

（6）所有的钻具组件在现场必须要有相应的打捞工具，以便出现钻具事故时进行打捞作业。

2. 实施

（1）下入钻头+BHA+1柱钻杆，进行分流器压力测试：

① 用清水灌满井眼。

② 关闭分流器，封住钻杆，并通过分流器的管线进行循环（对分流器压力测试中所用的时间进行记录）。

③ 逐渐增加泵排量至最大，并记录压力。

④ 打开分流器密封组件。

（2）在钻穿导管鞋之前，配制一定量的压井钻井液。

（3）用未加重的聚合物钻井液和较低的钻进参数钻进前两个单根，然后按钻井设计增大泵排量。

（4）接单根（立柱）并钻进到套管下深处，对所有的钻杆进行通径，以确保固井塞或球等可以顺利通过。

（5）钻达设计总井深后，循环钻井液，循环量等于所钻井深的井眼容积。

（6）循环清洗井底沉砂，按要求把钻井液循环好。

（7）在导管鞋下10m处进行单点测斜，然后每隔150m单点测斜一次，最后在井底测量一次。

（8）下套管，固井，并按固井设计候凝。

（9）拆卸喇叭口和分流器装置。

（10）按钻井的规格说明，在圆井上切割套管。

（11）焊接底法兰并进行测试。

（12）安装四通、防喷器组，并按要求进行测试。

六、用领眼技术二开作业

1. 准备工作

（1）在钻头上装配相应的喷嘴并检查钻井设备，如吊卡、安全卡瓦、卡瓦。检查井底钻具组合的所有部件，根据测量尺寸画出草图。

（2）阅读指令和震击器的说明书。

（3）核对导管鞋的深度并留出间距，预测可能出现的浅层气。

（4）按照钻井设计连接小尺寸井底钻具组合。

（5）所有的井底钻具组件必须满足要求。

（6）所有的钻具组件，在现场必须要有相应的打捞工具，以便出现钻具事故时进行打捞作业。

2. 实施

（1）在钻穿导管鞋之前，配制一定量的压井液，用于可能出现的浅层气。

（2）下入小尺寸钻头+BHA+1柱钻杆，并进行分流器压力测试：

① 用清水灌满井眼。

② 关闭分流器，封住钻杆，并通过分流器的管线进行循环（对分流器压力测试中所用的时间进行记录）。

③ 逐渐增加泵排量至最大，并记录压力。

④ 打开分流器密封组件。

（3）钻穿导管鞋后循环洗井，提出钻头。

（4）下入小尺寸钻头和井底钻具组合。

（5）钻领眼到二开设计井深，操作程序如下：

① 控制机械钻速，大约每小时钻进一个单根。

② 在导管鞋下面的两个单根，先用小排量然后按水力参数设计增加泵排量。

③ 如果出现浅层气的显示，停止钻进，进行循环直到气体显示结束。

④ 起钻时如出现抽吸，则将钻具重新下入井底，进行循环直至井底气层得到控制。

⑤ 观察从环空返出的钻井液情况。

⑥ 如钻井液出现部分漏失，停止钻进，首先进行循环洗井。

（6）领眼钻至二开井段套管下深处以下9~10m（30ft）。

（7）在导管鞋下10m处进行单点测斜，然后每隔150m测斜一次，最后在井底测斜一次。

（8）循环清洗井底沉砂，将钻井液循环至要求的条件，进行起钻。

（9）按钻井设计下入电测仪器。

（10）下入大尺寸钻头和井底钻具组合，利用领眼钻进中取得的钻井液密度经验值，扩眼至套管下深处。

七、作业关闭

（1）观察钻头和井底钻具的损坏情况，记录在值班本上，并报告给司钻和带班队长。

（2）在钻具本上记录钻头的系列号、特征、直径、水眼尺寸、长度。

（3）在钻具本上记录井底钻具的结构特征、直径、通径、长度。

（4）换班时，司钻交接记录情况。

思考题

（1）表层作业主要 HSE 风险有哪些？

（2）导管作业前准备主要包括哪些内容？

（3）怎样进行分流器压力测试？

第四节 起下钻作业

学习目标

（1）了解起下钻作业应具备的条件；

（2）熟悉作业中的 HSE 风险及防控措施；

（3）熟悉作业所需的工具和设备；

（4）掌握起下钻作业的操作程序。

一、作业应具备的条件

（1）各岗位进行巡回检查，并确认设备运转正常。

（2）作业人员劳保护具穿戴齐全、规范。

（3）钻台区域清洁，工具摆放正确，逃生路线通畅。

（4）要保证钻井液循环 2 周以上，出入口钻井液密度稳定，井下正常。

二、HSE 提示和消减措施

起下钻作业 HSE 提示和消减措施见表 5-8。

表 5-8 起下钻作业 HSE 提示和消减措施

HSE 提示	消减措施
人员伤害及设备损坏	（1）大钳操作人员站位合适，操作规范，只能把手放在大钳操作手柄上； （2）当卸开接头后，应首先打开下面的大钳，以防止上钳销与下钳吊臂夹伤手指； （3）脚不能放在吊卡下方和旋转的转盘面上； （4）上卸钻铤扣时，只能通过链钳上卸扣，不能转盘上卸扣； （5）禁止用转盘上卸钻杆，应采用液气大钳上卸钻杆扣，站位合适，操作规范； （6）井口操作人员不能挡住司钻视线； （7）按正确的程序谨慎操作下部钻具组合，必要时使用安全吊卡； （8）起下钻时小鼠洞中不得留有单根，以避免妨碍大钳的操作； （9）当不再使用小鼠洞时，要用盖子盖好； （10）钻台清洁，应装防滑垫，及时清洁钻台钻井液和杂物，避免滑倒； （11）保证钻台面安全通道和应急通道畅通； （12）司钻操作平稳，二层台视频监控运行正常，防止游动系统擦剐二层台，伤及井架工； （13）各岗位员工加强巡查，对重点要害部位和关键设施不定期巡检； （14）起下钻时大门坡道不能放置任何钻具，大门关闭； （15）起下钻铤时检查好井口工具及手工具，防止井下落物造成井下复杂； （16）检查指重表、大绳、刹车系统及防碰天车工作正常； （17）起钻严禁转盘缋扣； （18）操作前详细检查气路系统和刹车系统以及防碰天车装置，确保正常，防止上顶下砸伤人； （19）禁止使用高速起钻，控制好下钻速度，操作人员精力集中； （20）按标准系好安全带，检查兜绳、钻杆钩安全、可靠，所用手工具必须栓保险绳； （21）不准用手拉立柱内螺纹，以防被碰伤； （22）下放立柱前及时松开兜绳，以防压坏操作台和伤人； （23）起钻游车上升时看钢丝绳有无明显断丝，注意游车起升位置、及时提醒司钻； （24）上卸扣时注意上紧提升短接，以免倒扣； （25）严禁空游车起放的时间伸出吊环倾斜臂； （26）机械师倒发电机时应征得相关人员同意； （27）在放好超长钻柱后，重新设置防碰天车
井喷、井漏	（1）遵守起下钻速度限制要求，禁止使用高速起钻； （2）确保起钻时井眼内灌满钻井液，每 5 柱钻杆灌钻井液一次； （3）由专人坐岗，观察井口有无钻井液或有毒有害气体溢出，并做好记录； （4）控制下钻速度，防止过快冲击诱发井漏

三、人员、设备、工具和作业环境的检查

（1）作业人员具备作业技能和要求，身体健康。

（2）钻台上检查表5-9所列项目：各项目设备及工具均灵活、好用。

表5-9　钻台上检查项目

检查项目	检查项目
钻头盒	螺纹脂
卡瓦、安全卡瓦	吊卡
B型大钳和液气大钳	手工具、安全带、自动防坠落装置
链钳	二层台逃生装置
补心取出器、小补心	尺子
手锤	刮泥器
钻井液防喷盒（需检查密封）	提升短节
标记用的油漆	回压阀

（3）在起下钻之前，对钻机和设备进行必要的维护保养，对有问题的进行整改。

（4）记录仪（包括气体检测器）处于良好的工作状态，使司钻能监视并记录井眼中流出和灌入的钻井液量。

（5）安全阀（或具有相同作用的阀门）、内防喷器要处于打开状态且操作灵活。

（6）检查绞车刹车控制系统，确保主刹车和辅组刹车性能良好。

（7）测试防碰天车，且工作灵敏。

（8）起下钻中确保钻井液处理设备工作可靠，并保证监测钻井液池流动液面的阀门工作正常。

四、作业准备

（1）带班队长主持作业前会议，进行安全分析，使所有参与人员掌握流程、工序，各岗位识别作业风险和消减措施。

（2）确保所有作业人员熟悉本作业文件，能正确按作业程序操作。

（3）作业人员穿戴符合要求的劳保护具，如护目镜、高空作业人员必须系安全带、穿戴无油脂的手套。

五、作业步骤

1.起钻

起钻开始，首先使用低挡。井下正常后，可根据设备的起升能力和钻具负荷合理提高起钻速度。司钻应平稳操作，随时注意指重表变化判断井下情况。

（1）停泵。循环完后，司钻停泵、泄压、关闭顶驱内防喷器（即 IBOP）。

（2）坐卡瓦。提起钻柱，坐放卡瓦，使接头处离钻台 4ft❶ 高。

（3）卸扣。司钻操作顶驱卸扣。

（4）上提钻具。司钻缓慢上提钻具，以防井下突然遇阻卡，同时注意钢丝绳在滚筒上的整齐排列。钻工装好刮泥器，检查钻具。当井口出现第三根钻杆接头时，钻工提示司钻刹车。

（5）卸钻杆扣。液气大钳卸钻杆，钻铤松扣使用 B 型钳，钻工一、二配合，钻工一操作液气大钳进行卸扣。

（6）钻杆推入钻杆盒。上提钻杆立柱，钻工配合将钻杆推入钻杆盒，司钻看显示屏观察井架工操作。

（7）下放游车。司钻看显示屏观察井架工操作。慢放刹车手柄，待吊卡打开，井架工将立柱拉进操作台，司钻收回吊环倾斜臂，司钻下放游车至新立柱处扣合吊卡。

（8）连续起钻。重复步骤（4）到（7）连续起钻，直到起完钻杆和加重钻杆为止。起钻时若出现遇阻，不得硬提强转，若上提遇卡超过原悬重 20%时（具体值依照公司要求），应采取接顶驱循环，大幅度活动钻具，或采取倒划眼等办法以求解卡。在起钻的同时，定时使用灌浆装置向井内灌钻井液，以保证井内液柱压力平衡，复杂井段或进入产层要连续灌钻井液。

（9）起出钻铤、坐卡瓦。司钻上提钻具第三个接头出井口 1m 左右时，钻工提示司钻刹车，钻工卡卡瓦距母接头端面约 0.5m 处，司钻下放钻具平稳坐卡瓦。钻工卡安全卡瓦，卡瓦之间距离为 5cm。

（10）链钳卸扣。钻工一、二操作 B 型大钳用双钳松扣，钻工相互配合进行链钳卸扣，禁使用液气大钳上、卸钻铤扣。

（11）钻铤入钻杆盒。司钻上提钻铤立柱，钻工配合将钻铤推入钻杆盒。不能用肩膀推钻铤，以防夹住头部。

---

❶　1ft（英尺）= 0.3048m（米）。

（12）下放游车。司钻抬头看井架工操作，慢放刹把，待吊卡打开，井架工将立柱拉进操作台，司钻收回吊环倾斜臂下放游车。钻工站在安全位置，司钻下放空游车的同时，转动转盘调整卡瓦方向，当空吊卡距转盘面3m左右时缓慢减速，转动吊环调整吊卡方向，司钻缓慢下放空吊卡。

（13）吊提升短节、紧扣。钻工一、二挂吊带，钻工三操作小绞车，将提升短节吊到井口钻铤母接头内上扣；司钻缓慢下放空吊卡扣入提升短节。钻工一、二操作B型大钳，司钻操作液压猫头双钳紧扣。

（14）重复步骤（9）到（13）直到起完钻铤为止。

2. 卸装钻头

（1）卸钻头。钻铤起完后，钻工二将钻头装卸器放入井口内，钻工二关转盘销并操作内钳，司钻操作液压猫头卸口。钻工三扶钻铤，钻工一、二卸钻头。起出钻头后钻工二从钻头盒内取出钻头；钻头工程师对所起钻头进行检查与分析。针对钻头情况制定出相应的技术措施，以便更好地使用好钻头。钻台各工种下钻前的检查与准备，与起钻检查相同。

（2）入井钻头检查。配合钻头工程师检查钻头焊缝、轴承、螺纹、牙轮、型号、外径与地层相符并无损伤。

（3）钻头上扣。钻工一涂螺纹脂，钻工三操作小绞车，与钻工一、二吊配合接头，在钻头上上扣；钻头上扣后放入钻头盒内，钻工二锁制动销；钻工一、二配合上钻铤，双钳紧各扣。

3. 下钻

（1）起空游车。起空游车时，司钻先低速起动，待吊卡过井口操作人员人头后，方可改用高速。滚筒大绳须排列整齐，待游车高度接近操作台时，摘掉离合器气开关（减缓悬停操作的上提速度），游车过操作台井架工发出信号，立即刹车，伸出吊环倾斜臂。

（2）上提钻具。井架工扣好吊卡后发出信号，司钻平稳上提钻具距井口0.2m左右。钻工一、二扶钻铤配合对扣，司钻下放钻具对扣，钻工一、二配合上钻铤扣，操作B型大钳。司钻操作液压猫头，双钳紧扣。

（3）检查钻头。司钻上提钻具0.2m，检查钻头螺纹密封，喷嘴，水眼。

（4）下放钻具。司钻下放钻具时，注视指重表变化，余光看井口，钻具接箍接近转盘面时缓慢刹车，当吊卡距转盘面3~5m时司钻刹车。钻工配合护送钻头入井要缓慢通过井口中，以防与导管、封井器台阶面相碰。

（5）卡卡瓦。司钻操作刹把距母接头约0.5m处平稳坐卡瓦，安全卡瓦与卡瓦之间距离为5cm。

（6）卸提升短节。钻工一、二操作B型大钳，司钻操作液压猫头卸提升短节扣。

（7）吊提升短节。钻工一、二挂吊带，钻工三操作小绞车，将提升短节吊出摆好。

（8）上起空游车。司钻起空游车时，先低速启动，待吊卡过井口操作人员人头平稳后方可改用高速，滚筒大绳必须排列整齐，待游车高度接近操作台时，摘掉离合器气开关（减缓悬停操作的上提速度），待游车过操作台井架工发出信号，立即刹车，并伸出吊环倾斜臂。

（9）上提钻铤。当井架工扣好吊卡发出起车信号，平稳上提钻具使外接头端面距井口内接头台阶面约 0.2m。

（10）井口对扣。钻工一、二扶钻铤配合对扣，对扣时链钳上扣，司钻根据上扣情况缓慢下放钻具配合上扣。司钻操作液压猫头双钳紧扣，钻工配合卸取安全卡瓦。钻铤下井，安全卡瓦与卡瓦配合使用，节数应符合所使用钻铤尺寸的要求。安全卡瓦必须卡平、卡紧，不能反卡。

（11）上提钻铤。司钻平稳上提钻具，内外钳工配合取出卡瓦、安全卡瓦。

（12）下放钻铤。司钻下放钻具时，注视指重表变化，余光看井口，钻具接箍接近转盘面时缓慢刹车，当吊卡距转盘面 3~5m 时司钻刹车。

（13）卡卡瓦。司钻操作刹把距母接头约 0.5m 处平稳坐卡瓦，安全卡瓦与卡瓦之间距离为 5cm。

（14）卸提升短节。钻工一、二操作 B 型大钳，司钻操作液压猫头卸提升短节扣。

（15）吊提升短节。钻工一、二挂吊带，钻工三操作小绞车，将提升短节吊出摆好。

（16）上起空游车。司钻按要求上起空游车。待井架工发出信号，立即刹车。

（17）上提钻杆。当井架工扣好吊卡发出起车信号，司钻低速平稳上提钻具，公接头端面距井口母接头台阶面约 0.2m，防止上提过猛，钻具晃动幅度大。钻工一在公接头处抹螺纹脂。

（18）井口对扣。对扣后，滚筒钢丝绳再松半圈。若上提钻具摆动过大，应待井口人员将其控制住并示意下稍松刹把对扣。

（19）液气大钳上扣。

（20）上提钻具。司钻低速上提钻具，钻工一、二配合取出卡瓦。

（21）下放钻具。下放钻具时，要眼看指重表，控制下钻速度，防止井下钻具突然阻卡，接头过转盘面时要点刹，防止顿钻。吊卡距转盘面 3~5m 时应减速，吊卡距离转盘面 0.5~1m 时要刹车，缓慢下溜，使卡瓦稳坐在转盘面内。

（22）连续下钻。重复步骤（14）到（20）直到钻具下完。

根据钻具结构、井下情况，适当调节下钻速度，防止突然遇阻。下钻至最后三柱放慢下钻速度，并接顶驱循环下钻到底。下钻遇阻超过20000lb时（根据公司要求），应上提下放活动钻具或转动钻具缓慢下放，不得强行压入，无效时找出原因并采取相应措施处理（下钻到后期，有离合器的绞车提升能力更换低挡位。换挡时先停车，待绞车停稳后再挂合，严禁绞车转动时挂合或换挡）。

六、作业关闭

（1）更新钻具记录。

（2）发现的任何重要信息都应记录在日报表上，如所有遇卡吨位及其深度，桥堵的遇卡和/或划眼吨位，倒划眼、过大拉力及其他异常参数等。

思考题

（1）起钻过程中遇阻如何处理？

（2）起下钻过程中司钻和井架工应注意哪些配合？

（3）起下钻过程中能否关闭防碰天车？

第五节　下套管/尾管作业

学习目标

（1）了解下套管、尾管作业应具备的条件；

（2）熟悉作业中的HSE风险及防控措施；

（3）熟悉作业所需的工具和设备；

（4）掌握下套管、尾管作业的操作程序。

一、作业应具备的条件

（1）各岗位进行巡回检查，并确认设备运转正常。

（2）作业人员劳保护具穿戴齐全、规范。

（3）钻台区域清洁，工具摆放正确，逃生路线通畅。

（4）在下套管/尾管之前井眼已循环清洗干净。

二、HSE 提示和消减措施

下套管/尾管 HSE 提示和风险消减措施见表 5-10。

表 5-10　下套管/尾管作业 HSE 提示和消减措施

HSE 提示	消减措施
人员及设备伤害	（1）操作人员不要站在吊到钻台上的单根和转盘内的单根之间，当单根被吊起时，不要背对着大门坡道站着； （2）当司钻上提套管时，不能有人站在下面，不要站在液压大钳和转盘之间； （3）大门坡道跟前拉警示带，上提套管上钻台时，禁止人员在大门坡道下穿行； （4）井口操作人员不能挡住司钻视线； （5）当操作液压大钳时，手只能放在大钳的手柄上，严禁将手放在牙板间； （6）当稳定单根时，严禁把手指放在外螺纹或内螺纹的台肩上； （7）司钻和井口操作人员手势信号符合标准，配合规范； （8）司钻在每次上提套管之前必须等候对扣工的手势，保证对扣工已经抬起对扣台并且无倾斜； （9）夜间作业确保井口照明充足； （10）钻台清洁，无障碍物和钻井液，使用防滑材料，避免滑倒； （11）保证安全通道和应急通道畅通； （12）检查指重表、大绳、刹车系统及防碰天车工作正常； （13）确保第三方提供的设备都具有有效的检验证明，操作人员持证上岗
井喷、井漏	（1）在下套管作业期间，不得有任何物体落入套管中。 （2）下套管前更换符合套管尺寸的封井器半封闸板，下尾应准备好与半封闸板芯子相应的钻杆防喷单置于井架大门前。 （3）按规定向套管内灌注钻井液。 （4）下套管应平稳操作，严禁猛提猛放，控制好下套管速度，匀速下放。 （5）在下列作业期间带班队长应在钻台上： ①当下前十个单根时； ②当套管下入裸眼井段时； ③下最后五个单根时； ④当作业和/或井眼出现问题时

三、人员、设备、工具和作业环境的检查

（1）作业人员具备作业技能和要求，身体健康。

（2）在下套管前，对钻机和设备进行必要的维护保养，对有问题的进行整改。

（3）记录仪（包括气体检测器）处于良好的工作状态。

（4）调整绞车刹把，绞车控制系统和开关处于正确的工作状态。

（5）主刹车和辅助刹车性能良好。

（6）起下钻中确保钻井液处理设备工作可靠，并保证监测钻井液池流动液面的阀门工作正常。

（7）检查下列项目，各项目设备及工具均灵活、好用。

——套管/尾管对扣引鞋；

——下入各尺寸套管所对应的防喷器闸板；

——带密封总成的套管/尾管悬挂器及备用件；

——下入各尺寸套管所对应的2套侧开门吊卡；

——下入各尺寸套管所对应的2套上提吊卡；

——下入各尺寸套管所对应的2套手动卡瓦；

——下入各尺寸套管所对应的1套卡盘卡瓦和卡盘吊卡；

——2个卡盘气管线或手动操作杆；

——下入各尺寸套管所对应的2个备用大钳和锷板；

——下入各尺寸套管所对应的2个液压套管钳和锷板；

——一套液压大钳的液压装置及备用件；

——1个循环头和/或一个与钻杆相连的配合接头/高压管线（带1个备用）；

——1个用于钻杆和尾管之间的配合接头，附加1个备用设备；

——6圈2in带接箍和安全绳的高压管线；

——带有配合阀门和安全绳的压力管线；

——黄油/螺纹脂枪；

——适合各种管子重量的管子打捞矛，不是由第三方提供的；

——方钻杆（顶驱）下旋塞的配合接头；

——重晶石、洗涤水、用来清洗外螺纹和内螺纹的软毛刷子；

——重型长吊环；

——防套管螺纹松脱剂（Bakerlok）；

——5个夹紧保护器夹子；

——2根15m（50ft）×1in的棕绳；

——操作液压大钳的工作平台；

——下入各尺寸套管所对应的安全卡子；

——套管灌钻井液管线/连续灌注钻井液系统；

——吊车/叉车；

——4t套管吊索4根；

——上提/甩钻的吊车；

——用来装从套管上卸下护丝的箱子。

四、作业准备

（1）带班队长主持作业前会议，进行安全分析，使所有参与人员掌握流程、工序，各岗位识别作业风险和消减措施。

（2）确保所有作业人员熟悉本作业文件，能正确按作业程序操作。

（3）作业前更换适合管子尺寸的半封闸板。

（4）套管/尾管必须测量和通径。扶正器（每个单根一个）必须放在套管中间距离止动环3m的距离。

（5）由钻井工程师准备套管记录并通知司钻、吊车（叉车）司机、工程师。

注意，记录上应标注日期、时间或版本号。

五、作业步骤

1. 下套管

（1）清理钻台，安装套管大钳和所有相关设备。

（2）把带有套管鞋的单根吊到大门坡道。

（3）扣上吊卡，检查两面的安全锁销，检查并确保单根内没有东西。

（4）拆掉单根内螺纹端吊索。

（5）使用游车上提单根，后面用吊车（或风动绞车）吊住外螺纹端。

（6）移动带有套管鞋的单根到转盘面上，除去吊索。

（7）如果没有提前安装套管鞋，安装套管鞋。

（8）下入带有套管鞋的单根并装上手动卡瓦。

（9）在单根内灌满钻井液，检查并确保套管鞋完好。

（10）为 9⅝in 套管和较大尺寸的管子安装一个安全卡子，或钻铤安全卡瓦。注意，这个作业一直执行直到指重表上记录的悬重大于 8t。

（11）吊第二根单根到大门坡道（检查确保单根内没有杂物）。

（12）扣上吊卡，检查两面的安全锁销。

（13）除掉单根内螺纹端的吊索。

（14）利用游车上提单根。

（15）释放后面的吊车吊索，利用绳索拉紧单根通过大门坡道，引导单根安全到达转盘面上。

（16）让这个单根离开转盘内的单根，除去套管护丝。

（17）在带有套管鞋的单根上装上对扣引鞋。

（18）对正转盘内内螺纹并且松开吊卡。

（19）使用套管大钳上紧螺纹。

（20）释放吊卡。

（21）使用套管大钳以合适的上扣扭矩上扣。

（22）除去安全卡瓦，通知司钻上提套管并下钻。

（23）在接下来的作业中重复同样的步骤。灌满钻井液，确认套管鞋完好。以后每 5~10 个单根灌一次钻井液。如果使用自动灌注钻井液系统，则在下放时灌钻井液。注意，下放速度参考钻井设计。

（24）先使用手动卡瓦与安全卡瓦下套管，直到有足够的悬重使用卡盘式卡瓦和吊卡。

（25）打开卡盘式卡瓦和吊卡，司钻要特别注意扶正器通过卡盘式卡瓦时的情况。

（26）在裸眼井段（根据钻井设计）或井漏井段降低下放速度。

① 通知带班队长和监督；

② 上提几米；

③ 慢慢循环清洗井眼。

（27）如果在裸眼井段遇阻，则当井眼条件许可时，循环冲洗两个或更多的单根直到井底。注意，缓慢开始循环并阶段性上升压力。

（28）在下入最后一根套管之前，带班队长和监督清点剩下的套管确保下入正确的套管数。

（29）上提套管悬挂器。保护密封平面、悬挂器外形和螺纹。

（30）安装并下入套管悬挂器。

（31）记录上提、下放重量。

（32）下入套管到设计深度，通常距离井底 1~3m（3~10ft）。

2. 下尾管时需考虑

（1）下入尾管之前，下尾管所用的每柱钻杆必须通径。

（2）按照上面的描述，安装尾管并记录下入尾管数量。

（3）上提尾管悬挂器，放在小鼠洞里，为了确保安全要带上安全卡瓦。注意，尾管悬挂器接在最后一根尾管上下入。尾管悬挂器由卡瓦和密封元件组成。

（4）上部井眼的形状可使下入的工具顺利通过。尾管坐封工具由尾管悬挂器提供并在尾管和钻杆之间连接，下入井内。

（5）上提钻杆单根并和尾管悬挂器连接。

（6）在连接尾管悬挂器之前清点套管根数并检查尾管记录单。

（7）上提单根和悬挂器把它和尾管连接，下入尾管。注意，卡瓦不能放在坐封套或抛光座圈上。

（8）下入悬挂器，通过井口/防喷器时不要停止。

（9）如果没使用旋转悬挂器，确保和钻柱连接时不旋转，因为这会导致尾管悬挂器坐封。

（10）当下入套管内时，下入钻杆速度为每个立柱 $1 \sim 2min$，在裸眼段 $2 \sim 3min$，或参考钻井设计。注意，必须控制下入尾管的速度避免损坏尾管悬挂器并避免在悬挂器内形成压降，因为悬挂器和套管之间有很小的环空间隙。

（11）在尾管进入裸眼段之前，连接水泥头和钻杆单根。

（12）下入尾管悬挂器到规定深度并且根据生产厂家的说明书坐封。

六、作业关闭

下入的套管/尾管应由司钻记录并交给带班队长或监督。

思考题

（1）下套管过程中钻台人员站位有哪些注意事项？

（2）套管上钻台时如何防止套管掉落？

（3）下套管过程中遇阻如何处理？

第六节　滑、割大绳作业

学习目标

（1）了解滑、割大绳的作业条件；

（2）熟悉作业中的 HSE 风险及防控措施；

（3）熟悉作业所需的工具和设备；

（4）掌握滑、割大绳的作业程序。

一、作业应具备的条件

（1）作业环境良好，一般应在没有较大风雨的白天进行，特殊情况夜间作业时，井架四周要有充足的照明。

（2）井口附近及绞车前方工作区域无障碍物。

（3）钻柱在裸眼井段中或空井时，不得滑或割大绳。

（4）确保人员熟悉本作业文件，能按作业程序正确操作。

二、HSE 提示和消减措施

滑、割大绳作业 HSE 提示和消减措施见表 5-11。

表 5-11　滑、割大绳作业 HSE 提示和消减措施

HSE 提示	消减措施
大绳断丝刺伤手或身体其他部位	（1）手与钢丝绳接触时，仔细观察，不要接触有断丝或毛刺的钢丝绳； （2）切割钢丝绳前，必须在切割处两边用细钢丝将断头扎结牢靠，防切断的绳头散开或弹出伤人
金属飞溅对眼睛的伤害	（1）用电焊刺断钢丝绳时清除焊渣； （2）作业人员必须佩戴护目镜
钢丝绳打伤人	（1）控制钢丝绳从卷绳筒松动的速度，避免在放绳过程中跑大圈，或绳扭结及钢丝绳形成绳环； （2）卷绳筒周围的人要注意避开放出的钢丝绳，钻台上、场地上的人员不能从钢丝绳上、下通过； （3）整卷滑大绳时大绳与引绳器必须连接牢靠，防止与井架碰刚、脱开
机械伤害	（1）作业前检查倒绳装置，确保旋转部位护罩齐全； （2）严格执行设备操作规程
人员高空坠落，防高空落物伤害	（1）上井架作业人员系好安全带； （2）作业人员随身携带的工具应系好保险绳，严禁从井架或天车上往下扔工具等物件； （3）给游车安装挂绳时必须使用载人绞车和安全带； （4）无关人员离开作业现场； （5）作业结束时清理井架及天车上所有工具及物件
落物掉井	盖好井口

三、人员、设备、工具和作业环境的检查

（1）作业人员具备作业技能及要求，身体健康。

（2）钢丝绳切割工具（设备）。

（3）尺寸相符的扳手。

（4）活动扳手。

（5）大锤和撬杠。

（6）劳保用具。

（7）标记钢丝绳和滚筒的油漆。

（8）全身式安全带，在使用前应进行调节。

（9）井架上工具需使用安全尾绳。

四、作业准备

（1）带班队长主持作业前会议，进行安全分析，使所有参与人员掌握流程、工序，各岗位识别作业风险和消减措施，对作业人员进行工作分工，明确作业负责人，指定专人指挥，安全监督全程监督，落实作业监控。

（2）确保所有作业人员熟悉本作业文件，能正确按作业程序操作。

（3）作业人员穿戴符合要求的劳保护具，如护目镜、高空作业人员必须系安全带，无油脂的手套。

（4）热作业切割钢丝绳时，事先办理动火作业许可，使用电焊割断钢丝绳时，符合安全用电规定，电焊机必须接地。

五、作业步骤

（1）顶驱接一柱钻杆。

（2）将顶驱停在合适的位置，用专用绳套把游车挂起来，坐卡瓦，悬重不能超过游动系统（不含顶驱）的重量。

（3）拆开绞车滚筒护罩。

（4）钻台人员配合抽出滚筒大绳。

（5）标出切割大绳标记点。

（6）继续抽大绳，当标记点位置到达场地上时，切割大绳，并将新绳头修好。

（7）抽出活绳头，卸掉后，将大绳完全抽出。

（8）将大绳拉上钻台面，安装活绳头。

（9）上紧活绳头，安放到位，缠上钻台上剩余的大绳。使用大锤和撬杠在绞车滚筒上排好大绳，防止大绳滑出滚筒槽。

（10）松开死绳固定器，开始缓慢缠绕新大绳，直到缠到计算所需的位置。带班队长指挥司钻缠绕大绳，安排专人查看钻台下大绳的运动情况，避免大绳和钻台下设备碰刮。

（11）在死绳固定器上上紧螺栓，使用正确的力矩紧固螺栓，注意死绳固定器卡子的锁紧压板间隙。死绳固定器上的钢丝绳应做标记。

（12）摘开悬挂游动系统的专用绳套，并固定到井架上，安装绞车护罩。

（13）调试过卷阀和电子防碰天车。

（14）清理现场，回收工具。

（15）轻负荷试用，再检查死、活绳头的固定情况，确保固定牢靠方可投入正常使用。

（16）在割完大绳的24h内应该加密检查死活绳头。

六、作业关闭

作业后，填写吨英里记录，如配置吨英里记录仪应（电动或手动）归零。

思考题

（1）作业过程中如何预防手伤害事故？

（2）作业前如何固定游车？

（3）作业结束后还应检查哪些事项？

第七节　井下事故处理

学习目标

（1）掌握井下事故处理通用HSE管理要求；

（2）熟悉常见井下事故处理安全操作程序。

钻井是一项隐蔽的地下工程，存在着大量的模糊性、随机性和不确定性，是一项真正的高风险作业。钻井对象是地层岩石，目标是找油找气。在钻井作业中，由于对深埋在地壳内的岩石认识不清（客观因素）或技术因素（工程因素）以及作业者决策的失误（人为因素），往往会产生许多井下复杂情况，甚至造成严重的井下事故，轻者耗费大量人力、财力和时间，重者将导致油气资源的浪费和全井的废弃。

井下复杂与事故多种多样，井下情况千变万化，处理方法、处理工具多种多样。但总的原则是将"安全第一"的思想，贯彻到事故处理全过程。从制订处理方案、处理技术措施、处理工具的选择到人员组织等均应有周密的策划。重大事故还应制订应急方案，如井喷、着火等。在处理井下复杂过程中，尤为小心，稍有不慎，就可能造成事故。而在处理事故过程中的失误又可能使事故更加恶化。安全原则体现在对事故性质、井下情况准确分析和判断的基础上。在处理中使事故严重程度逐渐减轻，不致加重。因此，入井工具、器材、药品，应严格质量检验，下得去，能起出，用得上。操作人员应熟知入井打捞工具的结构和正确使用方法，处理方案中还应包括人员设备的防护和环境保护等措施。

一、井下事故处理通用 HSE 管理要求

1. 作业前准备

（1）向属地管理单位申请并获得作业许可。

（2）组织开展工作前安全分析（JSA）。对井下事故处理过程中潜在危害进行风险识别和评价，制定风险控制或消减措施，将风险控制在最低可接受的程度。

（3）实行人员控制，非工作人员避免进入施工区域。

（4）配备必要的安全设施，作业人员正确穿戴个人防护装备。

（5）开展作业前设备和工具的安全检查与确认，作业开始前确认井架及底座、绞车、死活绳头固定、关键仪表（指重表、泵压表、气源压力表及传感器等）以及刹车系统等关键要害部位，井口工具、入井工具具备安全作业条件。

2. 作业前安全会

（1）作业前召集各关联单位人员开展作业前安全会议。

（2）明确井下事故处理作业的最高指挥人员、工艺负责人、属地责任人和参与作业人员。

（3）进行施工设计交底、风险提示及操作注意事项。

（4）对关键工序和有关事项存在疑问或意见的，提前沟通、协商和解决。

3. 作业过程控制

（1）处理井下事故过程中现场最高指挥人员负责组织、协调各施工单位按工艺流程施工。

（2）属地责任人监督作业人员按规程操作。

（3）现场工艺负责人负责工艺流程指挥，及时处理工艺异常情况。

（4）所有参与作业人员个人防护装备穿戴齐全、规范，服从指挥，无关人员避免进入施工区域。

4. 禁止开展作业的情况

（1）未办理作业许可。

（2）工作前安全分析（JSA）未执行。

（3）现场作业指挥人员和参与人员未明确。

（4）未开展设备、工具作业前的安全检查，或设备、工具存在安全隐患。

（5）未召开作业前安全会和施工设计交底。

（6）关键事项或问题未得到提前确认、沟通和解决。

二、常见卡钻事故处理

1. 常见卡钻事故类型

（1）压差—泥饼黏附卡钻。

（2）缩径卡钻。

（3）沉沙卡钻。

（4）井壁垮塌卡钻。

（5）键槽卡钻。

（6）泥包卡钻。

（7）落物卡钻。

（8）干卡卡钻。

2. 卡钻事故处理 HSE 风险提示

处理卡钻过程中主要 HSE 风险包括落物、顿钻、物体打击、滑倒、硫化氢中毒、酸灼伤、环境污染和高压伤害。

3. 卡钻事故处理安全操作程序

1）上下活动钻具安全操作程序

（1）检查。

应对刹车系统、提升系统、传动系统、井口工具等进行安全检查确认。

（2）起下钻作业卡钻事故处理前期准备。

司钻停止起下钻作业，上提或下放钻具，内外钳工用吊卡或卡瓦坐好钻具。内外钳工用液气大钳卸扣，倒出转盘面以上的钻具，接顶驱，高处作业期间系好安全带。司钻开泵上提钻具，把未卡时的钻具悬重标记在指重表上。开泵时严禁人员接近高压区域，钻台上除了操作和指挥人员外，其余人员撤离到安全位置。

（3）上下活动钻具（按照岗位的权限操作）。

下钻卡钻时，上提最大负荷为：钻具最大抗拉强度的 80%、旧钻机检测推荐使用载荷的 80%、新钻机使用载荷的 80%，选择最小值为依据。下放钻具的悬重等于原悬重；起钻卡钻时，上提钻具的悬重等于原悬重，下放钻具的最低悬重等于指重表基重；钻进作业卡钻时，停转盘，刹车缓慢释放扭矩。

保持正常排量循环，司钻根据放入多少下放钻具，钻台上除了操作及指挥人员外，其余人员撤离到安全位置，在原悬重处给钻柱施加扭矩，最大扭矩不得超过钻具抗扭矩安全强度的75%。上下活动钻具，释放扭矩后才能上提。

2）地面震击器下击安全操作程序

（1）检查。

应对刹车系统、提升系统、传动系统、井口工具等进行安全检查确认。

（2）作业前准备。

申请作业许可，制定施工方案，作业指挥人员组织召开工作前安全会，开展技术交底和 HSE 风险提示，所有参与作业人员个人防护装备穿戴齐全、规范，服从指挥，无关人员避免进入施工区域。

（3）操作使用。

震击器达到现场后，技术员检查扣型，准备好配合接头。用内六角扳手在地面卸开震击器调节孔堵丝。在场地上用平口螺丝刀标记震击力"低"的方向撬动孔内调节轮，直到调节轮拨不动为止，上紧堵丝。在连接好震击器后上提钻具时，存在吊卡或卡瓦还没离开转盘面，震击器开始下击导致人身伤害的风险，人员应确保站位安全。清洗螺纹，戴好护丝，在场地上提升短节与震击器连接，用链钳上扣。平稳放入小鼠洞内，用安全卡瓦卡牢，卸掉提升短节。

司钻操作，上提出连接好的震击器，内外钳工在井口操作把震击器与钻杆连接。司钻上提钻具，内外钳工拖开吊卡或卡瓦至安全位置，此时地面震击器的心轴处于完全拉开状态。以井内自由钻具的悬重为震击力调节依据，震击器的最大下击力不能超过该悬重。盖好井口，用平口螺丝刀调节轮往调节孔标记为"高"的方向拨动，司钻下放钻具使震击器心轴行程完全关闭。司钻上提钻具观察指重表，记录此时震击器的工作吨位，该悬重为震击力的大小。根据实际悬重调节至所需要的震击力。震击力大小不能一次性调节至自由钻具的重量，必须由小到大逐步调节，避免震击器卡瓦套发热后失效，不能释放能量或在高悬重情况下能量突然释放，下击伤及人身安全与设备安全。

开始震击工作，上提钻具，震击器能量释放，瞬间下击被卡钻具。下放钻具使震击器心轴关闭回位。重复上提钻具下击、下放钻具心轴回位的过程。悬重低于300kN 的浅井段不适用本程序。结束作业后，应对刹车系统、提升系统、传动系统、井口工具等进行安全检查。

3）泡酸安全操作程序

（1）检查。

应对循环系统、提升系统、刹车系统、传动系统、井口工具、井控设备、钻井液材料储备、压井材料储备、硫化氢防护设备进行安全检查确认。

（2）作业前准备。

申请作业许可，制定施工方案，作业指挥人员组织召开工作前安全会，开展技术交底和 HSE 风险提示，所有参与作业人员个人防护装备穿戴齐全、规范，服从指挥，无关人员避免进入施工区域。

（3）泡酸作业程序。

调整好钻井液性能，井眼系统保持压力平衡。在保证井下安全的情况下大排量循环钻井液清洗井眼。循环时根据排量和泵压等参数，确定钻具是否短路。在泡酸作业过程中，对可能发生井漏、井涌的井，要按照井控规定储备足够的钻井液和堵漏、压井材料，并做好安全施工预案。

认真检查井控装置、消防设施、硫化氢防护装备、紧急洗眼台和淋浴装置，现场根据井下情况配置所需浓度酸液，配酸过程中正确佩戴个人防护用具，防止酸灼伤人。认真检查钻井泵、高压管汇和动力设备，确保注酸作业施工的连续性。连接好施工管线，包括酸回收管线，根据井下情况选择隔离液种类。注酸作业前，现场施工负责人组织并进行技术交底。水泥车冲管线，试压合格，试压期间应对区域使用警示带隔离，人员远离高压区域，防止高压伤害。确认地面阀门开关正确，水泥车依次向钻具内注入前置液和配置好的盐酸，注酸期间人员撤离至安全位置。倒阀门，用水泥车注入后隔离液。使用钻井泵顶替计算好的钻井液量，首次浸泡，盐酸出钻头上返至环空的量能浸泡完钻铤井段即可。

注酸、替入钻井液施工完成后，环空液柱压力应大于钻具内液柱压力 4~5MPa，保证在设计好的浸泡时间内，钻具里有足够顶替的酸。候酸反应浸泡期间，必须坚持井控坐岗，做好井控安全工作。为了达到泡酸解卡的目的，浸泡时间一般为 3~5h。在设备、钻具安全载荷范围内间断上下活动钻具，每隔 30min 顶入设计数量的钻井液。观察在顶替钻井液时出口返出是否正常，及时发现溢流或井漏异常情况。解卡后活动钻具循环 10~15min 起钻至安全井段继续循环。根据排量，按酸正常循环到地面迟到时间提前 30min 关井，排除井筒残酸及酸与地层化学反应产生的溶解气，在此期间，做好硫化氢防护工作。排完残酸后循环，确认井下安全后起钻完进行其他作业。残酸经过和达到的位置必须使用碱中和，杜绝环境污染。

4）泡油基解卡剂安全操作程序

（1）检查。

应对循环系统、提升系统、刹车系统、传动系统、井口工具、井控设备、硫化氢防护设备、压井材料储备等进行安全检查确认。

（2）作业前准备。

申请作业许可，制定施工方案，作业指挥人员组织召开工作前安全会，开展技术交底和 HSE 风险提示，所有参与作业人员个人防护装备穿戴齐全、规范，服从指挥，无关人员避免进入施工区域。

（3）泡油基解卡作业程序。

调整好钻井液性能，井眼系统保持压力平衡。在保证井下安全的情况下大排量循环钻井液清洗井眼。循环时根据排量和泵压等参数，确定钻具是否短路。循环时根据排量和泵压等参数，对可能发生井漏、井涌的井，要按照井控规定储备足够的钻井液和堵漏剂、压井材料，并做好安全施工方案。

认真检查井控装置、消防设施、硫化氢防护装备。认真检查钻井泵、高压管汇和动力设备，确保注解卡剂施工的连续性。现场根据井下情况在循环罐配置油基解卡剂，一般由柴油、氧化沥青、有机土、表面活性剂及加重材料组成。密度与井内钻井液密度一致。

施工作业前，现场施工负责人组织并进行技术交底。检查好地面阀门开关是否正确，用钻井泵将配置好的解卡剂一次注入钻具水眼内。用钻井泵替入设计好的钻井液量，解卡剂返出钻头，上返至环空量能浸泡完钻铤段即可。环空液柱压力应大于钻具内液柱压力 $4\sim5MPa$，保证在设计好的浸泡时间内，钻具里有足够顶替量的解卡剂。候解卡剂反应，浸泡期间必须坚持井控坐岗，钻井液出口处专人监控，做好井控安全工作。在设备、钻具安全载荷范围内间断上下活动钻具。每隔 30min，顶入设计数量的钻井液。解卡后活动钻具循环回收解卡剂。

5）测卡爆炸松口安全操作程序

（1）检查。

应对提升系统、刹车系统、传动系统、井口工具、专用工具进行安全检查确认。

（2）作业前准备。

申请作业许可，制定施工方案，作业指挥人员组织召开工作前安全会，开展技术交底和 HSE 风险提示，所有参与作业人员个人防护装备穿戴齐全、规范，服从指挥，无关人员避免进入施工区域。

（3）测卡点安全操作程序。

测卡点作业队在地面连接好测卡仪器串。在事故处理技术负责人的指挥下，由司钻操作上提钻具至正常钻进时的悬重。测卡施工人员下入仪器串，并校正井深，通过磁性定位器核对钻具根数是否与钻井技术员提供的钻具结构资料相符合。

经过反复多次校核测量比较记录的数据，即可确定卡点井深和被卡钻具的尺寸。

（4）爆炸松扣安全操作程序。

测卡爆炸松扣作业队在井场设置明显的警示标示和隔离带，在雷雨天及夜间禁止进行爆炸松扣作业。严禁在随钻震击器等复杂钻具螺纹连接处、键槽内、复杂井段进行爆炸松扣作业。

司钻在事故处理技术人员的指挥下，根据卡点以上钻具重量，分别在不同的悬重相对应的钻具长度，分段紧扣。爆炸松扣作业队人员连接好松扣仪器串。地面检验、测试入井仪器串工作是否正常。爆炸松扣作业队人员根据卡点井深、松扣对象捆绑炸药包。根据钻井液的液柱压力大小，选择相符合的电雷管，雷管的承压能力必须大于钻井液的液柱压力。连接好松扣仪器串后，井场停止供电（专人负责）、关闭所有通信设备，雷管与炸药包连接，无关人员撤离到安全区域。

钻井队当班人员协助爆炸松扣作业队，把连接好的仪器串和炸药包放入被卡钻具水眼内，并下放电缆送炸药包至钻具水眼内2m以下。井场供电（专人负责），下放电缆送炸药至卡点以上预定松扣的井深。司钻在事故处理技术人员的指挥下，上提或下放钻具，使松扣处钻具处于受轴向拉力或压力最小状态，锁牢大小方瓦或卡瓦。根据井深、井身质量、钻井液性能，按照松扣处以上钻具长度，缓慢给钻具施加反扭矩，刹住转盘。爆炸松扣操作技术人员校正炸药中心位置是否对正松扣钻具接头螺纹连接处。接通电源引爆炸药，司钻缓慢松开转盘刹车离合器，根据钻具回转圈数来判断钻具接头是否松扣。

起出电缆1～2根钻具长度，司钻在事故处理技术人员的指挥下再倒扣4～5圈，将钻具螺纹完全卸开后，上提钻具2～3m。爆炸松扣操作人员起出爆炸松扣仪器串。井队当班人员起钻完，起钻过程中认真检查钻具是否有松扣的地方，发现起出钻具松扣必须上紧扣后才能继续起钻。

6）套铣安全操作程序

（1）检查。

应对提升系统、刹车系统、传动系统、井口工具、专用工具进行安全检查确认。

（2）作业前准备。

申请作业许可，制定施工方案，作业指挥人员组织召开工作前安全会，开展技术交底和HSE风险提示，所有参与作业人员个人防护装备穿戴齐全、规范，服从指挥，无关人员避免进入施工区域。

（3）套铣操作。

下钻通井探鱼顶，钻具在裸眼井段控制好下放速度，遇阻不得超过50kN，接近理论鱼顶井深时，以10～20kN钻压，下放钻具探实际鱼顶井深。探到鱼顶后在钻杆上做好标记，技术负责人计算出实际鱼顶井深，做好记录上提钻具将钻头提离鱼顶至安全正常井段。

上下划眼循环调整钻井液性能（不能定点循环和在易塌层循环），钻井液必须具备流动性好、摩擦系数小、低失水、防塌能力强的性能。确保井壁稳定，井眼畅通，井眼系统压力平衡。根据井径、落鱼尺寸、材质等情况选择铣管、铣鞋，统计所需要的配套套铣工具。事故处理技术负责人组织召开安全会，向井队员工进行安全、技术措施交底。

用风动绞车将铣管提上钻台（必须戴好护丝），在井眼内连接铣管。用安全卡瓦和卡瓦卡牢管，防止在连接过程中管掉井，上扣时 B 型钳严禁位于铣管双级扣螺纹部位（防止变形），按照规定扭矩上扣。

（4）下入铣管套铣作业。

下铣管出套管鞋后控制好下放速度（防遇阻卡铣管）。下铣鞋至离鱼顶 2~3m 先转动转盘，再缓慢开泵，等钻井液返出正常后调整好排量（防止压力激动导致井漏）。校正悬重，停转盘探鱼顶。探到鱼顶后加压不得超过 20kN，间断转动钻具套鱼顶，钻压突然下降、反扭矩消失，说明鱼顶已经套入铣鞋内，根据套铣工况调整参数。

接单根前上提钻具至鱼顶以下 0.5m，不转动转盘开泵下放钻具至套铣过的铣鞋位置，无阻卡再接单根。接好单根后慢慢下放钻具，在钻杆上做好鱼顶方入标记。下放钻具试套鱼顶，遇阻不得超过 20kN。铣管有效长度套铣完后，先在落鱼段循环 10~15min，然后起钻至鱼顶以上 5~10m 循环一周起钻完。套铣作业过程中要求注意力集中，精心操作，铣鞋没有提离鱼顶时不能停泵。

思考题

（1）井下事故处理过程中常存在哪些 HSE 风险？

（2）作业前设备与工具安全检查内容包括哪些？

（3）作业前安全会议内容包括哪些？

（4）作业过程控制内容包括哪些？

（5）哪些情况禁止开展作业？

第八节　第三方作业

学习目标

（1）熟悉第三作业通用要求；

（2）掌握常见第三方作业安全要求。

钻修井现场常见的第三方作业有：压裂酸化作业、固井作业、地层测试作业、地面测试作业、测井作业、射孔作业等。第三方作业具有风险点源多，需要钻修井机组或其他单位配合等特点，容易因为责任不明、指挥不力、配合不当导致事故。

一、第三方作业通用要求

1. 作业前准备

（1）取得属地管理者的作业许可。

（2）界定施工区域，实施彩带隔离。

（3）实行人员控制，防止非工作人员进入施工区域。

（4）配备必要的安全设施，人员穿戴适当的个人防护装备。

（5）进行作业前安全检查，整改存在的问题，确认具备安全作业条件。

（6）压裂酸化作业、固井作业、地层测试作业时，井控责任主体为属地管理者。

2. 作业前联合会议

（1）作业前召开作业相关单位人员（包括监督人员）参加的联合会议。

（2）明确现场最高指挥人员、现场属地责任单位及属地责任人（各施工方责任人），明确吊装作业、车辆运移、工艺控制等指挥人员。

（3）进行施工交底、工作安排。

（4）分析施工风险，制定风险消减和控制措施，交代安全注意事项。

（5）对关键工作和有关事项进行沟通、协商和确认。

3. 作业过程中控制要求

（1）现场最高指挥人员负责组织、协调各施工单位按工艺流程施工。

（2）属地责任人督促各岗位人员按规程操作。

（3）现场吊装作业指挥人员负责吊装作业指挥，穿戴明显标识。

（4）现场车辆运移指挥人员负责车辆移动指挥，确保车辆安全有序进出。

（5）工艺控制指挥人员负责工艺流程指挥，及时处理工艺异常情况。

4. 严禁进行联合作业情况

（1）未明确属地责任单位和属地责任人。

（2）未进行安全检查，或隐患未整改。

（3）未召开联合会议，未进行施工交底。

（4）未确认关键事项，风险措施未制定。

二、压裂酸化作业

1. 作业准备

1) 安全标志

（1）作业区域应设置安全警示带。

（2）作业区域外应设置施工现场布置图（逃生路线图）、安全告示牌、禁止进入标志。

2) 个人防护装备

（1）进入井场所有作业人员应正确佩戴安全帽、劳保服、工鞋、防护手套。

（2）高空作业人员应正确佩戴安全带。

（3）在噪声大于85dB的设备运转区域的作业人员佩戴耳塞或耳罩。

（4）在配制压裂液时，添加粉剂添加剂的人员应佩戴防尘口罩和护目镜；在配置酸液时，应佩戴防酸防护装备。

（5）使用大锤时，作业人员应佩戴护目镜。

2. 施工作业

（1）施工前由压裂酸化单位施工负责人组织大班（主操作手）进行巡回检查，召开交底会，明确作业流程、人员分工及岗位职责，交代施工中安全注意事项、风险及应急措施。

（2）吊装液罐、砂罐、高压管汇时应使用牵引绳。立砂罐时，上砂罐人员应系安全带。装砂时，应用砂斗，防止砂粒从罐顶溢出伤人。

（3）作业过程中用电时，应得到井队临时用电作业许可，由取得《电工作业操作证》的人员完成操作，液罐必须接地。

（4）使用大锤敲击高压管汇活接头时，敲击者侧对活接头，其余人员远离敲击范围。严禁带压紧固或拆卸活接头。高压管汇连接好后，按施工压力要求缠绕钢丝绳。

（5）采用对讲机明确施工作业中的关键环节。对讲机的人员采用规范、简洁的语言发出、回复指令。

（6）管汇试压时，由井队负责开关井口阀门，听从压裂队井口主操作手指令。压裂车按规定设置好超压保护装置，所有人员撤离至安全警示线外，试到预定压力后，巡视人员应位于安全位置观察试压情况。

（7）试压时管汇发生刺漏，应立即停泵，泄压整改后方可继续作业。

（8）施工作业时，高压管汇区域内严禁人员进入。施工期间负责压裂设

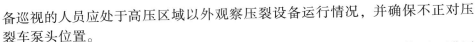

备巡视的人员应处于高压区域以外观察压裂设备运行情况，并确保不正对压裂车泵头位置。

（9）施工中高压管汇突发刺漏时，应立即顶替管汇内液体后停泵，泄压整改后方能继续作业

（10）安全监督巡回检查，禁止非工作人员入内，及时纠正违章行为。

（11）所有施工人员应服从施工负责人统一指挥。

三、固井施工作业

1. 作业准备

1）安全标志

（1）作业区域应设置安全警示带。

（2）作业区域外应设置施工现场布置图（逃生路线图）、安全告示牌、禁止进入标志。

2）个人防护装备

（1）进入井场所有作业人员应正确佩戴安全帽、劳保服、工鞋、防护手套。

（2）高空作业人员应正确佩戴安全带。

（3）在噪声大于85dB的设备运转区域的作业人员佩戴耳塞或耳罩。

（4）在灰罐区域佩戴防尘口罩和护目镜。

（5）使用大锤时，作业人员应佩戴护目镜。

2. 施工作业

（1）施工前由固井单位施工负责人，组织大班（主操作手）进行巡回检查，召开交底会，明确作业流程、人员分工及岗位职责，交代施工中安全注意事项、风险及应急措施。

（2）吊装水泥头时，应使用牵引绳，同时井队钻台人员操作气动绞车，听从固井队井口主操作手指令平稳吊装水泥头。

（3）使用大锤敲击高压管汇活接头时，敲击者侧对活接头，其余人员远离敲击范围。严禁带压紧固或拆卸活接头。

（4）仪表或供水泵供电采用井队电源时，应由井队专业电工连接，并上锁挂签，做好安全提示。

（5）安装水泥头高度超过2m的高处作业，应系好安全带。

（6）水泥车应按试压值+2MPa设定超压保护装置。

（7）试压时所有人员应撤离安全区域，钻台所有人员撤离至钻台休息室，

地面所有人员撤离至安全警示线外。

（8）应采用对讲机明确施工作业中的关键环节。对讲机的人员应采用规范、简洁的语言发出、回复指令。

（9）试压后，待井口压力降至为零时，井口主操作手方能进行下步作业。

（10）试压后装入套管胶塞，并应对水泥头挡销采用上锁挂签，做好安全提示。

（11）泵注水泥浆时，水泥车地面高压管汇区域内严禁人员进入，录井取样人员取样后应迅速撤离至安全区域。

（12）水泥车碰压后，应采取水泥车水柜泄压旋塞进行泄压，严禁采用水泥头泄压。

（13）试压时、施工中高压管汇突发刺漏时，应立即停泵，泄压整改后方能继续作业。

（14）安全监督巡回检查，禁止非工作人员入内，及时纠正违章行为。

（15）所有施工人员应服从施工负责人统一指挥。

四、地层测试作业

1. 作业前准备

作业前，由作业队长收集作业井温度、压力、井深及 H_2S 等资料，制定作业计划及安全预案。

作业前，进行安全检查，召开由现场测试队、井队值班干部和当班人员、安全监督等参加的技术交底会，进行相应安全提示。

2. 下钻

（1）下钻期间，地层测试队有专人监控，并及时就出现的问题与钻井队共同处理。

（2）工具用绷绳绷上钻台，平稳操作风动绞车，防止滑轮脱落。

（3）测试工具入井后，严禁转动井内管柱，防止封隔器提前坐封。

（4）控制好测试管柱的下放速度，平稳操作，不得猛提猛放刹车，每根管柱纯下放时间控制在 60s 为宜，并挂上水刹车。

（5）注意指重表悬重，下钻遇阻不得超过 50kN。

（6）下钻过程中，派专人密切观察、记录环空返出量，并核对与应返出量是否一致，发现异常，及时处理。

3. 坐封

旋转管柱后，缓慢释放扭矩后再下放管柱进行坐封。

4. 开、关井测试

（1）含硫化氢井的流动测试必须在白天进行。

（2）流动测试时，燃烧器必须点火，并保持火种长明，保证天然气喷出后能立即烧掉。

（3）测试期间，测试队均应有专人观察环空液面或套压变化情况，出现异常及时按安全应急预案进行处理。

5. 解封、循环压井与起管柱

（1）如封隔器解封困难，在管柱抗拉强度范围内多次震击解封，人员远离管柱，防止震击时管柱伤人。

（2）起测试管柱时不允许转动井内管柱，控制起钻速度，防止抽汲，及时向环空补充钻井液或压井液。

6. 取样

现场取样时，取样人员应佩戴正压式空气呼吸器。

五、地面测试计量作业

1. 地面流程设备的安装

（1）设备运至现场后，测试流程的安装位置应选择不影响其他作业的平整、安全的地方，按顺序进行连接安装。

（2）分离器距井口、计量罐的距离不小于15m。

（3）加热炉（或锅炉）距井口、计量罐、分离器的距离不小于30m。

（4）作业液罐、计量罐、值班房应在不同方位，距离井口不小于30m。

（5）放喷测试管线出口距井口、计量罐、分离器至少50m。

（6）气管线应用直通硬管线，并固定牢靠，不得有小于90°的急弯，出口处应无障碍，放喷口应远离污水池、油池、电线等。

（7）流程连接好后，应用压风机或清水泵吹扫流程。

2. 试压与调试

（1）地面流程安装固定完毕后，应先低压后高压，逐级提高压力等级，直至达到试压的要求，并做好试压记录。

（2）试压时，设立警戒线，人员应撤离试压区，做好安全防护工作。

（3）试压不合格，需要进行整改时，将压力全部释放后才能进行整改。

3. 施工作业

（1）作业队长依据工程设计及相关资料，编制现场施工作业设计书，制定符合该井实际情况的安全应急预案。

（2）作业前，进行安全检查，召开由现场测试队、井队值班干部和当班人员、安全监督等参加的技术交底会，进行相应安全提示。

（3）施工作业必须严格按施工设计及操作规程的要求进行操作，服从作业队长的统一指令。

（4）施工作业时，应有专人观察各级压力变化情况，防止超过设备额定工作压力。

（5）施工作业时，高压区必须设置警戒线，阀门的开关标识牌必须悬挂正确。

（6）施工人员正确穿戴劳保用品，在含 H_2S 井进行施工作业时施工人员必须佩戴便携式 H_2S 监测仪。

（7）含 H_2S 井作业时，必须配备足够空气呼吸器及防 H_2S 器材，若发现 H_2S 泄漏时，应按应急预案的要求及时启动应急预案程序。

（8）施工作业时应按时对设备、仪器进行安全巡回检查，发现隐患应及时报告现场施工指挥，并组织人员在安全的情况下进行整改。

4. 拆迁

（1）接到施工结束的指令后，测试队长及时组织现场作业人员拆卸设备，拆设备必须遵守设备拆装操作规程，有序拆卸。

（2）拆卸地面流程设备前应该将流程通道打开，防止局部有圈闭压力的存在。

（3）拆装地面流程设备前必须对所有使用的地面设备进行吹扫。

六、欠平衡钻井作业

1. 作业前准备

（1）施工人员进入现场后，由带队队长或指定专人，负责与属地或协同单位进行沟通和协调。

（2）对施工作业区域设置安全警戒带。

（3）高压危险区域应设立安全警示牌，禁止非作业人员及车辆进入。

（4）办理相关作业许可。

（5）带队队长召集有关人员和当班员工进行技术交底，明确施工责任主体和风险控制措施。

2. 施工过程安全

（1）设备及管线安装连接正确。

（2）设备安装后按设计要求进行试压，不符合开钻条件的严禁开钻。

（3）试压时，必须有专人指挥，无关人员必须远离试压区域50m以上。

（4）协同单位在试压时，欠平衡钻井人员应远离试压区域，尽量避开危险点源。

（5）气举时必须经放喷管线排液或回收钻井液，钻井队安排专人控制放喷管线的节流阀开度，防止造成污染和伤人。

（6）欠平衡钻井作业期间，如发现排砂管线出口降尘效果不好，出现粉尘飘散，或污水池容量不能满足气体钻井排砂要求时，及时联系井队，采取相应的处理措施。

（7）欠平衡钻井过程中，应加强烃类物质的检测，井口及气体出口周围50m内严禁烟火。

（8）井壁失稳造成环空堵塞情况下，应关闭防喷器，打开至燃烧池的放喷管线主通道进行憋压处理。

（9）井口作业时必须通知当班司钻、钻井技术员或钻台操作人员，有专人在钻台上指挥。

七、测井作业

1. 作业前准备

（1）施工人员进入现场后，与井队及其他相关单位召开联席会议，各方应进行技术交底。

（2）对施工作业区域设置安全警示牌，拉警戒带，放射性作业时要设立放射性警示标志。

（3）办理相关作业许可。

（4）作业人员作业时劳保用品穿戴齐全，配齐硫化氢防护设备。

2. 施工过程安全

（1）钻井平台应清洁、无妨碍测井的施工杂物，安全防护装置和提升设备应完好，气源和水源充足。

（2）测井小队确定仪器车辆停放位置，绞车中心线应与井口成一直线。

（3）井队应协助测井队安装和拆卸井口设备，涉及井架高空作业时应有相关操作证人员负责完成。

（4）测井作业时封井器应处于完全打开状态、锁定游车大钩，钻台上的钻杆立柱尽量靠钻台的一边排列。

（5）测井服务队接井后，井场上应停止一切有碍测井施工的作业。

（6）放射性作业时，工作人员防辐射防护用品穿戴齐全，其他无关人员远离。

（7）测井仪器在井下遇卡，测井小队长应立即向井队和建设方现场监督通报情况。

（8）井下作业过程中如发现井涌、钻井液外溢等井喷迹象，应及时与井队和建设方现场监督联系，执行井控管理有关规定。

（9）若发生放射源落井事故，应立即向建设方、地方环保部门、上级主管部门汇报。

（10）测井施工作业完毕后，应及时清理施工现场，与井队和相关方进行确认后方可离开井场。

（11）测井队离开井场时，放射源管理人员应检查放射源是否装入运输放射源容器内。

八、射孔作业

1. 作业前准备

（1）施工人员进入现场后，与井队及其他相关单位召开联席会议，各方应进行技术交底。

（2）对施工作业区域设置安全警示牌，拉警戒带，将"危险爆炸品"等警告标志安放在作业区的显要位置。

（3）办理相关作业许可。

（4）作业人员作业时劳保用品穿戴齐全。

2. 施工过程安全

（1）井场平整，确定车辆停放位置，绞车中心线应与井口成一直线，距离不小于25m，中间应无任何障碍物，视线良好。

（2）闪电或雷雨时应停止射孔作业，在夜间一般不进行射孔施工，如确需在夜间施工时，应保证有足够的照明设备和安全措施。

（3）射孔前，井口装置、放喷管线应按规定试压合格，并准备有足够的、密度适宜的压井液。

（4）射孔与其他工艺联作时，联作各方应相互通报其作业流程、下井工具的主要技术指标、操作压力和操作方式以及安全注意事项等。

（5）井队配合射孔施工方作业，协助安装拆卸天地滑轮、防喷装置等。

（6）射孔器地面装配时，不得在距警戒区域边界15m内进行有碍射孔施工的交叉作业，在距离警戒区域边界50m以内严禁吸烟和使用明火，井场应停止使用一切微波、通信设备，非作业人员应远离作业点。

（7）装配射孔器应在圈定的作业区内进行，爆炸物装配现场除工作人员外，严禁无关人员进入。

（8）装配爆炸筒时，应切断井场一切电源，等爆炸筒下入井下 70m 后，方能接通电源。

（9）电缆起下时，绞车后面不许站人，不许跨越电缆，严禁在滑轮附近用手抓电缆，处理遇卡上提电缆时，指挥者及其他人员应站在安全位置。

（10）高压油气井及复杂井进行电缆射孔时，应有专人观察井口，如发现井涌、溢流等异常情况应及时通知井队和建设方监督，采取措施及时处理。

（11）射孔点火前，射孔施工方与相关方共同确认工序和数据无误后，方可点火。

（12）引爆射孔器、切割器、爆炸筒时应有专人指挥，操作人员应在听清指挥人员的口令后方能引爆。

（13）施工后剩余爆炸物品应由专人负责回收。

（14）凡射孔引爆失败上提射孔枪时，应有射孔专业人员在场。

（15）射孔作业出现施工事故后，射孔施工方应立即与井队取得联系，通报事故情况，双方共同参与制定处理方案并上报。

（16）射孔施工完毕，应及时清理施工现场，与井队和相关方进行确认后方可离开井场。

思考题

（1）常见的第三方作业有哪些？

（2）作业前的联合会议主要包括哪些内容？

（3）什么情况下禁止进行第三方作业？

（4）测井作业的放射源使用应注意哪些事项？

（5）射孔作业的爆炸物使用应注意哪些事项？

第九节　吊装作业

学习目标

（1）熟悉吊装作业的安全管理要求；

（2）熟悉钢丝绳绳套、吊钩和卸扣、提丝的使用要求。

一、吊车作业

1. 设备安全要求

（1）吊车设备每 12 个月内经过有资质的第三方专门机构的检测，并取得检测合格证书。吊车建立有检修维护保养档案。

（2）吊车喇叭、灯光、倒车提示报警系统状态良好。

（3）吊车吊臂上安全工作载荷标识清晰，有负载半径图和吊车司机能看到的吊装角度指示器。

（4）吊车工作平台刹车系统与安全工作载荷相适应，安装有断电或断液自动刹车装置，在操作室内设有"使用前必须对刹车系统进行安全检查"的警示标识。

（5）吊车钢丝绳的尺寸与滚筒匹配，钢丝绳质量合格完好，满足《海外钻修井队吊索具 HSE 管理实施规范》的索具使用要求，死、活绳头固定到位，当吊钩放到地面时，滚筒上的钢丝绳至少有 5 圈以上。

（6）吊钩等级与安全载荷相适应，吊钩磨损在允许范围内，安全挡销完好。

（7）吊车应安装防止钢丝绳跳槽或串槽的安全装置。

（8）吊车操作室内各类标示准确清晰。

（9）吊车使用的吊索具具体执行《海外钻修井队吊索具 HSE 实施规范》。

2. 人员要求

（1）吊车司机应取得当地政府认可的相应资格证书；从事吊装作业相关人员应取得 HSE 吊装作业相关培训证。

（2）所有人员正确穿戴劳保用品，指挥人员必须穿信号服。

（3）吊运过程中，所有作业人员都应撤离吊臂移动、物件摆动或物件可能脱落的危险区域。

（4）所有作业人员应掌握各种指挥手势、信号，以及本岗位各类突发事件的应急处置程序和处置措施。相关吊装指挥的信号如图 5-1 所示。

3. 作业安全要求

（1）吊装现场要明确现场指挥人员，对参与作业人员进行具体分工。

（2）吊装前，要确认吊装作业现场没有未断电的高压线路、大雾、雷雨或六级（阵风风速大于 10.8m/s）及以上大风，现场视线清晰。

（3）非常规、临时或改变日常吊装方式时，应按《海外钻修井队作业前安全分析实施规范》开展作业前安全分析，并按《海外钻修井队作业许可实施规范》的流程办理作业许可，并填写"吊装作业许可确认单"，见表5-12。

图 5-1　吊装指挥信号

表 5-12　吊装作业许可确认表

项　目	是	否	无	项　目	是	否	无
1.吊装准备	☐	☐	☐	是否已清楚货物的规格尺寸及重心	☐	☐	☐
是否已核实货物准确重量	☐	☐	☐				
是否已考虑吊装附件引起起吊重量增加	☐	☐	☐	是否已明确货物的捆绑和固定方式	☐	☐	☐
吊装角度是否适合（考虑货物最差角度）	☐	☐	☐	是否已制定吊挂货物的方法	☐	☐	☐
				货物支撑物是否合适	☐	☐	☐
是否符合起重机额定载荷	☐	☐	☐	是否明确货物吊运路线	☐	☐	☐
检查作业人员是否经过培训	☐	☐	☐	是否明确如何运输货物	☐	☐	☐
是否已按规定对起重机进行了各类检查和维护	☐	☐	☐	是否明确货物放置地点	☐	☐	☐
				是否考虑货物吊装时的平衡方法	☐	☐	☐
已核实吊索具及其附件满足吊装能力需要	☐	☐	☐	是否需要引绳（或拉钩）	☐	☐	☐
				是否需要货物缓冲防震保护	☐	☐	☐
已检查吊索具及其附件有无缺陷	☐	☐	☐	是否已考虑强风下操作的货物稳定措施	☐	☐	☐

续表

项 目	是	否	无	项 目	是	否	无
是否是带有突出物的货物	□	□	□	是否已明确指挥信号	□	□	□
2. 吊装区域	□	□	□	是否已明确唯一的吊装指挥人员	□	□	□
是否需要路障和警告标志	□	□	□				
是否需要梯子或脚手架	□	□	□	吊装指挥人员是否持证上岗	□	□	□
设障区域是否涵盖货物旋转半径	□	□	□	确认起重机已进行日常检查	□	□	□
				支腿处的地面是否平整、坚实	□	□	□
是否已考虑辅助工具和设备	□	□	□	支腿支撑加固措施是否落实	□	□	□
货物吊装、移动过程中是否有障碍	□	□	□	天气情况是否适合吊装	□	□	□
				是否确认已落实应急措施	□	□	□
3. 起重机及人员	□	□	□	4. 关键性吊装作业	□	□	□
是否已确定作业人员的任务	□	□	□	是否已制定关键性吊装作业计划	□	□	□
是否已确定吊装作业负责人	□	□	□				
起重司机的身体和心理状况良好	□	□	□	是否已指定监护人员	□	□	□
起重司机是否持证上岗	□	□	□	是否确认操作区域附近的电线及防护措施	□	□	□
起重机操作室中能否清楚看到指挥信号	□	□	□	是否确认操作区域附近的管道及防护措施	□	□	□
起重司机是否有克服吊装盲点的措施	□	□	□	5. 其他（请注明）：	□	□	□
					□	□	□
是否需要无线电通信工具	□	□	□		□	□	□
是否对相关人员进行吊装计划交底培训	□	□	□		□	□	□
					□	□	□

作业申请人： 许可批准人：

注：满足，"是"打"√"；不满足，"否"打"√"；与本次吊装无关，"无"打"√"。

非常规、临时或改变日常吊装方式吊装作业包括但不限于：

① 钻修井作业过程中临时使用吊车吊装 1t 以上物体的吊装作业；

② 超过 30t 大型设备的吊运作业；

③ 距离高压线垂直投影 10m 以内的设备吊装作业。

（4）吊车司机应对作业现场、机械安全装置、控制机构等进行检查，保证吊装机械性能完好，吊车支脚下应垫支撑板，增大受力面积，并进行试运转。

（5）司索人员应按照吊装方案要求正确选择与被起吊物的形状、结构和重量相适宜的吊具、索具及起吊点，并对吊具与索具进行认真检查。

（6）应对绳、链等索具所经过的棱角、快口、利边处加衬垫，对散物件的捆扎应结实、牢固。

（7）拴系吊装索具时，应确保索具之间的夹角不大于120°，特殊物件应选用专用吊具。

（8）需要直立吊运长物件时，如果采用上下两个吊点，则下吊点绳套应使用备绳或其他方式固定，防止绳套上移滑脱。

（9）应对体积超过 5m³ 或长度超过 10m 或质量超过 0.5t 或在高压线附近吊运的物件加牵引绳，保持物件平衡。长件应采用两头拴系方式拴好引绳。

（10）所有作业人员都应避开吊臂移动、物件摆动或物件可能脱落的危险区域。

（11）指挥人员应站到与吊车司机和物件三者之间视线清楚的位置，当不能同时看见吊车司机和物件时，应站到能看见吊车司机的一侧，并增设一名指挥人员传递信号。

（12）刚开始指挥起吊物件时，应先用微动信号指挥，待物件离开地面10~20cm 时停止起升，停留60s 进行试吊，经确认安全可靠后，方可用正常起升信号指挥物件上升。

（13）吊车司机在试吊过程中，发现物件重量达到吊车工况允许载荷75%及以上时，应拒绝起吊。

（14）吊车司机实施每个操作动作前，应发出警示信号，并随时观察作业环境周围的人、物等，避免发生磕碰等伤害事故。

（15）物件起吊后，应采用牵引绳对吊物方向进行调整。

（16）起吊物件就位时，在无法保证安全距离或在高压线附近作业时，任何人不得用手或身体的任何部位接触物件。

（17）在吊运过程中，吊车司机应服从任何人发出的紧急停止信号。

（18）遇有突发情况（停电、吊装机故障等），应在吊物下方及吊车周围设置警戒区域，防止他人误入危险区。

二、钢丝绳与吊带使用

（1）吊索具必须由整根绳索制成，环形吊索只允许有一处接头，其他索具中间不得有接头，钢丝绳不得用插接、打结或绳卡固定等方式连接。

（2）不得使用无标准、无设计或自行制作的吊索具。

（3）在使用钢丝绳套或吊带时，应直接将其挂入吊钩的受力中心位置，不得挂在钩尖部位或在吊钩上缠绕拴扣。

（4）在同一个吊钩上使用多根吊索时，各根吊索的材质、结构尺寸、端部配件等性能应一致，起吊时不得重叠、交叉、打拧或相互挤压，且绳索间的夹角不得大于120°。

（5）应选用适用长度和载荷的索具，索具不得连接加长使用或在吊装过程中单根绳索对折使用，索具的额定载荷必须大于被吊重物作用于该索具上的分力。

（6）吊索具不得用于捆绑紧固、拖拽牵引等非吊装用途。

（7）吊索具严禁超负荷使用，不得损坏吊索具，必要时在棱角处加衬垫进行防护。

（8）不得采用锤击的方法纠正已扭曲的吊索具。

（9）吊索具使用后，现场作业负责人应指派专人立即清除吊索具上残留污物，认真检查，达到报废标准的，应及时销毁隔离，不得再次使用。

（10）使用铝合金压制接头钢丝绳时，其金属套管不应受径向力或弯矩作用。

（11）不能使用有焊接疤痕的钢丝绳，钢丝绳吊索不能用作电焊搭接线。

（12）钢丝绳提升重物时，应符合下列要求：

① 吊索分支无任何结扣的可能性；

② 吊索弯折曲率半径大于钢丝绳公称直径的2倍；

③ 吊索终端索眼、套管及其配件应安全可靠，使用中索具本身自然形成的扭结角不得受挤压。

（13）纤维吊带应防止纤维受到机械损伤，不得与被吊物的锐边、粗糙表面接触或摩擦生热。

（14）纤维吊带不得在地面拖拽摩擦。当使用潮湿纤维吊带时，其极限工作载荷应减少15%。

（15）各类纤维吊带不得接触酸、碱和有机溶剂等腐蚀介质，如果受腐蚀性介质污染后，应及时用清水冲洗，潮湿后不得加热烘干，只能在自然循环空气中晾干。

（16）纤维吊带不得在有热源、焊接作业场所使用。

三、吊钩和卸扣的使用

（1）吊钩和卸扣表面应当保持光滑，不得有裂纹、折叠、锐角、过烧等缺陷。

（2）吊钩和卸扣内部不得有裂纹和影响安全使用的缺陷，不得在吊钩上钻孔或焊接。

（3）吊钩和卸扣和耳板每年至少进行 1 次探伤检测。

（4）吊钩和卸扣不得焊接在被吊物上使用。

（5）现场使用的卸扣必须是四部件组合，使用卸扣时确保力的作用点在卸扣本身的弯曲部分和横销上。

（6）卸扣不用时，应将其横销的螺纹部分涂油防锈。

（7）与卸扣销轴连接接触的吊物耳板及其他索具配件的厚度应不小于销轴直径。

（8）卸扣正确的安装方式应当是力的作用点在卸扣本身的弯曲部分和横销上。

（9）卸扣不得超负荷使用。在起重作业中，可按标准查取卸扣号码及许用负荷直接选用卸扣。

（10）环眼吊钩应设有防止吊重意外脱钩的闭锁装置，其他吊钩宜设该装置。

（11）"C"形吊钩应能保证在承载和空载时保持平衡状态，多连"C"形吊钩的间距应能调节。

四、提丝的使用要求

（1）提丝扣型必须与被吊管材、工具的扣型一致。

（2）提丝本体不得有裂纹，不得砸提丝提环，每年至少进行 1 次探伤检验。

（3）提丝吊起管材工具前必须紧扣。

（4）用提丝吊重物时，吊钩必须有自旋转装置，防止提丝倒扣。

思考题

（1）对参与吊装作业的人员有哪些安全要求？

（2）吊装作业中吊车司机应注意哪些安全事项？

（3）使用钢丝绳前后应注意哪些事项？

（4）吊钩使用前应做哪些检查检测？

（5）使用提丝应注意哪些事项？

第十节　高处作业

学习目标

（1）了解高处作业定义、作业活动；

（2）熟悉高处作业许可管理等安全管理要求；

（3）熟悉高处作业安全防护设施配备、使用、检查；

（4）掌握高处作业控制过程、劳动保护和特殊情况。

一、高处作业的定义、作业活动

高处作业是指距坠落高度基准面 2m 及以上有可能坠落的高处进行的作业。坠落高度基准面是指可能坠落范围内最低处的水平面。

海外钻修井队高处作业活动主要包括但不仅限于以下项目：

（1）钻井高处作业项目包括：更换起井架大绳作业、更换天车滑轮组作业、更换天车快轮作业、安装顶驱作业、更换绞车钢丝绳作业、更换井架照明灯作业、液气分离器高处检维修作业、首次上井架作业（包括新安装、新上岗、复工、实习人员）、顶驱设备保养、检维修作业、处理大绳跳槽作业、穿心打捞安装天滑轮作业、更换水龙带和鹅颈管作业、焊接立管作业、更换大钳吊绳作业、更换防坠落差速器作业、使用吊篮作业和摘（挂）起架大绳等作业。

（2）井下高处作业项目包括：天车滑轮大绳跳槽处理、安装二层台护栏、维修井架等、拆装井架销子、更换水龙带作业（含鹅颈管水龙带活接头刺）、砸驴头销子作业、抽汲井架包围布、高压管线与压裂井口法兰盘连接作业、试井作业（安装、拆卸防喷管作业，仪器放进、取出防喷管作业）、连续油管插管等作业。

（3）固井高处作业项目包括：立式罐顶部及高架棚焊接作业、立式罐顶部检维修、尾管回接、接水泥头及水泥头操作等作业。

（4）录井高处作业项目包括：电路检维修作业、远程传输通信天线、摄像头安装调试、液压或顶丝扭矩传感器安装、维修、靶式出口流量传感器安装、维修等作业。

（5）测井高处作业项目包括：记号井井架保养除锈作业。

（6）安装、拆卸防喷器组、更换防喷器闸板等作业。

二、高处作业许可

（1）高处作业实行作业许可管理，具体实施流程执行《海外钻修井队作业许可实施规范》的要求。各单位根据作业的高度、风险、事故后果，制定"高处作业许可项目清单"，明确作业审批权限和风险控制措施等内容。坠落防护安全检查清单见表5-13。

（2）同一作业地点执行的多频次，且作业内容相同的高处作业可实行一次高处作业审批。高处作业许可证见表5-14。

（3）常规的已有岗位操作规程的高处作业如钻进或起下钻时井架工在二层台正常的作业活动可以不办理作业许可。

表5-13　坠落防护安全检查清单

编号：

安全措施		
□物理条件满足要求 □劳保要求 □安全带扣 □高度超过30m提供对讲机通信 □其他措施_____	□工具箱 □工具尾绳 □安全范围，警戒线和夜间警示灯 □工作地点照明性能保证 □员工培训 □应急方案或急救措施	□垂直分层工作面彼此隔离 □梯子满足安全要求 □支承板建立在非承载对象上 □员工意识下跌的风险
坠落保护设施		
锚点： □位置正确 □独立于工作表面 □抓力>2268kg/人 □锚固点数量足够 □固定满足"高挂低用" □为第一次使用上下保护	垂直吊绳： □强度>2268kg □不用于平衡 □没有接触锋利面 □侧向摆动保护 □连接/断开保护 □其他_____	水平吊绳： □由专业人士设计 □吊绳满足人员数量 □特定锚点 □初始松动 □不受磨损 □钢滑块和紧固件
防喷器缓降器： □配合救生绳 □提供切换杆 □安装到正确的方向 □提供自锁装置 □定期检查 □其他_____	安全绳： □不得长于1.8m □锚固点高过肩部 □可手动调整 □双重保护功能 □提供减震器	速差自控器： □经过培训 □锚固点高过头部 □有计划的维护和检查 □正确拼接 □其他_____

续表

钩锁： □双重锁定 □固定在 D 型环/吊换螺栓/其他五金固件/ □弹簧钩布置正确，不会互相连接在一起 □压力/磨损/变形/灵活性检查 □其他_____ □与制造商用可接受的方式保持联系	全身式安全带： □系带、安全绳无切割、破裂危险 □安全绳无过度拉伸 □无高温、腐蚀、溶剂引起的损坏 □自动锁扣无变形、磨损 □板扣活动自由、无锈蚀 □弹簧无疲劳、断裂、异位 □D 型扣无变形、破裂、损坏 □经过培训 □定期检查 □无尼龙轴承连接	其他 □下降空间 □应急方案或救援计划 □下降和摆动风险已经消除 □其他_____

确认人：　　　　　　　　　　保存期限：1 年

表 5-14　高处作业许可证（式样）

作业单位		工作区域	
工作内容描述：			
附件：工作安全分析表必须√　　能量隔离方案　必须□　不需□　　其他			
有效期：从____年____月____日____时____分到____年____月____日____时____分			
安全措施（申请人根据工作安全分析所制定的措施及相关规定在"必须"或"不需"对应的□打√，批准人现场确认"必须"的安全措施落实后在对应"完成"栏打√）			
防护措施　必须　不需完成	防护措施　必须　不需完成	防护措施　必须　不需完成	
作业人员培训交底√　　□	携带工具袋　　√　　□	梯子符合安全要求　□□□	
佩戴安全带　　√　　□	安全帽　　　　□□□	搭设承重板　　　　□□□	
配备通信工具　□□□	夜间警示灯　　□□□	其他：□□□	
配置监护人　　□□□	夜间照明充足　□□□	其他：□□□	
垂直作业中间设置隔离√　□	设置围栏、警戒带□□□	其他：□□□	
坠落防护装置（符合打"√"，不符合打"×"，没有打"—"）			
锚固点 □高度适当　□承载能力	救生索 □强度≥2268kg□用索人员限制_____人 □无刃口接触、无磨损		
差速器 □与救生索匹配□安装方向正确 □在可用状态□自锁装置可靠	全身式安全带 □系索长度≤2m□双系索□连接部件齐全□系索可手动调节 □铁索无磨损变形□型索无损坏或变形		
其他事项：			
许可证的签批：			

本人已组织相关作业人员进行了工作安全分析，并针对本次作业的危害制定和落实了安全措施 申请人： 年 月 日 时 分	本人已对该项作业的主要危害及危害预防和控制措施的针对性、有效性进行了确认，并对作业现场的相关措施的落实情况进行了检查，确认符合安全作业条件 安全监督： 批准人： 年 月 日 时 分		
许可证的延期：（如果延期，须在工作许可证失效前办理新的许可证或延期，延期不超过一个班次）			
延期有效期：从___年___月___日___时___分到___年___月___日___时___分			
申请人：	批准人：		
受影响相关方：			
已确认工作对本单位的影响，将对此项工作给予关注，并和相关各方保持联系	单位：		确认人：
	单位：		确认人：
许可证的关闭：			
工作结束，并已检查确认作业现场无安全隐患，申请关闭 申请人： 年 月 日 时 分	已检查确认，同意关闭 安全监督： 批准人： 年 月 日 时 分		
许可证的取消：			
因以下原因，此许可证取消：	提出人：年 月 日 时 分 批准人：年 月 日 时 分		

三、具体要求

1. 基本要求

（1）高处作业应办理高处作业许可证，无有效的高处作业许可证严禁作业。对于频繁、常规的高处作业活动，如钻井（井下）上下钻台、二层台及在二层台进行起下钻或检维保作业等，在有操作规程或方案，且风险得到全面识别和有效控制的前提下，可不办理高处作业许可。

（2）高处作业人员应经过专业技术培训，取得《特种作业操作证》（高处作业）。不需要办理许可的作业，作业人员包含有首次上井架（包括新安装、新上岗、复工）、实习人员的，必须声明，现场进行针对性安全教育。

（3）患高血压、心脏病、贫血病、癫痫病、严重关节炎、手脚残废等职业禁忌证，饮酒或服用嗜睡、兴奋等药物的人员及年老体弱、疲劳过度、视力不佳等其他不适于高处作业的人员不得从事高处作业。

（4）在30℃以上高温环境下的高处作业应进行轮换作业。

（5）高处作业人员应按规定正确穿戴个人防护装备，并正确使用登高器具和设备。

（6）作业人员应按规定系用与作业内容相适应的安全带。安全带应高挂低用，下方要有足够的净空，不得系挂在移动、不牢固的物件上或有尖锐棱角的部位，系挂后应检查安全带扣环是否扣牢。

（7）作业人员应沿着通道、梯子等指定的路线上下，并采取有效的安全措施。作业点下方应设安全警戒区，应有明显警戒标志，并设专人监护。无固定通道的高处作业，如使用载人绞车进行的高处作业等情况，在到达工作位置前，需要使用两根安全绳对作业人员实施位置控制，严禁使用单安全绳。

（8）高处作业禁止投掷工具、材料和杂物等，工具应采取防坠落措施，作业人员上下时手中不得持物。所用材料、工具应平稳放置，不妨碍通行。

（9）梯子使用前应检查结构是否牢固。禁止踏在梯子顶端工作。同一架梯子只允许一个人在上面工作，不准带人移动梯子。

（10）禁止在不牢固的结构物上进行作业，作业人员禁止在平台、孔洞边缘、通道或安全网内等高处作业处休息。

（11）高处作业与其他作业交叉进行时，应按指定的路线上下，尽量避免上下垂直作业。如果需要垂直作业时，应采取可靠的隔离措施。

（12）高处作业应与架空电线保持安全距离。夜间高处作业应有充足的照明，高处作业人员应与地面保持联系，根据现场需要配备必要的联络工具，并指定专人负责联系。

（13）因作业需要临时拆除或变动高处作业的安全防护设施时，应经作业申请人和作业批准人同意，并采取相应的措施，作业后应立即恢复。

（14）钻井（井下）平台、二层平台和天车台面应清洁完整，护栏安装齐全牢靠，平台、井架人梯应安装牢靠；井架爬梯应安装合格的直梯攀升保护器（或防坠器），直梯攀升保护器（或防坠器）至少一侧通到天车；二层平台应安装双向逃生装置，并定期检查保养。

（15）钻井防喷器上端、钻台下方，应配置2套防坠器。二层台应在合适的位置安装生命线，并至少安装1套防坠器。液气分离器顶端应在合适位置安装1套防坠器。

2. 实施

（1）高处作业实施前，作业负责人必须对作业人员进行安全交底，明确作业风险和作业要求，作业人员应按照高处作业许可证的要求进行作业。

（2）高处作业过程中，作业监护人应对高处作业实施全过程现场监护，严禁无监护人作业。

（3）现场负责人应组织作业人员对现场安全状况（防护栏、栏板、安全网或垫脚板、梯子、扶手及操作者的安全帽、安全带、保险绳索等）进行全面检查，明确作业及监护人员的工作内容、程序和联系方法。

（4）钻井、井下作业单位在使用吊篮进行高处作业时严格执行吊篮使用操作规程，且安全带不得挂在吊篮上。

（5）钻井、井下井架工在攀爬井架时，应系上直梯攀升保护器（或防坠器）。

（6）当使用吊篮或载人绞车进行钻修井高处作业时，要求如下：

① 应定期检查起重机、载人绞车钢丝绳和制动性能和吊钩、吊篮安全性，以确保设备设施完整性；

② 作业人员乘坐吊篮要挂全身式安全带，肢体不得放置在任何容易造成撞击或挤压的位置如篮子边缘；

③ 作业人员使用升降绳时，应将安全带的尾绳与防坠装置连接起来；

④ 起动、起重，牵引绳由专人控制，避免通过吊篮、人旋转或碰撞其他物体；

⑤ 起重机、载人绞车应以平稳、匀速的方式操作，匀速缓慢向上或向下升降，严禁任何突然的升降；

⑥ 起重机、载人绞车必须上锁，专人制动，在操作过程中，每个篮子可以最多携带两个人，使用对讲机通信，在确认安全的前提下上下吊篮。

（7）在进行钻井水龙带更换和顶驱检维修这类暂时的、非常规的或缺乏程序控制的工作时，应适时进行工作前安全分析，制定相应的风险消减和控制措施，并填写高处作业许可证确认后方可实施现场作业。

（8）多个单位共同作业时，作业现场由总承包单位指定一名负责人，组织制定安全防范措施，及时向相关方进行安全教育和技术交底，并组织落实。

（9）高处作业结束后，作业人员应清理作业现场，将作业使用的工具、拆卸下的物件、余料和废料清理运走。现场确认无隐患后，作业申请人和作业批准人在高处作业许可证上签字，关闭作业许可，并通知相关方。

3. 特殊情况高处作业

（1）高处动火作业、进入受限空间内的高处作业、高处临时用电等除执行本办法的相关规定外，还应满足动火作业、进入受限空间作业、临时用电作业安全管理等相关要求。

（2）六级以上大风和雷电、暴雨、大雾等气象条件下，严禁进行露天高处作业。

（3）紧急情况下的应急抢险所涉及的高处作业，遵循应急管理程序，确保风险控制措施落实到位。

思考题

（1）钻井队日常工作中有哪些方面的高处作业？

（2）哪些高处作业可以不办理作业许可？

（3）高处作业人员使用安全带应注意哪些事项？

（4）全身式安全带使用前，应检查哪些部件？

第十一节　进入受限空间作业

学习目标

（1）了解进入受限空间作业定义和范围；

（2）熟悉受限空间作业基本原则和要求；

（3）熟悉进入受限空间作业作业前准备、作业实施。

一、进入受限空间作业的定义

进入受限空间作业是指在生产或施工作业区域内进入炉、塔、罐、沟、坑、井、池、涵洞等封闭或半封闭，且有中毒、窒息、火灾、爆炸、坍塌、触电等危害的空间或场所的作业。在钻修井现场受限空间作业主要是清洗钻井液罐、油罐、方井内作业。

二、基本原则和要求

（1）尽量避免受限空间作业，在没有其他切实可行的方法完成工作任务时，才考虑进入受限空间；从事受限空间作业的钻修井队应组织制定受限空间作业的安全措施方案。

（2）进入受限空间前，应按照《海外钻修井队工作前安全分析实施规范》要求组织开展工作前安全分析，辨识危害因素，评估潜在风险，并采取控制措施。

（3）所有受限空间作业应实行作业许可管理，具体执行《海外钻修井队作业许可实施规范》，受限空间作业许可模板见附录。

（4）受限空间作业前，钻修井队应按要求配备劳动防护用品和个人安全防护装备，制定风险控制措施，使风险降低至可接受的水平。

（5）应针对受限空间作业制订作业计划和救援措施。

（6）进入受限空间前，凡与进入受限空间相关的人员都应接受培训；现场必须明确作业人员和监护人员以及各自工作职责与任务。

（7）作业现场应对作业区域进行辨识，建立受限空间清单。在受限空间区域设置警示标识，包括"危险不得进入"和"必须经授权才允许进入"等警示标识。

（8）受限空间作业时，应将以下相关文件存放在现场：

——受限空间作业许可证（表5-15）及其他相关的作业许可证；

——受限空间救援措施。

（9）对于送外检修的钻井液罐、钻井液池、水泥罐、污水罐等，应以书面方式向承修单位告之受限空间可能存在的安全危害。

表5-15　受限空间作业许可证（式样）

进入工作描述			
施工单位：		受影响相关方：	
有效期：从　年　月　日到　年　月　日			
作业类型			
□焊接	□压力吹扫	□撞击	□挖掘
□燃烧	□切削	□用电	□明火
□打磨	□喷涂	□钻孔	□其他
危害识别			
□易燃性物质	□有毒有害物质	□惰性气体	□高压介质
□触电	□噪声	□火花/静电	□旋转设备
□（机械）能量集聚	□蒸汽	□淹没/掩埋	□辐射
□空间内活动受限	□坠落/滑跌	□坍塌	□其他
技术措施			
设备隔离	设备清理	用电	防火
□停止传送	□蒸煮	□断开电路	□水源与输送
□断开或盲板隔离	□吹扫置换	□防爆设备、工具	□阻燃毯
□张贴警告标志	□化学清理	□工具、照明的安全电压	□灭火器
□设置警戒	□清污	□接地和漏电保护	□防火服

续表

□临近作业危险	□泄漏检测	□绝缘工具	□消防车
□其他	□其他	□其他	□其他
预防措施			
□通风设施	□冲淋设施	□安全带	□防尘面具
□橡胶手套	□空气呼吸器	□护耳、耳塞	□连在入口点的救生索
□声光报警器	□通信设备	□检测仪	□其他
气体检测			
检测时间			
检测位置			
氧气检测浓度,%			
可燃气体浓度 LEL,%（ ）			
有毒气体浓度,%（ ）			
本人确认工作开始前气体检测合格		检测人签字：	作业人员签字：
工作过程中气体检测要求（位置、频次,另附气体检测记录表）：			
作业人员和监护人签名			
签名表明本人已阅读许可并且确信所有条件都满足			
作业人员：			
监护人：			
许可证的签批			
本人在作业开始前,已同作业区域负责人（批准人）讨论了该作业及相关的安全计划,并对作业内容进行了检查,该作业许可证的安全措施已落实	申请人（作业人员）： 年　月　日　时		
本人已同申请人（作业人员）讨论了该作业及安全计划,并对作业内容进行了检查,我对本作业及作业人员的安全负责	批准人： 年　月　日　时		
受影响相关部门共同签署			
本人确认收到许可证,了解作业对本部门的影响,将安排人员对此项作业给予关注,并和各相关方保持联系	部门：　　　　确认人： 部门：　　　　确认人：		
许可证的延期（本许可证有效期为一个工作班次,如超过期限需延续,许可证应延期）			
本许可证是否可以延期□是□否			
如果是,本许可证最长可延期至：年　　月　　日　　时			

许可证的关闭		
工作结束，已经确认现场没有遗留任何安全隐患，许可证关闭	申请人（作业人员）： 年 月 日 时	批准人： 年 月 日 时
许可证的取消		
因以下原因，此许可证取消：	批准人： 年 月 日 时	

三、作业前准备

1. 隔离

受限空间作业前应隔离相关能源和物料的外部来源，与其相连的附属管道应断开或盲板隔离，相关设备应在机械上和电气上被隔离并上锁挂牌。同时按清单内容逐项检查隔离措施并作为许可证的附件。在有放射源的受限空间内作业，作业前应对放射源进行屏蔽处理。

2. 清理、清洗

清理、清洗受限空间的方式包括但不限于：

——清空；

——清扫，如冲洗、蒸煮、洗涤和漂洗；

——中和危害物；

——置换，如通风、注水、惰性气体置换。

3. 气体检测

1）检测要求

（1）凡在受限空间内有可能存在缺氧、富氧、有毒有害气体（如硫化氢）、易燃易爆气体（如氢气、甲烷）、粉尘等，作业前应进行气体检测，注明检测时间和结果。如作业中断，再进入前应重新进行气体检测。

（2）受限空间作业期间，气体环境可能会随时发生变化，应对气体进行连续、不间断性监测。检测仪器应安装在工作位置附近，便于监护人和作业人员看见或听见。

（3）检测人员需进行专业培训，只有经过培训合格的人员才能检测；作业人员要经过检测仪器使用培训；用于检测受限空间气体的检测仪器应在校验有效期内，每次使用前后，应检查检测仪器是否处于正常工作状态。

（4）需要进入受限空间内进行检测时，应佩戴相关的防护设备和劳动用品方可进入。

2）检测标准

（1）受限空间内外的氧浓度应一致。若不一致，在授权进入空间之前，应确定偏差的原因，氧浓度应保持在 19.5%~23.5%。

（2）不论是否有焊接、敲击等，受限空间内易燃易爆气体或液体挥发物的浓度都应满足以下条件：

——当爆炸下限≥4%时，浓度<0.5%（体积百分比）；

——当爆炸下限<4%时，浓度<0.2%（体积百分比）；

——空间内有毒有害物质含量不得超过 GBZ 2.1—2019《工作场所有害因素职业接触限值　第 1 部分：化学有害因素》中的规定值。

（3）上述如有一项不合格，不得进入或应立即停止作业。

四、作业中实施

1. 监护

（1）专人监护，不得在无监护人的情况下作业。监护人和作业人员应明确联络方式并始终保持有效的沟通。

（2）进入狭小空间作业，作业人员应系安全可靠的保护绳，监护人可通过系在作业人员身上的绳子进行沟通联络。

2. 通风

（1）空气流通和人员呼吸需要，可自然通风，必要时应采取强制通风，严禁向受限空间通纯氧。进入期间的通风不能代替进入之前的吹扫工作。若使用空气抽吸（即负压排气），应尽可能抽取远离工作区域的空气。

（2）如空间特别狭小，环境极其恶劣等，作业人员应佩戴正压式空气呼吸器或长管呼吸器。佩戴长管呼吸器时，应仔细检查气密性，并采取相应的固定措施，防止通气长管被挤压；吸气口应置于新鲜空气的上风口，并有专人监护。

3. 照明及电气

（1）足够的照明，照明灯具应符合防爆要求。使用手持电动工具应有漏电保护装置。

（2）照明应使用安全特低电压，行灯电压不应大于 36V。在高温或潮湿场所，行灯电压不应大于 24V 的安全行灯。金属设备内和特别潮湿作业场所作业，其安全灯电压应不大于 12V 且绝缘良好。

（3）盛装爆炸性液体、气体等介质的，应使用防爆电筒或电压不大于

12V 的防爆安全行灯，行灯变压器不应放在容器内或容器上。作业人员应穿戴防静电服装，使用防爆工具、机具。

4. 静电防护

应对受限空间内或其周围的设备接地，并进行检测。接地电阻值应小于 10Ω。

5. 受限空间内设备

受限空间内阻碍人员移动、对作业人员造成危害、影响救援的设备（如搅拌器等），应采取固定或其他相应措施，必要时移出受限空间。

6. 工具、材料清点

受限空间作业的工具、材料要登记，作业结束后应清点，以防遗留在作业现场。

7. 个人防护装备

根据受限空间内中存在的风险种类和风险程度，依据相关防护标准，配备个人防护装备并正确穿戴。

8. 防坠落、防滑跌

受限空间内可能会出现坠落或滑跌，应特别注意受限空间中的工作面（包括残留物、工作物料或设备）和到达工作面的路径，并制定预防坠落或滑跌等其他相应的安全措施。

9. 防误入

受限空间一旦打开，应在可能的入口处设置警示牌或实物障碍，以避免误入事件发生。

10. 应急措施

（1）作业人员均应佩戴安全带、救生索和安全防护设备以便救援，除非该装备可能会阻碍救援或产生更大的危害。

（2）作业单位成立救援组或寻求外部救援。

（3）救援组准确辨识受限空间的危害，比如受限空间内的有毒有害气体、内部结构等。

（4）用于救援的装备应在进入口（点）或位于其附近，救援人员的个人防护装备配备到位且所有人员都能正确使用。

（5）确定救援的方法时应考虑危险的特性、任何要避免的危害因素和救援组可能面临的一切伤害等。

五、作业后恢复

作业完成后，经批准人与作业人员现场验收合格、确认无安全隐患和遗留物后，双方签字，关闭作业。

思考题

（1）钻修井队有哪些作业属于进入受限空间作业？
（2）进入受限空间作业前应做好哪些准备工作？
（3）进入受限空间作业气体检测应注意哪些要求？
（4）进入受限空间作业应急救援时有哪些注意事项？

第十二节　动火作业

学习目标

（1）了解动火作业的定义和范围；
（2）熟悉动火作业的基本原则和要求；
（3）熟悉动火作业作业前准备、作业实施。

一、动火作业的定义

1. 动火作业

能直接或间接产生明火的临时作业（也称热工作业、Hot Work）。工业动火包括在油气、易燃易爆危险区域内和油气容器、管线、设备或盛装过易燃易爆物品的容器上，从事任何能直接或间接产生热和火花的工作，如：焊接气割、燃烧、研磨、打磨、钻孔、破碎、锤击及使用不具备本质安全的电气设备和内燃发动机设备。

2. 动火作业人

动火作业人是动火作业的具体操作者。

3. 动火申请人

动火申请人是填写动火作业许可证，并向批准人提出工作申请的作业单位现场作业负责人。

4. 动火批准人或授权人

负责审批动火作业许可证的责任人或其授权人，是有权利提供、调配、协调风险控制资源的人员，通常是单位主管领导、业务主管、区域（作业区、车间、站、队、库）负责人、项目负责人等。

5. 动火监护人

动火监护人指经过安全培训，在作业现场对动火作业过程实施安全监护的指定人员。动火监护人由作业方指定的人员担任。

6. 动火监督人

动火监督人是对动火作业人和动火监护人及现场安全情况实施监督检查的人。动火监督人由批准人指定的人员担任。

7. 规定场所

规定场所是指满足设计要求、为动火作业设置的固定场所，如点火坑、实验室、专门的维修场所、锅炉及焚烧炉等。

二、管理要求

1. 基本要求

（1）工业动火实行作业许可，除在规定的场所外，在任何时间、地点进行动火作业时，应办理动火作业许可证。

（2）动火作业前，应辨识危害因素，进行风险评估，采取安全措施，必要时编制安全工作方案。

（3）如未办理工业动火作业许可、未落实安全措施或安全工作方案、未安排现场动火监护人以及安全工作方案有变动但未经批准的，禁止动火。

（4）工业动火作业许可证是动火现场的操作依据，只限在同类介质、同一设备（管线）、同一作业地点、指定的措施和时间范围内使用，不得涂改、代签。

（5）在运行状态的生产作业区域内，凡能拆卸的动火部件，在不影响生产的情况下优先选择将动火部件拆移到安全地点动火。

（6）在带有可燃、有毒介质的容器、设备和管线上不允许动火。确属生产需要动火时，应制定可靠的安全工作方案及应急预案后方可动火。

（7）工业动火作业许可证有效期不得超过一个班次。

（8）如果动火作业中断超过 30min，继续动火前，动火作业人、动火监护人应重新确认安全条件。

（9）各单位可结合实际情况，对动火作业实行分级管理。

2. 作业前准备

1）风险评估

申请动火作业前，作业单位应针对动火作业内容、作业环境、作业人员资质等方面进行风险评估，根据风险评估的结果制定相应安全措施。

风险评估应包括但不限于以下几个方面：

（1）作业过程中火灾和爆炸的潜在危险分析和控制措施；

（2）作业人员的工作习惯、经验、资质及能力；

（3）作业和安全设备设施完整性；

（4）管线、设备、涵洞等可能含有的结垢、重质液体、淤浆、固体物（如催化剂等）或残余液体、残余易燃气体、残余蒸发气等易燃可燃物质；

（5）受影响的区域，包括临近的其他作业和人员、周围环境、系统管线、涵洞、地沟、地漏、下水井及设备材料等；

（6）室外动火应注意风速、风向，施工场地周围是否有可燃物，以及对点火精度做出要求（点火后的可控制范围及可燃气的挥发范围），作业人员可能面临的风险及劳动保护用品穿着的要求等。

2）系统隔离

（1）动火施工区域应设置警戒，严禁与动火作业无关人员和车辆进入动火区域，必要时动火现场应配备消防车及医疗救护设备和器材。

（2）与动火点相连的管线应进行可靠的隔离、封堵或拆除处理。动火前应首先切断物料来源并加盲板或断开，经彻底吹扫、清洗、置换后，打开人孔，通风换气。

（3）与动火直接有关的阀门、设备应上锁挂牌，标明状态，由生产单位安排专人操作和监护。

（4）储存氧气的容器、管道、设备应与动火点隔绝（加盲板），动火前应进行置换，保证系统氧含量不大于23.5%（体积百分比）。

（5）距离动火点30m内不准有液态烃或低闪点油品泄漏；半径15m内不准有其他可燃物泄漏和暴露；距动火点10m内所有的漏斗、排水口、各类井口、排气管、管道、地沟等应封严盖实。

3）可燃气体检测

（1）动火前气体检测时间距动火时间不应超过30min。安全措施或安全工作方案中应规定动火过程中的气体检测时间和频次。在动火作业过程中，按规定的气体检测时间和频次进行检测，填写检测记录，注明检测的时间和检测结果。

（2）动火作业前，应对作业区域或动火点可燃气体浓度进行检测，使用便携式可燃气体报警仪或其他类似手段进行分析时，被测的可燃气体或可燃液体蒸气浓度应小于其与空气混合爆炸下限的 10%（LEL）。使用色谱分析等分析手段时，被测的可燃气体或可燃液体蒸气的爆炸下限大于等于 4%（体积百分比）时，其被测浓度应小于 0.5%；当被测的可燃气体或可燃液体蒸气的爆炸下限小于 4% 时，其被测浓度应小于 0.2%（体积百分比）。

（3）需要动火的塔、罐、容器、槽车等设备和管线，清洗、置换、通风后，要检测可燃气体、有毒有害气体、氧气浓度，达到许可作业浓度才能进行动火作业。

（4）气体检测的位置和所采的样品应具有代表性（容积大的应多处采样，根据介质与空气相对密度的大小确定采样重点应在上方还是下方），必要时分析样品（采样分析）应保留到动火结束。

（5）用于检测气体的检测仪应在校验有效期内，并在每次使用前与其他同类型检测仪进行比对检查，以确定其处于正常工作状态。

3. 实施动火作业

（1）动火作业过程中应严格按照安全措施或安全工作方案的要求进行作业。

（2）动火作业人员在动火点的上风作业，应位于避开油气流可能喷射和封堵物射出的方位。特殊情况，应采取围隔作业并控制火花飞溅。

（3）动火现场各种施工机械、工具、材料及消防器材应摆放在动火安全措施确定的安全区域内。

（4）在含硫化氢或其他有毒气体的场所动火时，应制定相应的防中毒措施，配备必要的检测仪器、正压式空气呼吸器和其他安全防护用品。

（5）动火作业过程中，动火申请人、监护人应全程、实地参与动火作业所涵盖的所有工作。动火监护人发生变化需经批准。

（6）动火结束后，清除现场火源及火种，做到工完料净场地清。动火监护人确认现场安全无任何火源和隐患后，施工单位方可离开现场。关闭动火作业许可证。

4. 特殊情况动火作业

1）高处动火作业

（1）高处动火作业还应遵循高处作业相关要求，高处作业使用的安全带、救生索等防护装备应采用防火阻热的材料，需要时使用自动锁定连接。

（2）高处动火应采取防止火花溅落措施，并应在火花可能溅落的部位安排监护人。

（3）遇有五级以上（含五级）风不进行室外高处动火作业，遇有六级以上（含六级）风应停止室外一切动火作业。

2）进入受限空间动火作业

（1）进入受限空间的动火还应遵循进入受限空间作业的相关要求，在将受限空间内部物料除净后，应采取蒸气吹扫（或蒸煮）、氮气置换或用水冲洗等措施，并打开上、中、下部人孔，形成空气对流或采用机械强制通风换气。

（2）受限空间的气体检测应包括可燃气体浓度、有毒有害气体浓度、氧气浓度等，其可燃介质（包括爆炸性粉尘）含量执行标准要求，氧含量19.5%~23.5%，有毒有害气体含量应符合国家相关标准的规定。

5. 动火作业许可证

（1）由动火申请人申请作业许可证（表5-16），并提供如下相关资料和设施：

① 动火作业内容说明；

② 相关附图，如作业环境示意图、工艺流程示意图、平面布置示意图等；

③ 风险评估（如工作前安全分析）；

④ 安全工作方案；

⑤ 可燃、有毒气体检测仪器；

⑥ 相关安全培训或会议记录；

⑦ 有毒有害气体、粉尘检测记录；

⑧ 其他相关资料。

（2）动火作业许可证的期限不得超过1个班次，许可证的申请、审批、延期、取消、关闭具体执行《海外钻修井队作业许可实施规范》。

（3）如果动火作业中断超过30min，继续动火前，动火作业人、动火监护人应重新确认安全条件。

（4）动火作业结束后，应清理作业现场，解除相关隔离设施，动火监护人留守现场并确认无任何火源和隐患后，申请人与批准人签字关闭动火作业许可证。

表5-16 动火作业许可证（式样）

许可证编号：

作业单位	
作业区域	
作业地点	

动火作业人：	动火监护人：	动火作业审核人：
作业内容描述：		

是否附安全工作方案	□是 □否	其他附件（危害识别等）
是否附图纸	□是 □否	图纸说明

有效期：从____年____月____日____时____分到____年____月____日____时____分

动火作业类型：
□焊接 □气割 □切削 □燃烧 □明火 □研磨 □钻孔 □破碎 □锤击 □其他 □使用非防爆的电气设备 □使用内燃发动机设备 □其他特种作业 □其他

可能产生的危害：
□爆炸 □火灾 □灼伤 □烫伤 □机械 □伤害 □中毒 □辐射 □触电 □泄漏 □窒息 □坠落 □落物 □掩埋 □噪声 □其他

安全措施（符合打"√"，不符合打"×"）

□设备已排空、置换、吹扫	□动火区域可燃物已清除	□消防设备准备妥当
□设备已有效隔离	□动火区域通风已合格	□消防监护到位
□设备已上锁挂签	□需要其他特种作业许可证	□设备机具、检测仪器符合要求
□动火区域已设置围栏和标识	□动火监护人已到位	□人员培训合格
□气体检测合格	□个人防护装备齐全	□其他应急设施和人员已到位
□特种作业人员持证	□窨井、沟渠、地漏等已封堵	□其他

气体检测：

测试时间			
测试位置			
氧气测试浓度,%			
可燃气体浓度，LEL%			
有毒气体浓度,%			

本人确认工作开始前气体检测已合格
检测人：   确认人：

注明作业过程中气体测试要求（位置、频次等）：

申请	我保证我及我的下属，阅读理解并遵照执行动火安全方案和此许可证，并在动火过程中负责落实各项安全措施，在动火工作结束时通知生产单位现场负责人
	作业申请人： 年　月　日　时
作业监护	本人已阅读许可并且确信所有条件都满足，并承诺坚守现场
	作业监护人： 年　月　日　时

续表

批准	我已审核过本许可证的相关文件，并确认符合公司动火安全管理规定的要求，同时我与相关人员一同检查过现场并同意动火方案，因此，我同意动火 作业批准人：　　　　　　　　年　月　日　时		
相关方	本人确认收到许可证，了解工作对本单位的影响，将安排人员对此项工作给予关注，并和相关各方保持联系 单位：　　　　　　　　确认人： 单位：　　　　　　　　确认人：		
延期	本许可证延期从：　　年　月　日　时至　年　月　日　时 申请人：　　　　　　　相关方：　　　　　　批准人： 　年　月　日　时　　　　　年　月　日　时　　　年　月　日　时		
关闭	动火作业结束后，监护人留守现场，确认无任何火源和隐患后关闭作业 动火结束时间：	申请人： 年　月　日　时	相关方： 年　月　日　时	批准人： 年　月　日　时
取消	因以下原因，此许可取消：	申请人： 相关方： 批准人： 年　月　日　时		

思考题

（1）动火作业包括哪些内容？

（2）动火作业前对哪些方面进行风险评估？

（3）动火作业实施过程中应注意哪些安全事项？

第六章　井控安全与硫化氢防护

第一节　井控安全

学习目标

（1）掌握井控安全管理理念和原则；

（2）掌握钻修井井控关井程序；

（3）熟悉钻修井各工序的井控控制点。

一、井控安全管理理念和原则

牢固树立"以人为本"的理念，坚持"井控、环保，联防联治"的原则，严格细致，常抓不懈。执行钻井、井下作业井控九项管理制度。

二、钻井井控九项管理制度

1. 井控分级责任制

（1）井控工作是钻井安全工作的重要组成部分，各管理（勘探）局和油气田公司主管生产和技术工作的局（公司）领导是井控工作的第一责任人。

（2）各管理（勘探）局和油气田公司都要建立局级到基层队井控管理网络，定期开展活动，落实职责，切实加强对井控工作的管理。

（3）各管理（勘探）局和油气田公司应分别成立井控领导小组，组长分别由井控工作第一责任人担任，成员由有关部门人员组成。领导小组负责贯彻执行井控规定，负责组织制定和修订井控规定实施细则及管理整个井控工作。

（4）海外项目公司、钻井队、井控车间及在钻井现场协同作业的专业化服务单位应成立相应的井控领导小组，并负责本单位的井控工作。

（5）各级负责人按谁主管谁负责的原则，应恪尽职守，做到有职、有权、有责。

（6）各油田每半年联合组织一次井控工作检查，督促各项井控规定的落实。海外项目公司每季度进行一次井控安全检查，及时发现和解决问题，杜绝井喷事故的发生。

2. 井控培训合格证制度

从事钻井生产、技术和安全管理的各级人员、现场操作和服务人员应持井控培训合格证上岗。执行"井控培训合格证"制度的人员如下：

（1）各级领导，主管生产、技术和安全的各级领导。

（2）一般管理人员，安全监督、钻井生产管理人员、基层队正副队长、基层队安全员、基层队指导员。

（3）专业技术人员，工程技术、井控管理人员、工程设计人员、基层队技术人员、欠平衡技术人员、工程监理。

（4）现场关键操作人员，基层队大班司钻、机械师、钻井技师、基层队正副司钻。

（5）现场一般操作人员，基层队井架工、基层队内外钳工。

（6）现场其他操作人员，坐岗人员、钻井液大班、大班司机、电气师。

（7）井控设备服务人员，井控车间技术、维修人员。

（8）相关专业人员，地质设计人员、地质监督、录井人员、钻井液人员、定向井人员、取心人员、测井人员、下套管人员、固井人员、中途测试人员、井下工程事故处理人员、其他技术服务人员。

（9）井喷专业抢险人员，井喷应急救援专业抢险人员。

未取得井控培训合格证的领导干部和技术人员无权指挥生产，工人无证不得上岗操作。凡未取得井控培训合格证而在井控操作中造成事故者要加重处罚，并追究主管领导责任。

3. 井控装备的安装、检修、试压、现场服务制度

井控车间负责井控装备的安装、检修、试压和现场服务；钻井队大班司钻负责井控装备的管理，班组负责井控装备的日常检查、保养。

4. 钻开油气层申报、审批制度

钻开油气层前，钻井队应组织自查自改，合格后向钻井公司或项目部主管部门申请验收；钻井公司或项目部的主管部门牵头，按钻开油气层的要求进行检查验收，验收合格，签发"钻开油气层批准书"后，方可钻开油气层。

5. 防喷演习制度

安装好防喷器后，各作业班按钻进、起下钻杆、起下钻铤和空井发生溢流的四种工况分别进行一次防喷演习。其后每月不少于一次不同工况的防喷演习。钻进作业和空井状态应在 3min 内控制住井口，起下钻作业状态应在 5min 内控制住井口；含硫化氢地区钻井还应按应急预案要求进行硫化氢防护演习。

6. 坐岗制度

坐岗人员上岗前应经钻井队技术员培训，从表层套管固井后开始坐岗。钻进中由钻井作业班安排专人坐岗，综合录井人员按要求对循环罐液面等进行监测；起下钻、其他辅助作业或停钻时，钻井作业班和地质录井人员应同时落实专人坐岗。钻进作业每隔 15min 监测一次钻井液液面变化，发现异常情况加密监测；起下钻作业，应注意观察停止灌钻井液时和停止下放钻具时出口钻井液是否断流，每起下 3 柱~5 柱钻杆、1 柱钻铤记录一次灌入或返出钻井液体积，及时校核单次和累计灌入或返出量与起出或下入钻具体积是否一致，发现异常情况及时报告司钻。

7. 干部 24h 值班制度

钻井队干部在钻进至油气层之前 100m 开始，在生产作业区实行 24h 值班，检查井控岗位责任、制度落实情况，发现问题立即督促整改。井控装备试压、防喷演习、处理溢流、井喷及井下复杂等情况，值班干部必须在场组织指挥。

8. 井喷事故逐级汇报制度

一般将井喷事故分为Ⅳ级。

事故单位发生井喷事故后，要在最短时间内向管理（勘探）局和油气田公司汇报，管理（勘探）局和油气田公司接到事故报警后，初步评估确定事故级别为Ⅰ级、Ⅱ级井控事故时，在启动本企业相应应急预案的同时，在 2h 内以快报形式上报集团公司应急办公室。情况紧急时，发生险情的单位可越级直接向上级单位报告。

发生Ⅲ级井控事故时，管理（勘探）局和油气田公司在接到报警后，在启动本单位相关应急预案的同时，24h 内上报集团公司应急办公室。

发生Ⅳ级井喷事故，发生事故的管理（勘探）局和油气田公司启动本单位相应应急预案进行应急救援处理。

9. 井控例会制度

公司（局级）每半年召开一次井控例会，总结、协调、布置井控工作；各二级单位每季度召开一次井控例会，检查、总结、布置井控工作；钻井队钻进至油气层之前100m开始，每周召开一次以井控为主的安全会议；值班干部和司钻应在班前、班后会上布置、检查、讲评井控工作。

三、钻井作业硬关井程序

1.钻进中发生溢流

（1）发出信号；

（2）停转盘（顶驱），停泵；

（3）上提钻具；

（4）关环形防喷器，关半封闸板防喷器；

（5）观察、记录立管和套管压力及溢流量。

2.起下钻杆中发生溢流

（1）发出信号；

（2）抢接钻具止回阀；

（3）上提钻具；

（4）关环形防喷器，关半封闸板防喷器；

（5）观察、记录立管和套管压力及溢流量。

3.起下钻铤中发生溢流

（1）发出信号；

（2）抢接钻具止回阀及防喷单根；

（3）下放钻具；

（4）关环形防喷器，关半封闸板防喷器；

（5）观察、记录立管和套管压力及溢流量。

4.空井发生溢流

（1）发出信号；

（2）关全封闸板防喷器；

（3）观察、记录套管压力及溢流量。

注：空井发生溢流时，若井内情况允许，可抢下钻具，然后实施关井。

四、钻井各工序的井控控制点

1.总体要求

（1）井控相关岗位人员按要求持证。

（2）落实专人"坐岗"监测液面

（3）钻进至油气层之前 100m 开始，钻井队干部必须在生产作业区坚持 24h 值班。

（4）发现溢流按硬关井程序要求关井。

（5）配备相关的检测仪和防护装备，按应急预案要求进行演练。

2. 井口安装

（1）正确安装井控装备并校正井口，定期活动闸板芯子和控制闸阀。

（2）按要求进行试压，试压时，应有防止钻具上顶的措施。

（3）禁止用开防喷器的方式泄压。

3. 钻进作业

（1）钻开油气层前进行工程、地质、钻井液、设备及井控措施交底。

（2）钻井液密度符合设计要求并做好高密度钻井液及井控物资材料储备。

（3）按规定进行防喷演习。

（4）正确计算和标识最大允许关井套压值。

（5）含硫化氢地层作业时，提高钻井液 pH 值并加入除硫剂。

4. 起下钻作业

（1）保持钻井液有良好的造壁性和流变性。

（2）起钻前充分循环井内钻井液，使其性能均匀，进出口密度差不大于 $0.02g/cm^3$；短程起下钻应测油气上窜速度，满足安全起下钻作业要求。

（3）起钻中严格按规定及时向井内灌满钻井液，并做好记录、校核，及时发现异常情况。

（4）钻头在油气层中和油气层顶部以上 300m 井段内起钻速度不大于 $0.5m/s$。

（5）在疏松地层，特别是造浆性强的地层，遇阻划眼时应保证足够的循环流量，防止钻头泥包。

（6）起钻完应及时下钻，检修设备时应保证井内有一定数量的钻具，并观察出口管钻井液返出情况，严禁在空井情况下进行设备检修。

（7）下钻中应控制钻具下放速度，避免因井下压力激动导致井漏；若静止或下钻时间过长，必要时应分段循环钻井液。

5. 录井作业

（1）综合录井队应按设计要求，在循环罐、计量罐安装液面检测仪，并定期校正；安装固定式气体检测仪；在含硫化氢区域或新探区域录井作业时，还应安装固定式硫化氢检测报警系统及声光报警系统，配备便携式气体检测仪、呼吸器等。

（2）综合录井队应为井队提供显示终端。

（3）测量出口钻井液密度、液面变化量、气测值、氯根含量等，计算油气上窜速度和高度。

（4）录井检测系统中液面（总池体积）报警值的设置不应超过 $2m^3$，发现溢流或硫化氢显示应立即报告当班司钻。

（5）录井人员应到循环罐上核对钻井液量，目的层作业每 2h 一次，非目的层作业每 6h 一次，特殊情况下加密核对次数。

6. 测井作业

（1）测井前井内情况应正常、稳定。

（2）测井前，应对现场作业人员进行技术交底，就井控风险防控、硫化氢防护提出具体要求，明确应急处置程序。

（3）"三高"油气井测井前，测井队应与钻井队联合开展相应的防喷、防硫化氢演习。

（4）电测前钻井队准备防喷立柱，电测队配备剪断电缆的工具。

（5）电测时间长，不能满足油气上窜速度的安全条件时，应考虑中途通井循环。

（6）发生溢流时，停止电测，尽快起出井内电缆，若不具备起出电缆条件，应立即剪断电缆实施关井，不应用关闭环形防喷器的方法起电缆。

（7）带压测井防喷装置压力等级应满足井口控制压力要求；带压测井期间应观察记录套压，发现异常及时报告。

7. 固井作业

（1）固井设计应有井控技术措施，下套管及注水泥前，均应进行技术交底，明确职责分工、井控风险控制措施和应急程序。

（2）下套管前，应换装与套管尺寸匹配的半封闸板；下尾管作业可不换装套管闸板，但应准备好相应防喷单根或立柱。

（3）下套管、注水泥过程中，钻井队、录井队安排专人坐岗，观察并记录灌入、返出量，及时发现井漏、井涌及其他异常情况。

（4）固井作业全过程应保持井内压力平衡，防止因井漏、注水泥候凝失重造成井内压力失衡而导致井喷。

（5）候凝期间不应拆卸井控装备。

（6）因固井质量存在缺陷影响井控安全时，应采取有效措施进行处理。

五、井下作业井控九项管理制度

1. 井控分级责任制度

（1）井控工作是钻井安全工作的重要组成部分，各管理（勘探）局和油气田公司主管生产和技术工作的局（公司）领导是井控工作的第一责任人，由第一责任人担任组长。双方领导小组共同负责组织贯彻井控规定，制定和修订井控工作实施细则，组织开展井控工作。

（2）各采油厂（作业区）、井下作业公司（工程技术处）、海外项目分公司、作业施工队、井控车间（站）应相应成立井控领导小组，负责本单位的井控工作。

（3）海外项目分公司配备有专（兼）职井控技术和管理人员。

（4）各级负责人按"谁主管，谁负责"的原则，应恪尽职守，做到有职、有权、有责。

（5）各油田每半年联合组织一次井控工作检查，督促各项井控规定的落实。各海外项目分公司对本单位下属作业队，至少每季度进行一次井控工作检查，井下作业队每天要进行井控工作检查。

2. "井控培训合格证"制度

应持井下作业井控培训合格证的人员：

（1）现场操作人员，作业队大班司钻、修井技师、司钻、副司钻、井架工、大班司机、坐岗人员。

（2）生产管理人员，主管井下作业生产的公司领导、相关部门从事井下作业技术管理的人员、设计审批人员；井下作业单位和试修工程事业部经理、主管井下作业生产和技术的副经理、总工程师、副总工程师、负责井下作业技术及安全管理的人员；作业队队长、副队长、指导员、井下作业监督、安全监督、工程监理等。

（3）专业技术人员，工程技术人员、设计人员以及专业化技术服务公司主管生产和技术的负责人、技术人员。

（4）现场服务人员，井控车间的技术人员和设备维修人员、专业服务公司（队）的主要现场服务人员。

（5）井控培训教师。

3. 井控装备的安装、检修、试压、现场服务制度

井控车间负责井控装备的安装、检修、试压和现场服务；作业队大班司钻负责井控装备的管理，班组负责井控装备的日常检查、保养。

4. 井下作业开工前的准备和检查验收制度

井下作业开工前，作业队通过全面自查自改，合格后，向上级主管部门申请检查验收，检查出的问题经整改复查验收合格后，签发"井下作业开工批准书"后，方可作业。

5. 防喷演习制度

防喷演习按起下管柱、旋转、起下特殊管柱、空井四种作业工况分别进行。班组每井次应至少进行一遍四种工况下的防喷演习，如果作业时间较长，则每月应至少进行一遍四种工况下的防喷演习。旋转作业、空井作业应在 3min 内控制住井口，起下管柱作业、起下特殊管柱作业应在 5min 内控制住井口。含硫化氢地区作业还应按应急预案要求进行硫化氢防护演习。

6. 坐岗制度

坐岗人员上岗前应经技术员培训合格，在起下钻、旋转作业、钻磨、敞井观察等作业时安排专人坐岗，观察出口压井液变化；每起下 6~10 根钻杆、2 根钻铤或 10~15 根油管应记录作业液灌入或返出量一次，并及时校核累计灌入或返出量与起下管柱的本体体积是否一致，若发现实际量与理论量不符，应先停止作业，立即关井，查明原因确认井内正常后方可继续进行作业。

7. 作业队干部 24h 值班制度

作业队干部在作业过程中实行 24h 值班，检查、监督井控岗位责任制的落实情况，发现问题立即督促整改。在井控装备试压、防喷演习、处理溢流、井喷及井下复杂等情况时，值班干部必须在场组织指挥。

8. 井喷事故逐级汇报制度

一般将井喷事故分为 IV 级。

事故单位发生井喷事故后，要在最短时间内向管理（勘探）局和油气田公司汇报，管理（勘探）局和油气田公司接到事故报警后，初步评估确定事故级别为 I 级、II 级井控事故时，在启动本企业相应应急预案的同时，在 2h 内以快报形式上报集团公司应急办公室。情况紧急时，发生险情的单位可越级直接向上级单位报告。

发生 III 级井控事故时，管理（勘探）局和油气田公司在接到报警后，在启动本单位相关应急预案的同时，24h 内上报集团公司应急办公室。

发生 IV 级井喷事故，发生事故的管理（勘探）局和油气田公司启动本单位相应应急预案进行应急救援处理。

9. 井控例会制度

公司（局级）每半年召开一次井控例会，总结、协调、布置井控工作；

各井下作业有关单位每季度召开一次井控例会，检查、总结、布置井控工作；试修作业队在作业期间，每周召开一次以井控为主的安全会议；值班干部和司钻应在班前、班后会上布置、检查、讲评井控工作。

六、井下作业硬关井程序

1. 起下管柱时溢流关井程序

（1）发出信号。

（2）抢接旋塞阀或回压阀。

（3）上提管柱。

（4）关防喷器。先关环形防喷器后关半封闸板防喷器。

2. 旋转作业时溢流关井程序

（1）发出信号。

（2）停转盘，停泵。

（3）上提管柱。

（4）关防喷器。先关环形防喷器后关半封闸板防喷器。

3. 起下特殊管柱时溢流关井程序

（1）发出信号。

（2）抢接回压阀及防喷单根。

（3）下放管柱。

（4）关防喷器。先关环形防喷器后关半封闸板防喷器。

4. 空井溢流关井程序

（1）发出信号。

（2）关全封闸板防喷器。

七、井下作业各工序的井控控制点

1. 井控装备的安装作业

（1）按设计要求配置、安装井控装备。

（2）按设计要求试压合格。

2. 换装井口装置作业

（1）换装井口装置时必须保证井筒压力平稳。

（2）内防喷工具、提升短节、油管挂等工具应备齐放于钻台。

（3）井口装备换装后应立即进行试压。

3．起下管柱作业

（1）内防喷工具及其附件、油管挂、配合接头、防喷单根等工具应备齐置于钻台（边）上。

（2）控制起下钻速度。

（3）专人坐岗监测液面。

（4）起钻过程中，严格按规定灌压井液。

（5）发现溢流立即关井。

4．旋转作业

（1）钻塞打开油气层前应使井筒液柱压力能平衡打开的油气层的地层压力。

（2）井口应配套安装相应压力等级的防喷器。

5．常规电缆射孔作业

（1）井筒液柱压力应平衡地层压力。

（2）应装与井口防喷器相匹配的电缆防喷装置。

（3）下射孔枪前应充分循环、观察井筒压井液，确认井筒平稳后方能进行下射孔枪作业。

6．过油管射孔、穿孔、取堵塞器、试井作业

（1）作业前应安装相应压力等级的采油（气）井口装置、防喷器、防喷盒、电缆防喷装置等井控装置。

（2）若井下不连通，在实施连通作业前（如取堵塞器、穿孔等作业时），按设计要求在井口加相应压力。

7．井筒内爆炸作业、电测作业

（1）井筒内液柱压力应能平衡地层压力，液面平稳。

（2）作业前应下管柱通井循环并停泵观察。

（3）电测过程中应有专人负责观察井筒液面情况。

8．排液、测试作业

（1）开井时，阀门应遵循由内向外的原则；关井时，阀门应遵循由外向内的原则。

（2）用针形阀或油嘴按套管设计控制参数控制压力放喷。

（3）测试期间井口总阀门以下连接部分发生刺漏，应及时泄压，压井平稳后进行整改。

9. 诱喷作业

（1）抽汲时，若发现气顶抽子或液面上升加快，应快速将抽子起到防喷盒内，关闭清蜡阀门观察。

（2）不应采用空气进行气举排液。

（3）按设计控制液面掏空深度。

10. 压裂酸化作业

（1）压裂酸化时井口至少应有两只总阀。

（2）压裂车应安装超压保护装置。

（3）压裂酸化时应有保护油层套管的技术措施和设施。

11. 压井作业

（1）施工中井底压力不应超过地层破裂压力。

（2）施工压力不超过井控装备的额定工作压力。

（3）作用在套管上的压力不超过套管允许压力。

12. 连续油管作业

（1）施工压力不得超过设计压力。

（2）严格控制连续油管内外压差。

（3）连续油管下入深度不应超过设计允许下入的最大深度。

（4）起下连续油管时应控制起下钻速度。

（5）冲砂（钻磨）解堵作业时，当井口压力突然升高，应立即增加内、外张压力和自封压力。

八、井控事件分级

1. 一级井喷事故（Ⅰ级）

海上油（气）井发生井喷失控；陆上油（气）井发生井喷失控，造成超标有毒有害气体逸散，或窜入地下矿产采掘坑道；发生井喷并伴有油气爆炸、着火，严重危及现场作业人员和作业现场周边居民的生命财产安全。

2. 二级井喷事故（Ⅱ级）

海上油（气）井发生井喷；陆上油（气）井发生井喷失控；陆上含超标有毒有害气体的油（气）井发生井喷；井内大量喷出流体对江河、湖泊、海洋和环境造成灾难性污染。

3. 三级井喷事故（Ⅲ级）

陆上油气井发生井喷，经过积极采取压井措施，在 24h 内仍未建立井筒压力平衡，集团公司直属企业难以在短时间内完成事故处理的井喷事故。

4.四级井喷事故（Ⅳ级）

发生一般性井喷，集团公司直属企业能在24h内建立井筒压力平衡的事故。

思考题

（1）钻井作业现场哪些人员需要参加井控培训？

（2）钻井作业期间为什么要安排专人坐岗？

（3）发生Ⅳ级井喷事故应如何汇报？

（4）钻进过程中发生溢流应如何处理？

（5）井下作业起下管柱时发生溢流应如何关井？

第二节　硫化氢防护

学习目标

（1）了解硫化氢的浓度与危害程度；

（2）掌握硫化氢对人体的危害及防护措施；

（3）熟悉硫化氢防护控制要点及应急措施。

一、硫化氢的浓度与危害

1.描述空气中硫化氢浓度的方式

描述空气中硫化氢浓度有以下两种方式：

1）体积比浓度

体积比浓度指硫化氢在空气中的体积比，常用ppm表示（百万分比浓度），即1ppm＝1/1000000。

2）重量比浓度

重量比浓度指硫化氢在$1m^3$空气中的质量，常用mg/m^3或g/m^3表示。1ppm的硫化氢体积比浓度，折算成重量比浓度约为$1.5mg/m^3$。

2.硫化氢的理化性质

（1）硫化氢为无色气体。

（2）比空气重，极易在低凹处聚集。

（3）易溶于水，易溶于甲醇类、石油溶剂和原油中。

（4）与空气混合浓度达到 4.3%～45.5%时将形成一种爆炸混合物。

（5）燃点 250℃，燃烧时呈蓝色火焰，产生有毒的二氧化硫，危害人的眼睛和肺部。

（6）在低浓度范围，可闻到臭鸡蛋味；随着浓度增加和接触时间增长，人的嗅觉迅速钝化而感觉不出它的存在。

（7）具有强酸性，硫化氢气体及其水溶液对金属有强烈的腐蚀作用；在潮湿环境或水溶液中，会使金属产生氢脆现象，导致金属强度降低，容易产生折断或其他损害。

3. 硫化氢对人体的危害

硫化氢被吸入人体后，经黏膜吸收，通过呼吸道，经肺部，由血液运送到人体各个器官。首先刺激呼吸道，使嗅觉钝化、咳嗽，严重时将灼伤呼吸道；眼睛被刺痛，严重时将失明；刺激神经系统，导致头晕，丧失平衡，呼吸困难；心脏跳动加速，严重时心脏缺氧而死亡。

1）慢性中毒症状

人体暴露在低浓度的硫化氢环境下，将会慢性中毒，症状是：头痛、晕眩、兴奋、恶心、口干、昏睡、眼睛刺痛、连续咳嗽、胸闷及皮肤过敏等。长时间在低浓度硫化氢条件下工作，也可能造成人员窒息死亡。

2）急性中毒症状

吸入高浓度的硫化氢气体会导致气喘，脸色苍白，肌肉痉挛；当硫化氢浓度大于 $150mg/m^3$ 时，接触 4h 以上将导致死亡；当硫化氢浓度大于 $10500mg/m^3$ 时，人很快失去知觉，几秒钟就会死亡。

4. 硫化氢中毒的早期救护

（1）进入毒气区抢救中毒者，必须先佩戴正压式空气呼吸器。

（2）迅速将中毒者从毒气区抬到空气新鲜的上风地方。

（3）有呼吸的中毒者给予输氧，保持体温。

（4）停止呼吸和心跳的中毒者，应立即进行人工呼吸（呼吸器）和胸外心脏按压。

5. 硫化氢的监测及人身防护

（1）硫化氢易聚集的区域，必须设置硫化氢警告标志。

（2）在含硫化氢地区作业现场，必须配备便携式（固定式）硫化氢检测报警仪、可燃气体报警仪、正压式空气呼吸器及充气泵。

（3）根据井场实际状况，按照标准要求分别挂出绿、黄、红牌。

（4）在含硫化氢的区域作业，必须设置风向标，在上风方向设置紧急集合点。

6. 防硫化氢伤害时应急撤离的自我保护措施

（1）井喷时，按规定在井场周围设置硫化氢检测点，实施 24h 检测。

（2）听到硫化氢应急报警信号，或在接到当地政府、村社、钻井（试修）队的通知后，所有人员立即撤离至安全地带。

（3）撤离时用湿毛巾、湿衣物掩住口腔、鼻子。

（4）要向逆风方向撤离，不能顺风向撤离。

（5）要向远处和高处撤离，不能往低洼处或顺着河床撤离。

（6）为防止发生爆炸，险情发生后，杜绝一切火源。

二、硫化氢防护控制要点及应急措施

1. 人员控制

（1）从事含硫化氢油气井作业人员和 HSE 监督人员上岗前必须接受硫化氢知识的培训，经考核合格后持证上岗。

（2）来访人员在进入作业区域之前，应接受有关逃生路线、紧急集合点位置、警报信号、紧急响应方法和个人防护设备使用的培训，在现场人员陪同下，方可进入作业区域。

2. 设备设施控制

1）主体设备

（1）按照 SY/T 5087—2017《硫化氢环境钻井场所作业安全规范》、SY/T 6610—2017《硫化氢环境井下作业场所作业安全规范》和 SY/T 6616—2005《含硫油气井钻井井控装置配套、安装和使用规范》要求，所有管材、井口设备、井下工具、防喷设备、节压井管汇、闸阀以及密封部件等必须达到相关抗硫标准。

（2）配置液气分离器和自动点火装置，将分离出的含硫气体引出 50m 以外燃烧。

（3）井场防爆区所有电气设备和线路必须达到防爆等级要求，符合 SY 5225—2012《石油天然气钻井、开发、储运防火防爆安全生产技术规程》的要求。

2）防护设施配备及管理要求

（1）钻修井队当班生产班组应每人配备一套正压式空气呼吸器，另配备一定数量作为公用，同时应为每位现场作业人员配备一套紧急逃生用的滤罐式简易防毒面具。

（2）钻修井队应至少配备一台与正压式空气呼吸器配套的空气压缩机。

（3）正压式空气呼吸器应放在作业人员能迅速取用的方便位置。

（4）作业队应做好正压呼吸器的存放、检查和维护。对所有正压呼吸器应每月至少检查 1 次，并且在每次使用前后都应进行检查，以维持其正常的状态。

（5）空气呼吸器的检测：

① 空气呼吸器每年检测一次。检测内容按照 GA 124—2013《正压式消防空气呼吸器》标准执行。

② 空气呼吸器气瓶检验：自气瓶出厂之日起，铝合金碳纤维复合缠绕气瓶每 3 年不得少于一次安全检验，其安全使用年限不得超过 15 年。其余气瓶按照国家压力容器管理办法定期检测。

③ 在用气体安全防护设备（设施）必须具有检验、检定机构出具检验、检定合格报告（证）。

④ 凡超过使用年限或经检测不合格且不能修复的气体安全防护设备（设施），应及时标示、回收、报废处理。未按规定期限检验、检定，或检验、检定不合格的气体安全防护设备（设施），任何单位或个人不得使用。

⑤ 各单位应合理安排气体安全防护设备（设施）的送检时间，检验、检定期间必须确保生产作业场所的最低配置要求。

3）监测器具配备及管理要求

（1）固定式硫化氢监测仪

① 在可能含硫地区进行作业时，在钻台偏房（值班房）安装固定式硫化氢气体探测仪或固定式四通道气体探测仪（其中一通道为硫化氢气体检测）1 套。固定式硫化氢监测系统，应能同时发出声光报警，并能确保整个作业区域的人员都能看见和听到。

② 监测传感器至少应在下述位置安装：钻台面、方井、钻井液出口管口或振动筛、循环罐（钻井泵上水罐）。

③ 应按照制造厂商的说明对监测仪器和设备进行安装、维护、校验和修理。

（2）钻井作业现场应至少为井口区域、钻井液罐区作业的人员配备 5 个便携式硫化氢气体探测仪。修井作业现场应至少为井口区域、钻井液罐区作业的人员配备 4 个便携式硫化氢气体探测仪。

（3）硫化氢监测（报警）仪第 Ⅰ 级报警阈值应设置为 15mg/m³（10ppm），第 Ⅱ 级报警阈值应设置为 30mg/m³（20ppm）。

（4）应指定专人保管和维护监测设备。

（5）气体监测（报警）仪的检验、检定：

① 气体监测（报警）仪首次使用前应进行标定；

② 固定式气体监测（报警）仪每年检定 1 次，便携气体监测（报警）仪每半年检定 1 次；

③ 当气体监测（报警）仪非正常报警、更换主要元件或超过满量程浓度的环境使用后，必须重新校验、检定。

4）其他应急设施设置要求

（1）风向标的设置应满足应急管理要求，分别设置在井场入口大门一侧、钻台偏房顶部、集合点、点火口和套装水罐等处。

（2）钻台、罐区要配备洗眼站，钻台和值班室备急救箱，现场应配置至少两种通信器材，确保 24h 畅通。

5）施工现场选择及主要设备布置要求

（1）井场建设施工前要了解当地季风的主要方向。现场易产生火源的设施及人员集中区域应部署在井口、放喷管线排出口的上风方向。

（2）井场值班室、工程师房、钻井液室、员工的宿营地应在井场的上风方向，并不能处于低洼地带。

（3）在钻台、振动筛、方井等其他硫化氢容易聚集的地方应使用防爆通风设备，以驱散工作场所弥漫的硫化氢。

（4）作业现场应有明显的硫化氢浓度警示标志，硫化氢浓度小于 15mg/m³（10ppm）应挂绿牌，15～30mg/m³（10～20ppm）应挂黄牌，大于 45mg/m³（30ppm）应挂红牌。

（5）作业现场应设置两个不同方向的紧急集合点，以便根据风向不同，选择处于上风口紧急集合点。

6）施工过程控制要求

（1）施工前要依据设计书，编制单井 HSE 计划书并报批，审批后方可施工。

（2）施工单位要对现场所有员工进行 HSE 计划书交底，并落实风险控制措施和岗位分工。

（3）试油测试和放喷期间产生的有毒、可燃气体必须进行燃烧，点火时应使用自动点火系统。

（4）作业人员应取得硫化氢防护证。

（5）在有限空间或特殊作业必须办理作业许可，安排专人监护。

（6）关键作业（如换油嘴、取样、换孔板、点火、测气比重、转样、防喷管泄压、清洗管线等）必须佩带正压式呼吸器。

（7）施工过程中对地层压力进行监测，发现异常情况，重建井内压力平衡。

（8）进入含硫地层之前在钻井液中加入除硫剂，进入含硫地层后应保持钻井液 pH 值 9.5 以上。

3. 应急处置

施工前必须进行全员防硫化氢、防火、防喷以及紧急救援等方面的培训，施工过程中每周开展一次防喷演习（含防硫化氢应急演习），并做好记录。

1）应急响应

（1）当硫化氢浓度达到 15mg/m³（10ppm）的阈限值时启动应急程序，现场应：

① 立即安排专人观察风向、风速以便确定受侵害的危险区；

② 切断危险区的不防爆电器的电源；

③ 安排专人佩戴正压式空气呼吸器到危险区检查泄漏点；

④ 非作业人员撤入安全区。

（2）当硫化氢浓度达到 30mg/m³（20ppm）的安全临界浓度时，按应急程序应：

① 应急人员戴上正压式空气呼吸器；

② 向上级（第一责任人及授权人）报告；

③ 指派专人至少在主要下风口距井口 100m、500m 和 1000m 处进行硫化氢监测，需要时监测点可适当加密；

④ 实施井控程序，控制硫化氢泄漏源；

⑤ 撤离现场的非应急人员；

⑥ 清点现场人员；

⑦ 切断作业现场可能的着火源；

⑧ 通知救援机构。

（3）当井喷失控时，按下列应急程序立即执行：

① 由现场总负责人或其指定人员向当地政府报告，协助当地政府做好井口 500m 范围内的居民的疏散工作，根据监测情况决定是否扩大撤离范围；

② 关停生产设施；

③ 设立警戒区，任何人未经许可不得入内；

④ 请求援助。

（4）当井喷失控时，井场硫化氢浓度达到 150mg/m³（100ppm）的危险临界浓度时，现场作业人员应按预案立即撤离井场。现场总负责人应按应急预案的通信表通知（或安排通知）其他有关机构和相关人员（包括政府有关负责人）。由施工单位按应急上报流程分别向其上级主管部门报告。

（5）在采取控制和消除措施后，继续监测危险区大气中的硫化氢及二氧化硫浓度，以确定在什么时候方能重新安全进入。

2）点火程序

（1）发生井喷后应采取措施控制井喷，若井口压力有可能超过允许关井压力，需点火放喷时，井场应先点火后放喷。

（2）井喷失控后，在人员的生命受到巨大威胁、人员撤离无望、失控井无希望得到控制的情况下，作为最后手段应按抢险作业程序对油气井井口实施点火。

（3）油气井点火程序的相关内容应在应急预案中明确。油气井点火决策人宜由甲方现场代表或其授权的现场总负责人来担任，并列入应急预案中。

（4）井场应配备自动点火装置，并备用手动点火器具。点火人员应佩戴防护器具，并在上风方向，离火口距离不少于 10m 处点火。

（5）点火后应对下风方向尤其是井场生活区、周围居民区、医院、学校等人员聚集场所的二氧化硫的浓度进行监测。

思考题

（1）硫化氢对人体有哪些危害？

（2）出现硫化氢中毒如何正确救护？

（3）正压式呼吸器在现场如何保养维护？

（4）现场硫化氢浓度警示标志如何设置？

（5）当硫化氢浓度达到阈限值时应如何处置？

第七章　员工健康管理

第一节 | 职业病危害因素及其管理

学习目标

（1）掌握作业现场职业病因素；
（2）掌握噪声对人体的危害；
（3）掌握化学品对人体的危害；
（4）掌握硫化氢对人体的危害；
（5）掌握开展职业健康体检的时机。

一、职业病危害因素

1. 职业病危害

职业病危害指对从事职业活动的劳动者可能导致职业病的各种危害。职业病危害因素包括：职业活动中存在的各种有害的化学、物理、生物等因素，以及在作业过程中产生的其他职业有害因素。

2. 作业现场主要存在的职业病危害因素

1）噪声

（1）听力损失。长期接触较强烈的噪声，可引起听觉器官损伤的变化，一般是从暂时性听阈位移逐渐发展为永久性听阈位移。

（2）对神经系统的影响。噪声对神经系统的影响与噪声的性质、强度和接触时间有关。噪声反复长时间的刺激，超过生理承受能力，就会对中枢神经系统造成损害，使脑皮层兴奋与抑制平衡失调，导致条件反射的异常，使脑血管功能紊乱，脑电位改变，从而产生神经衰弱综合征，可出现头痛、头昏、耳鸣、易疲倦以及睡眠不良等表现，还可以引起暴露者记忆力、思考力、学习能力、阅读能力降低等神经行为效应。在强声刺激下可引起交感神经紧张，引起呼吸和脉搏加快、皮肤血管收缩、血压升高、发冷、出汗、心律不齐、胃液分泌减少、抑制胃肠运动、影响食欲。

（3）对内分泌系统的影响。噪声可通过下丘脑—垂体系统，促使促肾上腺皮质激素、肾上腺皮质激素、性腺激素以及促甲状腺激素等分泌的增加，从而引起一系列的生化改变。

（4）对心血管系统的影响。噪声对心血管系统的影响主要表现为交感神经兴奋，心率、脉搏加快；噪声越强，反应也越强烈，导致心排血量显著增加，收缩压有某种程度的升高。但随噪声作用时间的延长，机体这种"应激"反应逐渐减弱，继而出现抑制，心率、脉搏减缓，心排血量减少，收缩压下降。一般认为，心血管系统改变的程度与噪声的性质、参数以及接触时间的长短有关。

（5）对视觉器官的影响。噪声对视觉器官会造成不良影响。在高噪声环境下工作的工人常主诉眼痛、视力减退、眼花等。噪声与振动还能引起眼睛对运动物体的对称平衡反应失灵，其原因是中枢神经系统在噪声刺激下产生抑制作用后的结果。一般来说，噪声强度越大，视力清晰度稳定性越差。由于视力清晰度降低，会使劳动生产率下降。同时，噪声还会使色觉、视野发生异常，调查发现噪声对红、蓝、白三色视野缩小80%。

（6）对消化系统的影响。在噪声的长期作用下，可引起胃肠功能紊乱，表现为食欲不振、恶心、消瘦、胃液分泌减少、胃蠕动无力、胃排空减慢等。

2）高温

（1）对循环系统的影响。高温作业时，皮肤血管扩张，大量出汗使血液浓缩，造成心脏活动增加、心跳加快、血压升高、心血管负担增加。

（2）对消化系统的影响。高温对唾液分泌有抑制作用。使胃液分泌减少，胃蠕动减慢，造成食欲不振；大量出汗和氯化物的丧失，使胃液酸度降低，易造成消化不良。此外，高温可使小肠的运动减慢，形成其他胃肠道疾病。

（3）对泌尿系统的影响。高温下，人体的大部分体液由汗腺排出，经肾脏排出的水盐量极大减少，使尿液浓缩，肾脏负担加重。

（4）对神经系统的影响。在高温及热辐射作用下，肌肉的工作能力，动作的准确性、协调性，大脑反应速度及注意力降低。

3）硫化氢

（1）皮肤：灼伤皮肤。

（2）呼吸道：硫化氢由呼吸道进入人体，刺激呼吸道，产生呛咳，使嗅觉迟钝，严重时使呼吸道烧伤，导致呼吸困难；刺激神经系统，导致头晕，丧失平衡，产生意识障碍，甚至昏迷；影响心脏，使心率加快，严重时使心脏缺氧导致死亡。硫化氢随空气被吸入人体，与血液中的氧产生化学反应，当硫化氢含量少时可被氧化，对人体不产生危害。但硫化氢浓度高时，它可夺取人体中的氧，使人体各部分缺氧产生中毒，甚至死亡。

（3）眼睛：硫化氢对眼睛有强烈的刺激作用，使眼睛流泪、刺痛，甚至灼伤；并可破坏细胞组织，导致失明，还可使原有的眼病发作并加重。

4）手传振动

手臂振动病是长期从事手传振动作业而引起的以手部末梢循环和/或手臂神经功能障碍为主的疾病，并能引起手臂骨关节—肌肉的损伤。发病部位多在上肢末端，典型表现为发作性手指变白。

5）化学品

化学品可能导致作业人员受伤、中毒，甚至死亡。

6）粉尘（或烟尘）

（1）尘肺。尘肺是指在生产过程中吸入生产性粉尘所引起的以肺组织纤维化为主的疾病。

（2）粉尘沉着症。有些金属（铁、钡、锡等）粉尘吸入后，可在肺组织中呈异物反应，并继续轻微纤维化，但对人体危害较小，脱离粉尘作业后，病变可逐渐消退。

（3）有机粉尘引起的肺部病变。不同的有机粉尘有不同的生物作用，如引起支气管哮喘、棉尘症、职业过敏性肺炎、混合性尘肺等。

（4）呼吸系统肿瘤。粉尘的局部作用是指粉尘作用于呼吸道黏膜导致萎缩性病变；此外，还可形成咽炎、喉炎、气管炎等；作用于皮肤可形成粉刺、毛囊炎、脓皮病等；金属和磨料粉尘可引起角膜损伤，导致角膜感觉迟钝和角膜浑浊；沥青烟尘在日光照射下可引起光感性皮炎。粉尘的中毒作用是指吸入铅、砷、锰等有毒粉尘而引起的中毒现象。

二、职业病危害因素的管理

1. 成立职业健康管理机构

职业健康管理人员由 HSE 监督或现场医生担任；制定、实施有关职业健康检测、评价、警示告知、监护、培训、个人防护等各项管理制度和操作规范，并纳入作业现场整体 HSE 管理要求。

2. 职业病防护设施有效性评价

作业现场负责人连同 HSE 监督、现场医生一起，对职业病防护设施有效性进行评审，形成是否符合职业病防治法和集团公司要求的评审意见，评价报告由 HSE 监督保管并上报。

3. 职业病危害因素的告知及现场警示

1）危害告知

HSE 监督负责将员工在作业过程中，可能接触到的职业病危害因素种类、危害程度和危害后果，以及提供的职业病防护设施、个人防护用品、职业健康检查和相关待遇等，通过劳动合同、培训、公告和个人告知等方式，如实告知员工。

2）现场警示

现场警示标牌和警示标志的内容应包括职业病危害因素名称、健康损害、预防措施、应急救援措施等，警示标识应张贴在产生职业病危害的作业岗位的醒目位置。特别是确保所有可能接触化学品的人员均能获得 MSDS（材料安全数据单）等相关资料。

3）现场培训

HSE 监督应完善各岗位对应危害因素、风险等级、现场防控措施、个人防护等信息，并将评估结果通过岗位说明书、工作安全分析、标准操作流程等方式与对应岗位员工进行沟通和培训。

承包商、第三方等相关方进入有职业病危害区域工作，现场应进行职业病危害的告知及必要的职业健康安全培训，并保存培训记录。

4. 职业病危害的一般防护

1）职业健康培训

组织岗位员工参加职业健康培训，了解生产工艺过程、存在的职业病危害因素及其环节、防护和应急处理等知识。

2）自我防护

岗位员工严格操作规程、劳动纪律实施作业；按照个人防护用品的使用说明正确使用。

常见的劳动防护用品有：防护头盔、防护服、防护眼镜、防护面罩、呼吸防护器及皮肤防护用品。员工应按照岗位接触危害因素的种类及要求，正确佩戴和使用劳动防护用品，并及时更换报废劳动防护用品。

3）健康检查

在员工就业前、在岗期间（定期）、离岗时的职业健康体检，同时建立职业健康体检档案。及时了解员工身体健康状况，并根据体检情况安排员工工作岗位。具体按照作业所在国相关法律法规要求执行。

思考题

（1）作业现场存在哪些职业病危害因素？

（2）噪声对人体有什么危害？

（3）职业健康体检是否需要建立档案？

第二节　常见传染病、流行病及病媒生物防护

学习目标

（1）熟悉海外常见染病相关临床表现；

（2）掌握常用防蛇、防鼠方法；

（3）了解营地卫生管理基本要求。

一、常见传染病、流行病

1. 白喉

1）流行特征

传染源为病人与带菌者，主要通过飞沫传播，也可通过被污染的手、玩具、文具、食具以及食物传播并造成流行。多见于秋冬季节，人群对本病普遍易感，近年由于白喉类毒素的推广接种，成年患者相对增多，但病后可获持久性免疫。

白喉杆菌见图7-1，为革兰氏阳性菌，耐寒，耐干燥，在干燥飞沫中能生存24h以上，在干燥伪膜中能生存数月，在水和牛奶中可存活数周。但加温56℃10min即可杀死。按其菌落形态的不同及对淀粉发酵的特点，白喉杆菌又可分为轻、中、重三型，但所产毒素相同。

2）临床表现

白喉可分为四种类型，其发生率由高到低依次为咽白喉、喉白喉、鼻白喉和其他部位的白喉，咽白喉部位见图7-2。成人和年长儿童以咽白喉居多，其他类型的白喉较多见于幼儿。

（1）咽白喉。

轻型发热和全身症状轻微，扁桃体稍红肿，其上有点状或小片状假膜，数日后症状可自然消失。

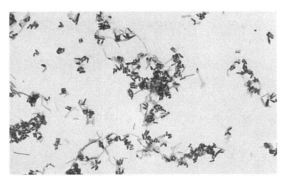

图7-1　白喉杆菌

一般型逐渐起病，有乏力、食欲缺乏、恶心、呕吐、头痛、轻至中等程度发热和咽痛等症状。扁桃体中度红肿，其上可见乳白色或灰白色大片假膜，但范围仍不超出扁桃体；假膜开始较薄，不易剥去，若用力拭去，可引起小量出血，并在24h内又形成新的假膜。

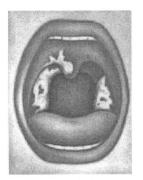

图7-2　白喉病

严重型扁桃体和咽部水肿、充血明显。假膜在12~24h内蔓延成大片；除扁桃体外，还波及腭弓、上腭、悬雍垂、咽后壁和鼻咽部，甚至延及口腔黏膜；口腔有腐臭味，颈淋巴结肿大，颈部肿大如"牛颈"。全身中毒症状严重者可有高热或体温不升、烦躁不安、呼吸急促、面色苍白、呕吐、脉细速、血压下降，或有心脏扩大、心律失常，亦有出血等危重症状。

（2）喉及气管支气管白喉。

大多由咽白喉扩散至喉部所致，亦可为原发性，多见于1~5岁小儿。起病较缓，伴发热，咳嗽呈"空空"声，声音嘶哑，甚至失声。同时由于喉部有假膜、水肿和痉挛而引起呼吸道阻塞症状，吸气时可有蝉鸣音，严重者吸气时可见"三凹征"。喉镜检查可见喉部红肿和假膜。假膜有时可伸展至气管和支气管、细支气管。

（3）鼻白喉。

鼻白喉比较少见，指前鼻部白喉而言。鼻白喉可单独存在，或与喉白喉、咽白喉同时存在。多见于婴幼儿。病变范围小，全身症状轻微，主要表现为浆液血性鼻涕，以后转为厚脓涕，有时可伴鼻衄，常为单侧性。鼻孔周围皮肤发红、糜烂及结痂，鼻前庭或中隔上可见白色假膜。

（4）其他部位白喉。

皮肤或伤口白喉不多见，系由皮肤或黏膜直接或间接感染而得。本型症状虽不重但易于传播。

其他外阴、脐、食管、中耳、眼结膜等处偶尔可发生白喉。局部有炎症和假膜，常伴继发感染，但全身症状较轻。

3）治疗方案

（1）一般治疗。患者应卧床休息和减少活动，一般不少于 3 周。要注意口腔和鼻部卫生。

（2）抗生素治疗。常选用青霉素，需 7~10 天，用至症状消失和白喉杆菌培养阴转为止。对青霉素过敏者或应用青霉素 1 周后培养仍是阳性者，可改用红霉素，分四次口服或静脉给药，疗程同上。

（3）抗毒素治疗。抗毒素可以中和游离的毒素，但不能中和已结合的毒素。在病程初期 3 日应用者效果较好，以后疗效即显著降低。剂量决定于假膜的范围、部位及治疗的早晚。

（4）心肌炎的治疗。患者应卧床休息，烦躁者给以镇静剂。可用泼尼松口服，症状好转后逐渐减量。严重患者可用三磷酸腺苷（ATP）和辅酶 A50U 治疗。

（5）神经麻痹的治疗。吞咽困难者用鼻饲。

（6）喉梗阻的治疗。对轻度喉梗阻者需密切观察病情的发展，随时准备做气管切开。呼吸困难较重，出现三凹征时，应立即进行气管切开，并在切开处钳取假膜，或滴入胰蛋白酶或糜蛋白酶以溶解假膜。

（7）白喉带菌者的处理。先做白喉杆菌毒力试验，阳性者隔离，并用青霉素或红霉素治疗，不必用抗毒素。培养连续 3 次阴性后解除隔离。对顽固带菌者可考虑扁桃体摘除。白喉恢复期带菌者如需做扁桃体摘除，必须在痊愈后 3 个月，且心脏完全正常时进行。

4）预防措施

（1）控制传染源。

早期发现：及时隔离治疗病人，直至连续 2 次咽拭子白喉杆菌培养阴性，可解除隔离。如无培养条件，起病后隔离 2 周。

对密切接触者：观察 7 天。对没有接受白喉类毒素全程免疫的幼儿，最好给予白喉类毒素与抗毒毒同时注射。

带菌者：予青霉素或红霉素治疗 5~7 天，细菌培养 3 次阴性始能解除隔离。如用药无效者可考虑扁桃体摘除。

（2）切断传播途径。

呼吸道隔离，病人接触过的物品及分泌物，必须煮沸或加倍量的 10% 漂白粉乳剂或 5% 石炭酸溶液浸泡 1h。

（3）提高机体免疫力。

对白喉易感者或体弱多病者可用抗毒素作被动免疫，成人 1000～2000μ 肌注，儿童 1000μ，有效期仅 2～3 周。

2. 登革热

1）流行特征

登革热病毒传播方式见图 7-3，经伊蚊（图 7-4），叮咬进入人体，在毛细血管内皮细胞和单核—吞噬细胞系统增殖后进入血液循环，形成第一次毒血症。然后再定位于单核—吞噬细胞系统和淋巴组织中复制，再次释放入血，形成第二次毒血症。登革病毒与机体产生的抗登革病毒抗体形成免疫复合物，激活补体系统，导致血管通透性增加。同时病毒可抑制骨髓，导致白细胞、血小板减少和出血倾向。

图 7-3　登革热传播方式

图 7-4　病媒伊蚊

2）临床表现

初步检查有寒战、发烧（寒战后发生，大多为高热，而且短时间内可迅速升高，一般持续 5～7 天，有时也可有低热）、剧烈头痛、关节剧痛、食欲下降、恶心、呕吐、腹痛、腹泻、皮疹（为斑丘疹或麻疹样皮疹，也有猩红热样皮疹，红色斑疹，重者变为出血性皮疹。遍布全身，一般持续 5～7 天）、淋巴结肿大、出血（只见于部分患者）、肝脏肿大、黄疸等症状，严重者还有谵妄、昏迷、抽搐、大汗、血压骤降、颈强直、瞳孔散大等症状。另外，血常规检查中，白细胞、中性粒细胞、血小板等下降。

3）治疗方案

登革热和登革出血热无特效疗法，主要采用综合治疗措施。急性期病人宜卧床休息，恢复期不宜过早活动，饮食以流质或半流质为宜，食物应富于营养并容易消化。高热病人可酌情静脉输液，每日 1000～1500mL，但需注意防止输液反应，有输液反应时，立即给予氢化可的松 200mg 或地塞米松 10mg 静脉滴注，并密切观察病情变化。

登革出血热有休克、出血等严重症状，需积极处理。休克者应及时补充血容量，可选用低分子右旋糖酐、平衡盐液、葡萄糖盐水等，首次液体 300~500mL，应快速静脉输入，必要时可输血浆或加用血管活性药物。大出血病人应输新鲜血液；上消化道出血者，可服氢氧化铝凝胶、西咪替丁等，严重者可用冰盐水或去甲肾上腺素稀释后灌胃；对子宫出血者，可用宫缩剂。有脑水肿者用 20%甘露醇 250mL 和地塞米松 10mg 静脉滴注，抽搐者可用安定缓慢静脉注射。

4）预防措施

（1）控制传染源，在地方性流行区或可能流行地区要做好登革热疫情监测预报工作，早发现，早诊断，及时隔离与治疗患者；同时，对可疑病例应尽快进行特异性实验室检查，识别轻型患者，加强国境卫生检疫。

（2）切断传播途径，防蚊，灭蚊是预防本病的根本措施，改善卫生环境，消灭伊蚊滋生地，清理积水，喷洒杀蚊剂消灭成蚊。

（3）提高人群抗病力，注意饮食均衡营养，劳逸结合，适当锻炼，增强体质。登革疫苗仍处于研制，试验阶段，已研制出登革病毒 1 型和 2 型的蛋白与 DNA 基因疫苗，正在进行动物试验，但尚未能在人群中推广应用，由于低滴度的抗登革病毒 1 型抗体有可能成为促进型抗体，诱发登革出血热的发生，因而增加了疫苗研制、应用的难度。

3. 弓形虫病

1）流行特征

（1）世界性分布。

（2）虫体的不同阶段均可引起感染；临床期患畜的唾液等分泌物、内脏及急性病例的血液中都可能含有速殖子。

（3）感染源：主要病人、畜和带虫动物体内的各期虫体。

（4）易感动物：200 多种哺乳动物，70 多种鸟类，5 种变温动物，某些节肢动物。家畜中对猪和羊的危害最大。

（5）感染途径：病原体也可通过眼、鼻、呼吸道、肠道、皮肤等途径侵入，如图 7-5 所示。

2）临床表现

一般分为先天性和后天获得性两类，均以隐性感染为多见。临床症状多由新近急性感染或潜在病灶活化所致。

先天性弓形虫病的临床表现复杂。多数婴儿出生时可无症状，其中部分

图 7-5　弓形病传播示意图

于出生后数月或数年发生视网膜脉络膜炎、斜视、失明、癫痫、精神运动或智力迟钝等。下列不同组合的临床表现，如视网膜脉络膜炎、脑积水、小头畸形、无脑儿、颅内钙化等应考虑本病可能。

后天获得性弓形虫病病情轻重不一，免疫功能正常的宿主表现为急性淋巴结炎最为多见，约占 90%。免疫缺损者如艾滋病、器官移植、恶性肿瘤（主要为霍杰金病等）常有显著全身症状，如高热、斑丘疹、肌痛、关节痛、头痛、呕吐、谵妄，并发生脑炎、心肌炎、肺炎、肝炎、胃肠炎等。

眼弓形虫病多数为先天性，后天所见者可能为先天潜在病灶活性所致。临床上有视力模糊、盲点、怕光、疼痛、溢泪、中心性视力缺失等，很少有全身症状。炎症消退后视力改善，但常不能完全恢复，可有玻璃体混浊。

3）治疗方案

多数用于治疗本病的药物对滋养体有较强的作用，而对包囊阿奇霉素和阿托伐醌可能有一定作用外，余均无效。

（1）免疫功能正常者：

方案 1：磺胺嘧啶和乙胺嘧啶联合。

方案 2：乙酰螺旋霉素，一日三次口服。

方案3：阿奇霉素，顿服；可与磺胺药联合应用（用法同前）。

方案4：克林霉素，一日三次口服；可与磺胺药联合应用（用法同前）。

（2）免疫功能低下者：可采用上述各种用药方案，但疗程宜延长，可同时加用γ-干扰素治疗。

（3）眼部弓形虫病可用，①磺胺类药物+乙胺嘧啶（或螺旋霉素）：疗程至少一个月；②克林霉素：每日4次，至少连服3周。若病变涉及视网膜斑和视神经头时，可加用短程肾上腺皮质激素。

4）预防措施

（1）低温（-13℃）和高温（67℃）均可杀死肉中的弓形虫。

（2）操作过肉类的手、菜板、刀具等，以及接触过生肉的物品要用肥皂水和清水冲洗。

（3）蔬菜在食用前要彻底清洗。

（4）提高医务人员和畜牧兽医人员对本病的认识及掌握本病的诊断与治疗方法。对人群和动物特别是家畜的感染情况及其有关因素进行调查，以便制定切实可行的防治措施。

（5）做好水、粪等两管五改工作，要特别注意防止可能带有弓形体卵囊的猫粪污染水源和食物等。

4. 霍乱

1）流行特征

霍乱是由霍乱弧菌引起的急性肠道传染病，典型病例以剧烈水样腹泻为主要症状，可在短时间内导致脱水、电解质平衡失调、代谢性酸中毒，严重者可迅速发展为循环衰竭，并导致死亡。该病以发病急、传播快、波及范围广、能引起大范围乃至世界性的大流行为特征。霍乱弧菌如图7-6所示。

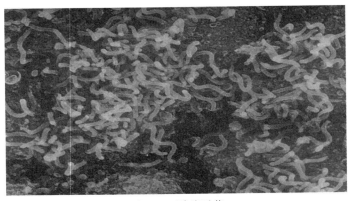

图7-6　霍乱弧菌

2）临床表现

（1）泻吐期。泻吐期多以突然腹泻开始，继而呕吐。一般无明显腹痛，无里急后重感。每日大便数次甚至难以计数，量多，每天 2000~4000mL，严重者 8000mL 以上。初为黄水样，不久转为米泔水水样便，少数患者有血性水样便或柏油样便，腹泻后出现喷射性和边疆性呕吐，初为胃内容物，继而水样，米泔样。呕吐多伴有恶心，喷射样，其内容物与大便性状相似。少部分的患者腹泻时不伴有呕吐。由于严重泻吐引起体液与电解质的大量丢失，出现循环衰竭，表现为血压下降、脉搏微弱、血红蛋白及血浆比重显著增高，尿量减少甚至无尿。机体内有机酸及氮素产物排泄受障碍，患者往往出现酸中毒及尿毒症的初期症状。血液中钠钾等电解质大量丢失，患者出现全身性电解质紊乱。缺钠可引起肌肉痉挛，特别以腓肠肌和腹直肌为最常见。缺钾可引起低钾综合征，如全身肌肉张力减退、肌腱反射消失、鼓肠、心动过速、心律不齐等。由于碳酸氢根离子的大量丢失，可出现代谢性酸中毒，严重者神志不清，血压下降。

（2）脱水虚脱期。脱水虚脱期患者的外观表现非常明显，严重者眼窝深陷，声音嘶哑，皮肤干燥皱缩、弹性消失，腹下陷呈舟状，唇舌干燥、口渴欲饮，四肢冰凉、体温常降至正常以下，肌肉痉挛或抽搐。

（3）恢复期。少数患者（以儿童多见）此时可出现发热性反应，体温升高至 38~39℃，一般持续 1~3 天后自行消退，故此期又称为反应期。病程平均 3~7 天。

3）治疗方案

本病的处理原则是严格隔离，迅速补充水及电解质，纠正酸中毒，辅以抗菌治疗及对症处理。

（1）一般治疗与护理。

按消化道传染病严密隔离至症状消失 6 天后，粪便弧菌连续 3 次阴性为止，方可解除隔离，患者用物及排泄物需严格消毒，病区工作人员须严格遵守消毒隔离制度，以防交叉感染。

重型患者绝对卧床休息至症状好转。

饮食剧烈泻吐暂停饮食，待呕吐停止腹泻缓解可给流质饮食，在患者可耐受的情况下缓慢增加饮食。

水分的补充为霍乱的基础治疗，轻型患者可口服补液，重型患者需静脉补液，待症状好转后改为口服补液。

标本采集患者入院后立即采集呕吐物的粪便标本，送常规检查及细菌培养，注意标本采集后要立即送检。

密切观察病情变化每 4h 测生命体征 1 次，准确记录出入量，注明大小便

次数、量和性状。

（2）输液的治疗与护理。

输液治疗原则：早期、迅速、适量，先盐后糖，先快后慢，纠酸补钙，见尿补钾。

（3）对症治疗与护理。

频繁呕吐可给阿托品。

剧烈腹泻可酌情使用肾上腺皮质激素。

肌肉痉挛可静脉缓注 10%葡萄糖酸钙，热敷、按摩。

周围循环衰竭者在大量补液纠正酸中毒后，血压仍不回升者，可用间羟胺或多巴胺药物。

尿毒症者应严格控制体入量，禁止蛋白质饮食，加强口腔及皮肤护理，必要时协助医生做透析疗法。

（4）病因治疗与护理。

四环素有缩短疗程减轻腹泻及缩短粪便排菌时间、减少带菌现象，可静脉滴注，直至病情好转，也可用多西环素、复方新诺明、吡哌酸等药治疗。

（5）注意事项。

本病常见的并发症有酸中毒、尿毒症、心力衰竭、肺水肿和低钾综合征等。

4）预防措施

（1）控制传染源：及时检出病人，及时隔离，对密接者严密检疫，进行粪便检查和药物治疗。

（2）切断传播途径：加强饮水消毒和食品管理，对病人和带菌者的排泄物进行彻底消毒，消灭苍蝇等传播媒介。

（3）提高人群免疫力，保护易感人群。

5. 基孔肯雅热

1）流行特征

基孔肯雅病毒的自然宿主有人和灵长类动物，主要传播媒介有埃及伊蚊、白纹伊蚊、非洲伊蚊和带叉—泰氏伊蚊，基孔肯雅病毒如图 7-7 所示。不同蚊种在传播中的重要性不同。埃及伊蚊为家栖蚊种，主要滋生在居室内或周边较为洁净的容器积水中，一般在白天叮咬人，日出后 2h 和日落前 2h 内为其活动高峰，与人关系密切，是传播基孔肯雅病毒能力最强的蚊种。白纹伊蚊分布较为广泛，是引起近期印度洋岛屿基孔肯雅流行的主要媒介。非洲伊蚊和带叉—泰氏伊蚊均为非洲野栖树冠蚊种，在丛林型疫源地病毒循环中起重要作用。

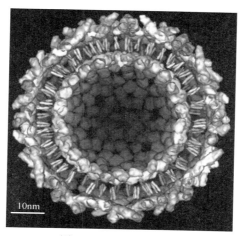

图 7-7　基孔肯雅病毒

基孔肯雅的流行分为城市型和丛林型。在城市型疫源地中，病人和隐性感染者为主要传染源，病毒主要以人—蚊—人的方式循环，其流行以不定期出现的暴发为主；在丛林型疫源地中，受感染的灵长类和其他野生动物是主要传染源，病毒主要以灵长类—蚊—灵长类的方式循环，其病毒流行可长期循环存在。

人通过被带毒的伊蚊叮咬而感染，无直接人传人的报道。伊蚊在叮咬有病毒血症的人或动物后，病毒在蚊虫体内繁殖并到达唾液腺内增殖，经 8~12 天的外潜伏期再传播病毒。病毒在蚊体内存活时间较长，甚至终生具有传染性。蚊虫在吸血时，如受到干扰更换宿主，可立即机械传播该病毒。

2）临床表现

基孔肯雅热的潜伏期一般为 2~4 天，也可长达 7~12 天。主要症状有突然发热、寒战、躯干部皮疹、严重关节痛和头痛等，可伴有恶心、呕吐、畏光、结膜充血、腹痛或出血症状。发热、皮疹等急性症状一般持续 5~7 天。关节痛多为多关节和游走性的，主要侵犯手腕、脚踝、脚趾等小关节，一般在皮疹之后出现，可持续数天或数月。

基孔肯雅热患者极少报道发生严重出血或死亡，老年患者常在发病后几年内仍有关节疼痛和渗出症状发作。部分病人可出现持久性关节炎，其体内通常可检出高滴度的基孔肯雅病毒抗体。

3）治疗方案

本病无特效药物治疗，主要为对症处理。

（1）一般治疗。发热期应卧床休息，不宜过早下地活动，防止病情加重。

采取防蚊隔离措施。

（2）对症治疗。

降温：对于高热病人应先采用物理降温。有明显出血症状的患者，要避免酒精擦浴。可使用非甾体消炎药（NSAIDS），避免使用阿司匹林类药物。

止痛：关节疼痛较为严重者，可使用镇痛药物。

脑膜脑炎的治疗：治疗要点主要为防治脑水肿。可使用甘露醇、呋塞米等药物降低颅压。

关节疼痛或活动障碍者可进行康复治疗。

4）预防措施

（1）及时清除居室内外无用的储水容器，如废旧轮胎、空饮料瓶、破缸和水罐等，并定期更换水缸、花盆、罐及其他小型容器的储水，家用的水缸和储水池应加盖并经常清洗。

（2）采用驱蚊剂、穿着长袖衣物或使用蚊帐等措施防止蚊虫叮咬。尤其是前往非洲和东南亚流行区的旅游者更要提高防范意识，防止在境外感染并输入基孔肯雅热。一旦出现可疑症状，应主动就诊并将旅游史告知医生。

（3）有媒介伊蚊分布的地区或曾经发生过登革热流行的地区要开展社区蚊媒密度监测或调查，包括伊蚊种类、季节消长、抗药性、近期蚊媒治理用药情况调查，了解当地蚊虫滋生环境、媒介伊蚊种群的分布、滋生地和密度的动态变化，为基孔肯雅热和登革热的预警提供参考依据。一旦发现蚊媒指数偏高时，相关单位须进行滋生地清除工作，开展预防性灭蚊。

6. 结核病

1）流行特征

（1）由于结核病由是由结核杆菌（图7-8）引起的慢性传染病，而且开放性患者大多与正常人生活在一起，极易传染，造成结核病在人群中的流行，并且难以控制。

图7-8 结核杆菌

（2）结核病受感染的时间很难估计。主要因为感染过程中受诸种因素的影响，使得从感染到发病的时间长短不一，因而，给防治工作带来了一定的困难。

（3）结核病的早期症状不明显，有的甚至出现了空洞而自觉症状还很轻，因此增加了在人群中隐秘传播的机会，也使发现病人的工作变得较难实行。

（4）结核病中以肺结核居多，约占80%，且危害较大，是防治工作中的重点。

（5）由于现代化学疗法和防治技术的不断实施与发展，治疗传染源已成为结核病的主要防治对策，结核病是可以通过治疗传染源得到控制以至消灭的。

2）临床表现

结核病侵入不同部位表现不一。肺结核早期或轻度肺结核，可无任何症状或症状轻微而被忽视，若病变处于活动进展阶段时，可出现以下症状：

多在午后体温升高，一般为37~38℃之间，患者常伴有全身乏力或消瘦，夜间盗汗，女性可导致月经不调或停经。

（1）肺部结核。咳嗽、咳痰是肺结核最常见的早期症状，痰内带血丝或小血块。

（2）胃部结核。临床表现很不一致，有些无症状或很轻微，有些类似慢性胃炎、胃癌、多数似溃疡病，患者有上腹部不适或疼痛，常伴有反酸嗳气，腹痛与进食无关。幽门梗阻所表现的呕吐多以下午、晚间为重，呕吐物为所进之食物，不含胆汁，潜血可为阴性，呕吐后腹胀减轻。除胃症状外还可伴全身结核症状，如乏力、体重减轻、下午发烧、夜间盗汗等。体格检查上腹有时可触及不规则的包块，有幽门梗阻时，在上腹部可见胃型、蠕动波及震水音。

（3）肝结核。最常见的症状为发热和乏力。其他症状有食欲不振、恶心、呕吐、腹胀、腹泻。发热多在午后，有时伴畏寒和夜间盗汗；有低热者也有弛张型者，高热可达39~41℃。身患结核病者可长期反复发热。

（4）肠结核。临床表现在早期多不明显，多数起病缓慢，病程较长，如与肠外结核并存，其临床表现可被遮盖而被忽略。

3）治疗方案

（1）初治：肺结核（包括肺外结核）必须采用标准化治疗方案。对于新病例其方案分两个阶段，即2个月强化（初始）期和4~6个月的巩固期。强化期通常联合3~4个杀菌药，约在2周之内传染性病人经治疗转为非传染性，症状得以改善。巩固期药物减少，但仍需灭菌药，以清除残余菌并防止复发。

（2）复治：有下列情况之一者为复治：①初治失败的患者；②规则用药

满疗程后痰菌又转阳的患者；③不规则化疗超过 1 个月的患者；④慢性排菌患者。由于可能已经产生获得性耐药，复治是一个困难的问题，推荐强化期 5 药和巩固期 3 药的方案，希望强化期能够至少有 2 个仍然有效的药物，疗程亦需适当延长。

（3）MDR-TB 的治疗：MDR-TB 是被 WHO 认定的全球结核病疫情回升的第 3 个主要原因。强化期治疗至少 3 个月。巩固期减至 2~3 种药物，至少应用 18~21 个月。

4）预防措施

（1）要定时进行体格检查，做到早发现、早隔离、早治疗。

（2）发现有低热、盗汗、干咳、痰中带血丝等症状，要及时到医院检查。确诊结核病以后，要立即用链霉素、异烟肼、乙胺丁醇药物进行治疗。同时，还要注意增加营养，以增强体质。只要发现及时，治疗彻底，结核病是完全可以治愈的。

（3）结核病是由结核杆菌经呼吸道传播的疾病，主要通过病人咳嗽，打喷嚏和大声说话时喷出的飞沫来传播，所以为了避免传染，一定要养成良好的卫生习惯。打喷嚏时要用手帕捂住嘴，避免面对他人；房内要经常换气，人群密集的地方更要注意；还要多锻炼，提高免疫力。

7. 利斯曼原虫

1）流行特征

利斯曼是一种寄生虫性传染性疾病，这种疾病感染人类、狗、啮齿类动物及其他小动物，流行于 90 国家，大部分发生在热带、亚热带及欧洲南部。这种疾病是由被感染的白蛉叮咬而传播的，白蛉大多在黄昏与黎明之间叮咬。

2）临床表现

利斯曼有以下 3 种类型。

（1）皮肤型：溃疡在身体暴露处，持续几个月到几年，大部分无痛，但可能很痛，留下持久疤痕，利斯曼原虫感染者的手部如图 7-9 所示。

（2）内脏型：最严重的类型，影响到内脏器官，如不治疗，可能致命。

（3）黏膜与皮肤：少见，影响到鼻子及口腔内黏膜。

3）治疗方案

利斯曼能治疗并能治愈，皮肤型通常不需要治疗，治疗能加速愈合及预防并发症。内脏型立即及彻底治疗是必须的，药物是有效并且安全的。

4）预防措施

避免白蛉叮咬是预防利斯曼病的最好措施。减少在黄昏与黎明之间活动，穿防护服（长袖衣服、裤子、袜子）用有效驱蚊液，睡觉时用蚊帐（每英寸

18 个孔）睡觉时启用空调。

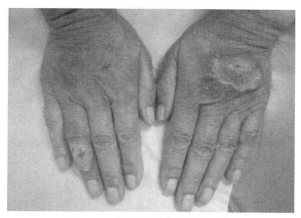

图 7-9　利斯曼原虫感染者手部

8. 麻疹

1) 流行特征

　　麻疹是由麻疹病毒致病的一种高度传染性病毒性疾病，它能导致严重的并发症。它传播非常容易，麻疹病毒如图 7-10 所示，生长在感染人的鼻腔及喉部分泌物中，当病人说话、咳嗽及打喷嚏时感染的液体颗粒进入环境中，健康人吸入后就可感染发病，麻疹病毒可以寄存物体表面而存活几小时，如果人们触摸这种物体表面然后触摸眼睛、鼻子或嘴，病毒就会进入人体。

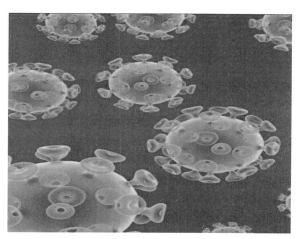

图 7-10　麻疹病毒

2）临床表现

接触病毒 10~12 天后发病，典型发病时发烧、干咳、咽痛、流鼻涕、眼睛发红，几天以后科波力克氏斑出现（小的红斑出现在嘴里颊部，红斑中央是蓝白色），麻疹皮疹出现伴随发热，皮疹是斑点状，红色，发痒，从脸部开始，很快扩散到胸部、背部、腿部及脚，皮疹持续一周。大部分患者发病两周后完全康复。严重的感染致感染肺炎，少见的患者能导致脑炎。

3）治疗方案

（1）一般治疗。

隔离，卧床休息，房内保持适当的温度和湿度，经常通风保持空气新鲜。有畏光症状时房内光线要柔和；给予容易消化的富有营养的食物，补充足量水分；保持皮肤、黏膜清洁，口腔应保持湿润清洁，可用盐水漱口，每天重复几次。一旦发现手心脚心有疹子出现，说明疹子已经出全，病人进入恢复期。密切观察病情，出现合并证立即看医生。

（2）对症治疗。

高热时可用小量退热剂；烦躁可适当给予苯巴比妥等镇静剂；剧咳时用镇咳祛疾剂；继发细菌感染可给抗生素。麻疹患儿对维生素 A 需要量大，世界卫生组织推荐，在维生素 A 缺乏区的麻疹患儿应补充维生素 A。

4）预防措施

麻疹可以通过注射麻疹疫苗而有效预防，两次注射会使大部分人终生免疫，人患过麻疹后对之免疫而不用注射疫苗。

9. 疟疾

1）流行特征

（1）传染源。疟疾病人及带虫者是疟疾的传染源，且只有末梢血中存在成熟的雌雄配子体时才具传染性，疟原虫感染示意图如图 7-11 所示。

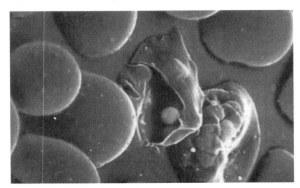

图 7-11　疟原虫感染图示

（2）传播途径。疟疾的自然传播媒介是按蚊，人被有传染性的雌性按蚊叮咬后即可受染，偶尔输入带疟原虫的血液或使用含疟原虫的血液污染的注射器也可传播疟疾，罕见通过胎盘感染胎儿，传播途径如图7-12所示。

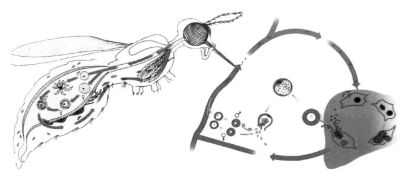

图7-12　传播途径

（3）人群易感性。人对疟疾普遍易感。多次发作或重复感染后，再发症状轻微或无症状，表明感染后可产生一定免疫力。高疟区新生儿可从母体获得保护性IgG。但疟疾的免疫不但具有种和株的特异性，而且还有各发育期的特异性。其抗原性还可连续变异，致宿主不能将疟原虫完全清除。原虫持续存在，免疫反应也不断发生，这种情况称带虫免疫或伴随免疫。

2）临床表现

典型的周期性寒战、发热、出汗可初步诊断。不规律发热，而伴脾、肝大及贫血，应想到疟疾的可能。凶险型多发生在流行期中，多急起，高热寒战，昏迷与抽搐等。流行区婴幼儿突然高热、寒战、昏迷，也应考虑本病。

3）治疗方案

（1）基础治疗。

发作期及退热后24h应卧床休息。

要注意水分的补给，对食欲不佳者给予流质或半流质饮食，至恢复期给高蛋白饮食；吐泻不能进食者，则适当补液；有贫血者可辅以铁剂。寒战时注意保暖；大汗应及时用干毛巾或温湿毛巾擦干，并随时更换汗湿的衣被，以免受凉；高热时采用物理降温，过高热患者因高热难忍可药物降温；凶险发热者应严密观察病情，及时发现生命体征的变化，详细记录出入量，做好基础护理。

按虫媒传染病做好隔离。患者所用的注射器要洗净消毒。

（2）病原治疗。

目的是既要杀灭红内期的疟原虫以控制发作，又要杀灭红外期的疟原虫以防止复发，并要杀灭配子体以防止传播。

间日疟、三日疟和卵形疟治疗：包括现症病例和间日疟复发病例，须用血内裂殖体杀灭药如氯喹，杀灭红内期的原虫，迅速退热，并用组织期裂殖体杀灭药亦称根治药或抗复发药进行根治或称抗复发治疗，杀灭红外期的原虫。常用氯喹与伯氨喹联合治疗。

恶性疟治疗：对氯喹尚未产生抗性地区，仍可用氯喹杀灭红细胞内期的原虫，同时须加用配子体杀灭药。成人口服氯喹加伯氨喹。

（3）凶险发作的抢救原则。

① 迅速杀灭疟原虫无性体；

② 改善微循环，防止毛细血管内皮细胞崩裂；

③ 维持水电平衡。

（4）快速高效抗疟药可选用青蒿素和青蒿琥酯等。

（5）其他治疗。

循环功能障碍者，按感染性休克处理，给予皮质激素、莨菪类药、肝素等，低分右旋糖酐；

高热惊厥者，给予物理、药物降温及镇静止惊；

脑水肿应脱水；心衰肺水肿应强心利尿；呼衰应用呼吸兴奋药，或人工呼吸器；肾衰重者可做血液透析；

黑尿热则首先停用奎宁及伯氨喹，继之给激素，碱化尿液，利尿等。

4）预防措施

疟疾的预防，指对易感人群的防护，包括个体预防和群体预防。

个体预防系疟区居民或短期进入疟区的个人，为了防蚊叮咬、防止发病或减轻临床症状而采取的防护措施。

群体预防是对高疟区、爆发流行区或大批进入疟区较长期居住的人群，除包含个体预防的目的外，还要防止传播。要根据传播途径的薄弱环节，选择经济、有效，且易于接受的防护措施。

预防措施有：蚊媒防制、药物预防或疫苗预防。

10. 寨卡

1）流行特征

寨卡是通过伊蚊传播、母婴传播、性传播寨卡病毒致病，如图7-13所示，一年四季均可发病。

2）临床表现

寨卡病毒病的潜伏期目前尚不清楚，现有的记录资料显示为3~12天。感染寨卡病毒后，仅20%出现症状，且症状较轻，主要表现为发热（多为中低度发热)、皮疹（多为斑丘疹），并可伴有非化脓性结膜炎、肌肉和关节痛、全身乏力以及头痛，少数患者可出现腹痛、恶心、腹泻、黏膜溃疡、皮肤瘙痒等。症状持续 2~7 天缓解，预后良好，重症与死亡病例罕见。

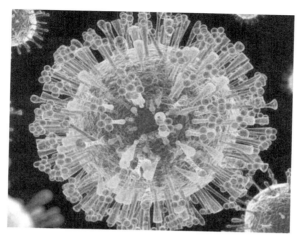

图 7-13　寨卡病毒

小儿感染病例还可出现神经系统、眼部和听力等改变。孕妇感染寨卡病毒可能导致新生儿小头畸形甚至胎儿死亡，小头症新生儿如图 7-14 所示。

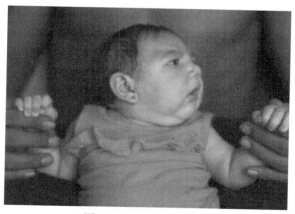

图 7-14　小头症新生儿

3）治疗方案

寨卡病毒病通常症状较轻，不需要做出特别处理，以对症治疗为主，酌情服用解热镇痛药。高热不退患者可服用解热镇痛药，如对乙酰基酚，成人用法为 250~500mg/次、每日 3~4 次，儿童用法为 10~15mg/次，可间隔 4~6h/次，24h 内不超过 4 次。伴有关节痛患者可使用布洛芬，成人用法为 200~400mg/次，4~6h/次，儿童用法为 5~10mg/次，每日 3 次。伴有结膜炎时可使用重组人干扰素 α 滴眼液，1~2 滴/次，每日 4 次。

患者发病第一周内，应当实施有效的防蚊隔离措施。对感染寨卡病毒的孕妇，建议每 3~4 周监测胎儿生长发育情况。

4）预防措施

目前无疫苗。减少寨卡病毒感染来源，以及减少蚊虫与人的接触可减少感染发生。建议采取以下措施：使用驱虫剂；穿戴尽可能覆盖身体各部位的衣服，而且最好是浅色衣服；采用纱网、门窗紧闭等物理屏障；蚊帐内睡觉。另外较为重要的是将水桶、花盆或者汽车轮胎等可能蓄水的容器实施排空、保持清洁或者加以覆盖，从而去除可使蚊虫滋生的环境。

要保护自己免患寨卡病毒和其他蚊媒疾病，采取上述措施，避免受到蚊子叮咬。孕妇或者计划怀孕的妇女应当遵循这一建议，当前往已经出现寨卡病毒疫情的地区旅行时也可征求当地卫生部门的意见。

11. 中东呼吸综合征

1）流行特征

在中东地区一些骆驼身上有中东呼吸综合征冠状病毒可能传播到人类，病毒形状如图 7-15 所示，人类患上中东呼吸综合征可以传播到那些密切接触的人而导致爆发，所以医疗工作者及家庭人员被传染，有些患者国际旅行导致在其他国家爆发。一些人没有症状，其他人发展到肺炎和脏器衰竭，有些人需要重症监护护理，大约 30%~40% 的患者死亡。

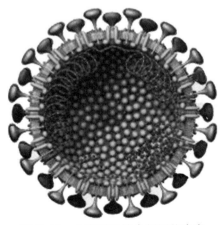

图 7-15　中东呼吸综合征冠状病毒

2）临床表现

症状出现在接触病毒 2~14 天，轻度症状表现为发热、咳嗽、寒战、腹泻；严重的会呼吸困难、肺炎、肾衰竭。

3）治疗方案

没有特效治疗方法，只能对症治疗。

4）预防措施

没有疫苗。预防做到勤洗手，当咳嗽及打喷嚏时捂住口鼻，保证食物安全。不要接触病人，不要触摸脸部（除非在洗手后）。在中东地区额外注意不要触摸动物，特别是骆驼，不要吃生的和烹调过的骆驼肉，不要喝没有经高温消毒的奶类。

12．黄热病

1）流行特征

黄热病病毒如图 7-16 所示，是一种黄病毒属虫媒病毒，通过伊蚊属和嗜血蚊属的蚊子传播。不同的蚊种生活在不同的栖息地——有些在房屋周围（家居环境）繁殖，有些在野外丛林中繁殖，还有些可在两种环境中都繁殖（半家居环境）。传播链有以下三类：

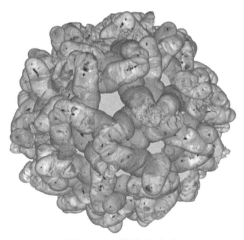

图 7-16　黄热病病毒

（1）森林型（或丛林型）黄热病：在热带雨林中，猴子是黄热病的主要宿主，野生蚊子通过叮咬在猴子之间传播病毒。在森林中工作或旅行的人偶尔会被受感染的蚊子叮咬并染上黄热病。

（2）中间型黄热病：在这类传播中，半家居环境中的蚊子（在野外和房屋四周都能繁殖）感染猴子和人。人与受感染蚊子之间的更多接触导致病毒传播增加，并且一个地区中的许多独立村庄可能同时发生疫情。这类疫情在非洲最为常见。

（3）城市型黄热病：如果受感染的人把病毒带入人口稠密的地区，而这些地区有很多人因缺乏疫苗接种而几乎或根本不具免疫力，同时这些地区的蚊虫密度高，就会发生大流行。在这种情况下，受感染的蚊子在人与人之间传播病毒。

2）临床表现

一旦受到感染，黄热病病毒在体内潜伏 3~6 天。许多人没有症状，但如果出现症状，最常见的是发热、肌肉疼痛（尤其是背痛）、头痛、食欲不振和恶心或呕吐。大多数情况下，症状在 3~4 天后消失。

但小部分患者在从最初症状恢复后 24h 内进入毒性更强的第二期。重新出现发热，一些身体系统（通常是肝脏和肾脏）受到影响。在此阶段，患者可能出现黄疸（皮肤和眼睛发黄，"黄热病"的病名便由此而来），尿色深以及腹痛并伴有呕吐。口、鼻、眼或胃可能出血。进入毒性期的患者半数在 7~10 天内死亡。

黄热病难以诊断，尤其是在初期阶段。病情较重时可能与严重的疟疾、钩端螺旋体病、病毒性肝炎（尤其是暴发性的）、其他出血热，其他黄病毒感染（如登革出血热）以及中毒混淆。

验血（逆转录聚合酶链反应（RT-PCR））有时可以在疾病早期阶段检出病毒。在疾病后期阶段，需要通过检测［酶联免疫吸附试验（ELISA）和蚀斑减少中和试验（PRNT）］确定抗体。

3）治疗方案

至今尚无特效疗法。

（1）一般治疗。黄热病的治疗应卧床休息直至完全恢复，应住在无蚊虫的屋内，尤其在病儿发热期间有病毒血症应使用蚊帐。给予流质或半流质饮食，频繁呕吐者可禁食，给予静脉补液，注意水、电解质和酸碱平衡。

（2）对症治疗。高热时黄热病的治疗宜采用物理降温为主，禁用阿司匹林退热，因可诱发或加重出血。频繁呕吐可口服或肌注甲氧氯普胺。有继发细菌感染或并发疟疾者给予合适的抗生素或抗疟药。心肌损害者可试用肾上腺皮质激素。对重症病例应严密观察病情变化，如发生休克、急性肾功能衰竭、消化道出血等即予以相应处理。

4）预防措施

（1）疫苗接种。疫苗接种是预防黄热病的最重要手段。在疫苗接种覆盖率低的高危地区，及时识别并通过大规模免疫接种来控制疫情对预防疾病流行至关重要。要在发生黄热病疫情的地区防止传播，必须为大部分有风险人群（80%以上）接种疫苗。

（2）蚊子控制。通过清除潜在的蚊子繁殖场所，在储水容器和有积水的其他场所喷洒杀幼虫剂，可降低黄热病传播风险。在城市疫情期间通过喷洒杀虫剂杀死成蚊可帮助减少蚊子数量，由此减少黄热病的潜在传播源。

13. 鼠疫

1）流行特征

鼠疫是一种传染病，由鼠疫耶尔森菌引起，这是一种动物源性细菌，如图 7-17 所示，通常可在小动物及其跳蚤上发现。它通过染病跳蚤叮咬、直接接触和吸入的方式在动物与人之间传播，极少数情况下也通过摄入传染物传播。

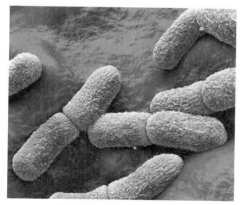

图 7-17　鼠疫耶尔森菌

鼠疫感染可按感染途径分为 3 种：腺鼠疫、败血性鼠疫和肺鼠疫。腺鼠疫的特点是淋巴结疼痛肿大或"腹股沟淋巴结炎"，是最常见的一种鼠疫。

不加治疗的鼠疫可能迅速致死，因此及早诊断和治疗对于存活及减少并发症至关重要。如果诊断及时，使用抗生素和支持性疗法可以有效对抗鼠疫。这些方法包括施用抗生素和支持性疗法。

2）临床表现

（1）潜伏期。

腺型 2~8 天；肺型数小时至 2~3 天；曾经预防接种者可延至 9~12 天。

（2）症状体征。

① 轻型有不规则低热，全身症状轻微，局部淋巴结肿痛，偶可化脓，无出血现象，多见于流行初、末期或预防接种者。

② 腺型最多见，常发生于流行初期。急起寒战、高热、头痛、乏力、全身酸痛，偶有恶心、呕吐、烦躁不安、皮肤瘀斑、出血。发病时即可见蚤叮咬处引流区淋巴结肿痛，发展迅速，第 2 ~ 4 天达高峰。腹股沟淋巴结最常受累，其次为腋下、颈部及颌下。由于淋巴结及周围组织炎症剧烈，使呈强迫体位。如不及时治疗，肿大的淋巴结迅速化脓、破溃，于 3 ~ 5 天内因严重毒血症、继发肺炎或败血症死亡。治疗及时或病情轻缓者腺肿逐渐消散或伤口愈合而康复。

③ 肺型可原发或继发于腺型，多见于流行高峰。肺鼠疫发展迅猛，急起高热，全身中毒症状明显，发病数小时后出现胸痛、咳嗽、咳痰，痰由少量迅速转为大量鲜红色血痰。呼吸困难与发绀迅速加重。肺部可以闻及湿性啰音，呼吸音减低，体征与症状常不相称。未经及时抢救者多于 2 ~ 3 天内死于心力衰竭、休克。临终前高度发绀，皮肤常呈黑紫色，故有黑死病之称。

④ 败血症可原发或继发。原发者发展极速，全身毒血症症状、中枢神经系统症状及出血现象严重。迅速进入神志不清、谵妄或昏迷、抢救不及时常于 24h 至 3 天内死亡。

⑤ 其他少见类型：

皮肤型疫蚤叮咬处出现疼痛性红斑，迅速形成疱疹和脓疱可混有血液，可形成疖、痈。其表面被有黑色痂皮，周围暗红，底部为坚硬的溃疡，颇似皮肤炭疽。偶见全身性疱疹，类似天花或水痘。

眼型病菌侵入眼部，引起结膜充血、肿痛甚至形成化脓性结膜炎。

咽喉型病菌由口腔侵入，引起急性咽炎及扁桃体炎，可伴有颈淋巴结肿大，可为无症状的隐性感染，但咽部分泌物培养可分离出鼠疫杆菌，多为曾接受预防接种者。

肠炎型除全身症状外，有呕吐、腹痛、腹泻、里急后重及黏液便、粪便中可检出病菌。

脑膜炎型可为原发或继发，有明显的脑膜刺激症状，脑脊液为脓性，涂片及培养可检出鼠疫杆菌。

3）治疗方案

（1）治疗原则。

① 严格的隔离消毒。应严格隔离于隔离病院或隔离病区，病区内必须做到无鼠无蚤。入院时对患者做好卫生处理（更衣、灭蚤及消毒）。病区、室内定期进行消毒，患者排泄物和分泌物应用漂白粉或来苏液彻底消毒。工作人员在护理和诊治患者时应穿连衣裤的"五紧"防护服，戴棉花纱布口罩，穿高筒胶鞋，戴薄胶手套及防护眼镜。

② 饮食与补液急性期应给流质饮食，并供应充分液体，或予葡萄糖、生

理盐水静脉滴注，以利毒素排泄。

③护理严格遵守隔离制度，做好护理工作，消除患者顾虑，达到安静休息目的。

（2）病原治疗。

①原则是早期、联合、足量、应用敏感的抗菌药物。

②链霉素为治疗各型鼠疫特效药；对严重病例应加大剂量；链霉素可与磺胺类或四环素等联合应用，以提高疗效。

③庆大霉素分次静滴。

④四环素和氯霉素在开始2日宜用较大量。不能口服时改静滴；热退后即改口服。

⑤磺胺药宜用于轻症及腺鼠疫，与等量碳酸氢钠同服；不能口服时静滴，体温正常3~5天后停药。

⑥双嘧啶或复方新诺明。

⑦β-内酰胺类、喹诺酮类研究报道鼠疫杆菌对β-内酰胺类敏感性最好，喹诺酮类和氨基糖苷类次之，大环内酯类较差。但这些抗生素是否可完全替代链霉素尚有待进一步验证。

4）预防措施

（1）严格控制传染源。

①将患者严密隔离，禁止探视及患者互相往来。患者排泄物应彻底消毒，患者死亡应火葬或深埋。对于肺鼠疫患者要进行严格的隔离以防空气传播。各型鼠疫患者应分别隔离，肺鼠疫患者应单独一室。不能与其他鼠疫患者同住一室。腺鼠疫隔离至淋巴结肿完全消散后再观察7天，肺鼠疫要隔离至痰培养6次阴性。鼠疫接触者应检疫9天，对曾接受预防接种者，检疫期应延至12天。

②消灭动物传染源对自然疫源地鼠间鼠疫进行疫情监测，控制鼠间鼠疫，广泛灭鼠。

（2）切断传播途径

消灭跳蚤。患者的身上及衣物都要喷撒安全有效的杀虫剂杀灭跳蚤，灭蚤必须彻底，对猫、狗，家畜等也要喷药。

（3）保护易感者。

①保护接触者在流行时应避免接触蚤，腺鼠疫患者的接触者应用适当的杀虫剂进行灭蚤，所有的接触者是否需要用抗生素进行预防服药都要进行评估，与疑似或确诊的肺鼠疫患者接触后要用四环素或氯霉素，分4次服用，从最后接触的时间起连服一周，也可口服磺胺嘧啶；另外，环丙沙星对鼠疫杆菌也是敏感的。

② 预防接种自鼠间开始流行时，对疫区及其周围的居民、进入疫区的工作人员，均应进行预防接种。常用为 EV 无毒株干燥活菌苗，皮肤划痕法接种，即 2 滴菌液，相距 3~4cm。2 周后可获免疫。目前的疫苗仍不能对腺鼠疫和肺鼠疫产生长久的免疫保护，因此，一般每年接种一次，必要时 6 个月后再接种一次。

③ 医务人员个人防护，进入疫区的医务人员，必须接种菌苗，两周后方能进入疫区。工作时必须着防护服、戴口罩、帽子、手套、眼镜，穿胶鞋及隔离衣。

二、病媒生物防护

病媒生物防护指能直接或间接传播疾病（一般指人类疾病），危害、威胁人类健康的生物。广义的病媒生物包括脊椎动物和无脊椎动物，脊椎动物媒介主要是鼠类，属哺乳纲啮齿目动物；无脊椎动物媒介主要是昆虫纲的蚊、蝇、蟑螂、蚤等和蛛形纲的蜱、螨等。

1. 防治鼠类

1）物理灭鼠

常用的灭鼠器械有鼠夹、鼠笼、粘鼠板等，其使用方法有几个共同点：一是要布放在鼠道上；二是要有诱饵；三是要有效，即鼠夹、鼠笼能有效击发，粘鼠板要有足够的黏度。

2）化学灭鼠

慢性抗凝血灭鼠剂如图 7-18 所示，包括羟基香豆素或茚满二酮类的化合物。这类化合物的作用机制，是通过抑制肝微粒体中的维生素 K 循环使动物死于内出血。它作用较慢，又有特效的解毒剂维生素 K1，对非靶动物比较安全。慢性抗凝血灭鼠剂分为第一代和第二代。第一代抗凝血灭鼠剂有杀鼠灵、杀鼠迷、敌鼠钠、敌鼠。第一代抗凝血剂是药物灭鼠技术发展的里程碑，它使药物灭鼠相对安全而被广泛使用。它的毒力特点为少量多次摄入毒力大，而一次摄入毒力低，因此第一代抗凝血灭鼠剂需要鼠类多次（5~10 次）取食毒饵，所以必须维持较长的毒饵保留时间（10~20 天）方可收到良好的灭鼠效果。

大部分灭鼠剂配制成毒饵使用，在缺少水源干燥的环境（如粮库等），可配制成毒水灭鼠。配制毒饵常以新鲜的谷物作诱饵。使用抗凝血灭鼠剂毒饵时，在毒饵盒、毒饵罐以及毒饵站（用砖砌成）中放置 5~20g 毒饵（视鼠密度而定），将其置于鼠类经常活动的地方，使鼠易于取食。定期检查，保持毒饵的充分供应。

图 7-18　布置毒饵

3）物理防鼠

积极宣传鼠类危害及常用的防鼠灭鼠方法，加强环境整治，清除杂草，平整硬化地面，消除鼠类赖以生存的环境条件。对于室内鼠类防治，防鼠措施应该重于化学防治。常用的措施有：

（1）封闭建筑物与外界相通的所有孔洞。

（2）建筑物的通风孔、排水孔应安装防鼠网。

（3）房门下沿与地面的缝隙不得大于 0.6cm。

（4）饭厅、仓库、食品储藏室门下部 30cm 处加钉 0.75mm 的镀锌（不锈钢）铁皮，仓库应另设 40cm 高的防鼠板。

（5）垃圾应投放密闭的垃圾箱内，日产日清。

2. 防治蚊蝇

控制滋生场所，消除滋生物，使蚊蝇无处滋生繁殖，宣传图示如图 7-19 所示。

1）环境治理

（1）垃圾处理：采用密闭的垃圾桶（箱），并切实做到日产日清，每次倾倒垃圾之后需清底，并将垃圾桶清洗一遍；在倾倒垃圾时，将容易吸引蝇类滋生的废弃物（如鱼肠、鸡肠、肉类等）用塑料袋盛放，扎紧袋口再抛下，使蝇类不能直接接触产卵；垃圾通道应每日清除且应清底，并可在通道内采用有薰杀作用的杀虫剂以毒杀窜入的成蝇。

图 7-19　杀灭蚊子

（2）防止蚊幼虫滋生：经常清理积水，排水地沟应及时疏通，清除积物，定期清扫卫生死角；被滋生物污染的地面、物表及时冲洗干净。

2）化学灭蚊蝇

（1）灭蚊蝇药物：氯氰菊酯、敌敌畏等。

（2）施药方法。

开水或冷水浸泡：杀灭蝇幼虫除使用药物外，针对小容器内或比较局限的场所已滋生的蝇蛆，如家庭垃圾桶、盛放废弃物的盆、罐、饮料桶（缸）等，用开水烫或用冷水浸泡等简便的方法也可将蛆杀死，然后进行妥善处理；对外环境积水每月喷药一次，以控制蚊幼虫滋生。

喷洒杀虫剂：垃圾屋、垃圾池、垃圾桶、垃圾车以及屠宰场废弃物，每周两次喷药灭蛆、灭蝇；餐厅、小食店、单位食堂、副食商店、屠宰场（店）以及其他制作、销售、存放食品场所，每月进行1~2次滞留喷洒灭成蝇；外环境大面积喷洒药物为每月一次；室内喷药，主要对门、窗框、2m以上的墙壁、天花板以及栏栅、隔板的表面进行喷药。

3）物理防蚊蝇

（1）纱布防蝇：安装纱门、纱窗可有效地防止蚊蝇侵入；食品应用纱罩遮挡。

（2）苍蝇拍：可自制简易苍蝇拍或购买苍蝇拍。

（3）滋生地检查处理：定期每月检查处理2次。

3. 防治蟑螂

广泛开展堵洞抹缝和"八查"活动，清除蟑螂栖息地卵鞘、蟑迹（蟑迹是指虫尸、残存肢、体、翅、蜕皮、蟑螂屎、空瘪卵鞘等）。

"八查"是指：一查桌、二查柜、三查椅、四查口（下水道口）、五查池（洗涤池）、六查案（食品加工的案板）、七查缝、八查堆（煤堆、柴堆、杂物堆）。

1）化学灭蟑螂

（1）灭蟑螂药物：如拜力坦、拜克等。

（2）药饵配制：由有丰富经验的灭蟑螂专家根据不同品种和不同生殖期配制药饵。

（3）毒饵投放：要求"量少、点多、面广"，即是在一间房内投毒点多一些，每个点上用药量少些，分布面要广些，这样蟑螂从栖息场所爬出来就能吃到毒饵，杀灭效果显著。为防止毒饵受潮失效，应将毒饵颗粒盛放在瓶盖里布放，用含杀虫剂的粉笔划在蟑螂活动场所，并在蟑螂栖息的缝、洞和角落周围以及它们经常活动的地方，用药笔画圈或"井"字，使蟑螂进出可活动时都因沾上涂画的粉迹而被毒死，涂画的道不能太细，应为 2~3cm 的粗线。各单位灭蟑螂为每月施药 1 次，并检查清理蟑螂卵鞘，下水道灭蟑螂为每月热烟雾处理 1 次。

（4）合理喷药灭蟑螂：蟑螂常钻缝、洞中栖息藏身，因此使用喷雾器喷药时，一定要针对缝、洞、角落喷洒，并在其周围适当喷洒。蟑螂是爬虫，喷药灭蟑螂切勿朝空间喷。

（5）在屋内无人的情况下使用杀虫剂消灭蟑螂。

2）物理防蟑螂

（1）仔细检查下水沟、墙上的裂缝、地板隔及窗户，防止蟑螂进入。

（2）保持室内干燥，蟑螂多生活在潮湿的环境中，因此应注意不要有任何漏水的地方，尤其是厨房。

（3）保持室内清洁，用餐后要将食物及时密闭，将地上及垃圾袋内的垃圾及时清理，并将餐具用热水冲洗干净；炉灶等地方也要定期清洁。

（4）处理死的蟑螂：应将蟑尸和卵鞘集中烧毁。

4. 防治蛇类

1）户外防蛇

看到蛇时，如图 7-20 所示，不要惊慌，不要靠近。雷雨前（或洪水后），蛇虫纷纷出洞，此时应格外小心。

图 7-20 蛇

（1）蛇伤大部分都在小腿以下部位，因此，在户外时用鞋应选择高帮鞋，尽量避免穿凉鞋、拖鞋。

（2）穿越丛林时，头戴顶帽、扣紧衣领。尽量避免在草丛里行走或休息，如果迫不得已，应用棍子在草丛里敲打几下惊扰蛇类。

（3）避免抓树枝借力，部分蛇类会伪装成树枝的形状。

2）营区防蛇

（1）化学防蛇。具有强烈刺激性气味的物质均可防蛇，如酒、大蒜、硫黄、驱蛇粉等。及时在营区、营房周围、电缆坑、老鼠洞、建筑物变形缝、地下各种出入口等地点布撒驱蛇粉。

（2）物理防蛇。封闭一切孔洞，及时清理坑渠中的积水，特别是营区、营房排水系统应加装回水弯等；及时清理堆积的落叶及杂物堆放处等。

三、营地卫生管理

1. 基本要求

（1）清洁工每天必须对营区及营房进行清洁。

（2）餐厅、厨房每餐后都必须进行清洁消毒。

（3）公共厕所每天进行一次清洁与消毒。

（4）与营房连通的开放式排水管道须安装 S 型回水弯，食品储藏间不得有孔洞，房门随时保持关闭，应配置至少 40cm 高的挡鼠板，并及时进行灭鼠。

（5）在营区每栋营房内须配备垃圾桶，室外每 4 栋营房配置一个垃圾箱，食堂区域应单独配备 2 个垃圾箱，其中至少 1 个可分类垃圾箱；营区内的垃圾应及时归入垃圾箱并尽快清理。

（6）夏季（雨季）时，垃圾箱应每天至少清理一次。

2. 食堂卫生

营区餐厅和操作间应相对固定封闭，餐厅内应配置消毒柜并安装紫外线消毒灯，每 3 个月对餐厅和操作间室内外进行消毒清理：

（1）餐厅和操作间应设有通风设备，窗户应设置纱窗，门应悬挂防蝇帘，抽油烟机每周清理一次，灶具保持清洁；

（2）餐厅和操作间与污水池、垃圾箱等应至少保持 10m 的距离；

（3）餐厅和操作间要做到每天清洗打扫，保持室内外的整洁。

3. 营房卫生

（1）营房应统一规划摆放，确保营房通风良好；

（2）营房内保持清洁卫生，清扫出的垃圾应集中倒入营区内的垃圾箱；

（3）营房墙壁应干净，墙角应无灰尘。

4. 营区排水、排污要求

（1）营区地面应平整，并由中心向四周有一定坡度，利于向营区外围排水；

（2）营区外围应设有底宽 300mm 的排水明沟；

（3）营区配置污水处理设备，并按照要求定期检测是否符合环保部门的排放要求。

5. 食品卫生

1）餐饮服务人员管理

（1）聘用的餐饮服务人员必须取得卫生检疫机构体检合格证；厨师应经专业培训，并取得厨师资格证书。

（2）餐饮服务人员上岗后，每半年进行一次体检，体检不合格的人员应调离岗位。

（3）餐饮服务人员应穿戴清洁的工作服、帽及口罩，头发不外露、不佩戴首饰、不涂指甲油、不留长指甲并保持甲沟清洁。

（4）工作开始前、上完厕所后以及从事任何可能污染双手的活动后都应洗手。

（5）食品处理区内不得抽烟和发生其他可能污染食品的行为。

2）食品原料管理

（1）购入的食品、调料等应在保质期内，肉类、蛋类、蔬菜和水果等应保持新鲜。

（2）营区经理应对接收的食品进行详细检查核对，并建立进货台账。对于密封包装破损的食品、调料等，应拒绝接收。

（3）完成进货检验并做好登记后，营区经理监督服务人员将食品分类储存。

（4）食品出库在营区经理的监督下进行，遵循"先进先出"的原则，营区经理对出库食品进行出货登记，做到账物相符。

（5）所有储藏食品应做到离地、隔墙、分类、分架存放，不得将食品原料直接放在地面上。

（6）物品包装打开后，必须在使用说明书指定的使用间隔内用完。

（7）冷藏食品应按主、副食和调味料等分开存放，库房应保持整洁、干燥、无霉味，冷藏温度应控制在 36℉（2℃）至 40℉（4℃）之间。

（8）冷冻食品原料应生熟分开，确保包装完好和密封，盛装容器严格区分并贴上标识。长期冷冻食品温度应控制在-10℉（-23.3℃）以下，短期冷冻食品温度控制在 0℉（-17.8℃）以下。

3）食品加工卫生要求

（1）加工前认真检查待加工食品，发现有腐败、变质、过期或其他感官性异常的，不得加工使用；

（2）食品的加工应根据生、熟、荤、素等性质，分别使用不同的工具及盛放容器；

（3）易腐食品原料应尽量缩短在常温下的存放时间，加工后应及时使用或冷藏；

（4）需要冷藏的熟制品，应尽快冷却后冷藏。

思考题

（1）感染寨卡病毒的临床表现有哪些？

（2）如何防鼠？

（3）为防止蛇类咬伤，在野外应选择什么类型的鞋？

（4）长期冷冻食品的温度是多少？

第三节　极端天气和极端环境

学习目标

（1）掌握热习服的操作方法；

（2）掌握中暑的救治方法；

（3）冻疮的治疗。

一、极端天气

1.极端天气的定义

本书所指极端天气气候事件是指一定地区在一定时间内出现的历史上罕见的气象事件，其发生概率通常小于5%或10%。

2.极端天气的应对措施

（1）疏通获取极端天气预报的渠道。各项目应与当地气象预报机构、防范自然灾害管理机构建立长期稳定的合作关系，确保能够及时准确地获取极端天气预报，并尽可能获得防灾减灾资源支持及具有针对性的建议，如在极端高（低）温时可能引起的员工健康问题及医疗支持单位联系电话等。

（2）建立健全预警信息传递通道。对于极端气候造成的灾害，提早预报消息、及早应对是"根本之道"。各项目要建立完善灾害信息发布传播通道，项目部本部与各作业现场、每位员工要通过互联网、手机等设施，将预报信息尽量传递到每一位员工。

（3）做好应急准备，包括应急物资和技术措施的准备。这是防御极端天气的基础性措施。储备好应急物资如饮用水、食物、药品、应急照明、指南针等。同时，有针对性地建设防洪设施。

（4）积极培训。提升员工应对极端天气灾害的能力和意识，理性看待极端天气造成的灾害。通过培训，使员工了解极端天气灾害对人的身体健康、设备设施、工作和生活营区基础设施可能造成的损害；掌握极端天气状态下个人防护、设备设施维护及灾害后现场恢复的知识和技能。

二、极端环境

1. 极端环境的定义

本书所指极端环境是指作业现场高温或极寒的地区或作业区域。

（1）高温：气温不低于35℃，或伴有高气湿（相对湿度≥80%RH）。

（2）极寒：气温不高于−30℃。

2. 高温环境下作业

1）海外钻修井现场可能引发热应激的条件和状况

（1）高温地区作业。

（2）特别是夏季或炎热季节伊始，气候条件的突发变化。

（3）从气候凉爽的地区到高热地区的员工或访客。

（4）高温环境下繁重的体力活动。

（5）高温环境下进入封闭空间。

（6）穿不透气防护服，如在高温环境下穿着消防和防化服。

（7）在高温设备等热源周边进行的作业。

（8）高温环境下，无法控制工作速度的作业。

（9）体质差或肥胖。

2）高温环境作业要求

（1）作业现场配置空调休息房，温度保持在20~25℃。

（2）休息房内配置足量饮用水及电解质补充液，酌情辅以解暑绿豆汤和柠檬水。

（3）作业现场诊室内应配备足量的治疗中暑及皮肤灼伤的药物，如林可霉素利多卡因凝胶、京万红烫伤药膏等。

（4）现场负责人应对高温作业人员的身体状况进行了解，发现过度疲劳、体温异常、患病等情况的人员，不得安排从事高温作业。

（5）现场负责人应组织作业人员定期学习，了解高温作业的危害、相关病症的表现，掌握初期处理的方法及预防措施。

（6）现场负责人应做好人员调配，每1h安排作业人员休息降温，补充水分和电解质。

（7）作业过程中，作业员工应保持劳保穿戴齐全，避免皮肤被直晒、直接暴露在空气中，避免皮肤直接接触设备、设施表面。

（8）作业现场的应急喷淋和洗眼装置，要遮阳并配备通风降温设施，同时要及时换水，确保水温低于38℃。

（9）现场工具手柄部位应采用热传导能力较差的材料进行包裹，降低手工具手柄部分的温度。

（10）作业现场的灭火器、氧气及乙炔气瓶等承压气瓶，必须进行遮阴、通风降温处理储藏，严禁曝晒。

（11）作业现场柴油罐的泵舱应保持洁净，无柴油渗漏等，并适时对柴油罐泵舱进行通风，降低油气浓度。

3）热习服

（1）在能导致中暑的高温环境中有过工作经验的作业人员应按如下方式调整高温环境工作时长：第一天开始接触高温的时间比率为40%，之后每天递增20%的热接触时间，直到第四天时方可完全接触。

（2）对于将暴露于同等高温环境的新海外钻修井作业人员，作息时间应按如下调整：第一天开始接触高温的时间比率为20%，之后每天递增20%的热接触时间，直到第五天时方可完全接触于高温环境。

（3）当作业环境干球温度和湿球温度分别介于33~35℃和25~28℃时，应考虑热习服安排。对于患感染性疾病（尤其是呼吸道感染）的作业人员，应暂时脱离高温作业。

4）高温对人体的影响及对策

（1）热痉挛。

症状：四肢突然发生疼痛和抽筋。可能伴有恶心和低血压，在某些情况下会出现过度换气。

治疗：如果不存在恶心，将伤员移除到阴凉的环境中，并给予含有葡萄糖（糖）的大量液体。如果出现恶心或低血压（血压下降），必要时进行静脉输液。

（2）热衰竭。

热衰竭是比热痉挛严重的情况。

症状和体征：头痛、疲劳、眩晕混乱、恶心和腹部抽筋，可能出现晕厥和虚脱。

经常观察到患者大量出汗、皮肤苍白和黏腻皮肤，伴有弱而快速的脉搏、血压低和呼吸急促。体温可能正常或升高至39℃。

治疗：将患者转移到阴凉的环境中，并快速给患者降温。饮用大量的水，如果出现恶心，应进行静脉注射。

（3）中暑。

人体核心温度迅速上升并发生组织损伤，主要影响脑、肾脏和肝脏，循环系统失效。

症状和体征：包括头痛、眩晕以及口干。皮肤可能会感到灼热和干燥。体温可能非常高，大于40℃。最初脉搏可能快而有力，但之后会消失。如果病情处置不当，可能会导致昏迷和死亡。

中暑是非常危险的，根据中暑人员的身体状况不同，死亡率高达20%～50%。

治疗：迅速降温是关键。优选的方法是润湿皮肤和吹风，最好用15℃的水对患者进行喷雾，同时用空气吹风，这种冷却方法避免了周围血管收缩的问题；如果患者有意识，应给予水分补充，但在大多数情况下，需要静脉滴注；同时需要进行心脏监测和其他生化监测，任何抽搐（癫痫发作）都需要适当的治疗。

（4）脱水。

高温环境脱水主要是由于出汗过多引起的。体重逐渐减轻，心脏跳动增加，尿液输出逐步减少。脱水可引起腿部和腹部的痉挛，当体液损失超过体重的10%时，视觉和听觉出现问题同时伴随着难以发音，最终会发生精神错乱、惊厥和昏迷。

（5）肌肉相关。

① 肌肉疲劳。

为了降温，血管会扩张。血管扩张的结果是大量的血液流向外部皮肤表面，较少的血液供应给活动肌肉，导致力量下降，同时精神问题可能会出现，如准确性、理解力等降低，体力和心理警觉的降低可能会增加事故率；这些也可能由其他相关因素叠加，如湿滑手掌、头晕、安全眼镜起雾、与热表面意外接触等。

② 肌肉痉挛。

肌肉痉挛与脱水和体内电解质的平衡失调有关。

治疗：饮用充足的水以及食物或非酒精饮料等，增加盐的摄入量。

（6）皮肤相关。

皮肤问题往往是因为过多地出汗和盐分排泄，以及可能产生轻微切口和磨损的衣物的刺激与摩擦。

① 真菌感染。

真菌感染，特别是在胳膊下和腹股沟周围很常见。它们是由于出汗和环境湿度增加以及汗水的酸性 pH 值（4~6.8）共同造成的。

治疗：抗真菌粉和抗真菌霜。

预防：保持皮肤清洁干燥；定期清洗，彻底干燥（特别是脚）；定期洗衣服以清除汗和盐。

② 皮肤感染。

轻微的切口和伤口，会导致皮肤感染迅速发展。

治疗：消毒所有伤口和切口。

预防：保持皮肤和衣物清洁；及时洗衣服。

③ 痱子。

痱子，也称为刺热，很可能发生在炎热、潮湿的环境中，汗水不易从皮肤蒸发。汗管堵塞，汗腺发炎，出现皮疹。

这种皮疹由受影响区域的大量的微小升起的红色小泡（水疱）组成；伴随着热暴露时的刺痛感。

治疗：轻度干燥乳液和皮肤清洁。

预防：应提供凉爽的休息区和睡眠区，以便在热暴露之间使皮肤干燥；每班班次后应定期进行淋浴；避免穿着紧身衣服。

（7）晒伤。

过度暴露于太阳的紫外线（UVB）会引起皮肤损伤，包括发红（红斑）和触痛、水肿和起泡以及其他系统性问题（如发热）。

治疗方法：凉爽淋浴，钙胺酸洗剂，防晒霜后无敏化，氢化可的松霜；避免接触可能会疼痛和刺激的肥皂。

预防：采取防晒措施，穿戴衬衫和帽子；太阳的辐射可以通过在明亮的表面上反射而穿透薄薄的衣服。

（8）风烧伤。

风烧伤会引起皮肤干燥。

治疗：急救治疗需要在受影响的部位使用保湿剂，并在必要时使用简单的镇痛药（止痛药）来缓解疼痛；避免接触可能会疼痛和刺激的肥皂。

预防：在有风的条件下遮盖身体（脸部）的暴露部位。

5）极寒环境下作业

（1）极寒条件下防寒的基本措施：

① 加强御寒保暖知识的宣传；

② 调离低温作业不适宜者；

③ 加强保暖防寒服的配给，并保证正确穿戴；

④ 合理组织劳动时间；

⑤ 合理供给营养和高热量食物；

⑥ 尽可能地保障睡眠环境的舒适；

⑦ 提供足够的防冻护肤用品。

（2）冻伤的治疗。

① 局部冻伤的紧急处理。

发生冻伤时，如有条件可让患者进入温暖的房间，给予温暖的饮料，使患者的体温尽快提高。同时，将冻伤的部位浸泡在 38～42℃ 的温水中，水温不宜超过 45℃，浸泡时间不能超过 20min。如果冻伤发生在野外，无条件进行热水浸浴，可将冻伤部位放在自己或救助者的怀中取暖，同样可起到热水浴的作用，使受冻部位迅速恢复血液循环。在对冻伤进行紧急处理时，绝不可将冻伤部位用雪涂擦或用火烤，否则将加重损伤程度。

② 冻僵的急救。

冻僵是指人体遭受严寒侵袭，全身降温所造成的损伤。伤员表现为全身僵硬，感觉迟钝，四肢乏力，头晕，甚至神志不清，知觉丧失，最后因呼吸循环衰竭而死亡。发生冻僵的伤员已无力自救，救助者应立即将其转运至温暖的房间内，搬运时动作要轻柔，避免僵直身体的损伤。然后迅速脱去伤员潮湿的衣服和鞋袜，将伤员放在 38～42℃ 的温水中浸浴。如果衣物已冻结在伤员的肢体上，不可强行脱下，以免损伤皮肤，可连同衣物一起放入温水，待解冻后取下。

③ 冻疮的治疗。

发生冻疮后，轻度、皮肤未破者，可外涂冻疮膏。

若冻疮已破，局部可用 5% 硼酸软膏、红霉素软膏外涂，并用无菌纱布包扎。

擦"十滴水"：方法是先用温水洗净患处，擦干，再滴上"十滴水"数滴，轻轻按摩，三五天即见效。

思考题

（1）如何进行热习服？

（2）如何救治中暑人员？治疗的关键是什么？

（3）如何治疗冻疮？

第四节　员工健康体检

学习目标

（1）了解员工健康体检的流程；

（2）了解限制出国疾病标准。

本节讲述的员工健康体检是针对集团公司所属中方人员、承包商中的中方人员出国前立项前必须进行的员工健康体检，不同于职业健康体检、一般福利体检，不得以任何形式替代本体检。

一、员工健康体检及评估

1. 员工健康体检及评估的重要意义

实施员工健康体检及评估，是贯彻集团公司"以人为本，安全至上"理念的重要举措，是对集团员工最重要的人文关怀，是集团公司保证员工生命健康的基本要求。

通过员工健康体检与评估，实现员工从事海外工作适宜性的基础筛选，做到"早发现、早介入、早治疗"，将员工身体健康管理关口前移，有效降低员工因身体健康原因导致的安全风险。

2. 员工健康体检与评估的流程

出国人员健康体检与评估流程如图 7-21 所示。

二、员工健康体检项目

（1）常规检查项目。

① 内科常规检查：身高、体重、腹围、血压、既往史。

② 外科常规检查：脊柱、四肢、甲状腺、淋巴结，乳腺（女）。

③ 眼科检查：眼底。

④ 妇科检查（女）。

（2）生化检验项目。

① 肝功能：谷草转氨酶、谷丙转氨酶、总蛋白、白蛋白、球蛋白、白／

球、总胆红素、直接胆红素、间接胆红素、r-转肽酶、碱性磷酸酶、总胆汁酸。

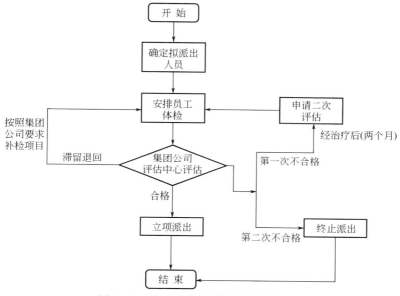

图 7-21　出国人员健康体检与评估流程

② 肾功能：尿素、肌酐、尿酸。

③ 空腹血糖。

④ 血脂：胆固醇、甘油三酯、载脂蛋白 A1、载脂蛋白 B、高密度脂蛋白、低密度脂蛋白。

⑤ 心肌酶谱：磷酸肌酸激酶同工酶、乳酸脱氢酶、磷酸肌酸激酶、a-羟丁酸脱氢酶。

⑥ 血常规、尿常规、便常规+潜血。

⑦ 类风湿因子、抗链"O"、C-反应蛋白、血沉。

⑧ 凝血四项。

⑨ 甲状腺功能检查：促甲状腺激素（TSH）、血清游离 T3（三碘甲状腺原氨酸）、血清游离 T4（甲状腺素）。

⑩ 甲胎蛋白（AFP）、癌胚抗原（CEA）。

（3）心电图检查。

（4）影像检查。

① 肝胆脾胰双肾彩超。

② 心脏彩超。

③ DR 胸片。

④ 头颅核磁血管成像 MRA（45 岁及以上第一次进行评估的）。

（5）其他。

除上述必查项目外，各单位可根据情况增加其他项目。

三、限制出国疾病标准

此项为公司所有出国人员均应执行的标准。如有下列的疾病应限制出国工作，出国健康体检评估结论为不合格。

（1）陈旧性脑卒中并功能受损；中重度头颈血管狭窄（颈动脉狭窄或颅内血管狭窄）；脑血管畸形、动脉瘤；近半年内有脑血管疾病史，包括短暂性脑缺血发作（TIA）；脑血管疾病恢复期，肢体或语言功能未完全恢复者；现发精神病，或精神疾病虽已控制但仍需大量服药者；癫痫病；颅脑外伤有后遗症者；未能明确诊断的其他神经系统疾病。

（2）陈旧心肌梗死、三支病变、中重度单支病变；扩张型心肌病、肥厚性心脏病、急性期心肌炎；活动期风湿性心脏病；主动脉瓣、肺动脉瓣、二尖瓣、三尖瓣中重度狭窄或关闭不全；快速心律失常：长 QT 综合征、预激综合征、未控制的房颤、频发室早、室速及 RONT；缓慢性心律失常：窦性心动过缓（心率≤50 次/min）、窦性停搏、窦房传导阻滞、中重度房室传导阻滞及室内阻滞；心内膜赘生物或附壁血栓；近半年来有心绞痛发作或心绞痛虽已控制但未经支架或搭桥治疗者；曾经诊断过心力衰竭者；有先天性心脏病病史或经检查发现先天性心脏病而未经手术矫治者。

（3）高危和极高危高血压。

（4）重度肥胖。

（5）有梅尼埃病或其他眩晕症而未得到有效控制者。

（6）重度睡眠呼吸暂停；支气管哮喘反复发作者，肺气肿。

（7）肝硬化；慢性活动性肝炎；胰胆管结石、胰管扩张、重度高脂血症；有黑便、呕血的溃疡病者。

（8）未控制的糖尿病；糖尿病合并并发症；低血糖症；未控制的甲状腺功能亢进症或甲状腺功能减退；低钾血症。

（9）重度贫血；出血性疾病；血栓性疾病。

（10）肾病综合征；中重度慢性肾病。

（11）活动性肺结核。

（12）恶性肿瘤治疗期或肿瘤手术后不足半年者。

（13）重要器官手术后不足半年者。

（14）严重过敏体质。

（15）其他不适宜出国的疾病患者。

四、限制赴高温地区工作补充标准

出国人员如有下列疾病的应限制赴高温地区工作，出国健康体检评估结论为限制性合格（限制赴高温地区工作）。

（1）慢性肾炎。

（2）全身瘢痕面积≥20%以上（工伤标准的八级）。

五、限制赴高原地区工作补充标准

此项为公司赴高原地区工作的出国人员应执行的补充标准。出国人员如有下列疾病的应限制赴高原地区工作，出国健康体检评估结论为限制性合格（限制赴高原地区工作）。

（1）中枢神经系统器质性疾病。

（2）器质性心脏病。

（3）2级及以上高血压或低血压。

（4）慢性阻塞性肺病、慢性间质性肺病。

（5）贫血。

（6）红细胞增多症。

六、健康体检档案的管理

各单位、各海外项目应建立健全出国员工健康档案，并及时维护。健康档案包括历次体检报告、评估报告、员工定期现场健康检测结果和个人健康承诺书等资料，并对健康档案信息予以保密。

思考题

（1）患有重度贫血是否适宜出国任务？

（2）窦性心动过缓的标准是什么？

（3）每人每年可申请几次评估？

第五节　心理健康管理

学习目标

（1）掌握自我心理调节的方法；

（2）了解集团公司"员工帮助计划"，掌握获取心理专家帮助的渠道和方法。

员工心理健康是一个全球性的热点问题。多项研究证明，生产过程中安全事故的发生大多是由人因差错引起的，而人因差错又是受人的心理支配。同时，人在遭受挫折后，会造成很大的精神压力，产生一定的情绪反应和紧张状态，并激发身体内部神经系统和生理器官的活动，引起一系列生理变化，产生出能量。这些激增的能量，如不能得到及时发泄，便会危害身体。

通常情况下，能被人的意志控制住的仅仅是诸如表情、声音、动作，以及泪腺分泌等一些外显情绪，而心脏活动、血管、内分泌腺的变化和肠、胃、平滑肌的收缩等自主神经系统支配的内在生理变化，却是很难受人的意志控制的。那些表面上看似乎控制住了情绪的人，实际上却是使情绪更多地转入了体内的内脏器官，在体内寻找发泄的地方，并给体内器官带来损害。

因此，加强职工的心理健康，增强员工承受挫折、战胜困难的能力，形成健全的人格和健康的心理，将为员工的生命安全和企业的安全生产与发展奠定坚实的基础。

一、心理健康的标准及危害因素

1. 心理健康的标准

（1）感觉、知觉良好。判定事物不发生错觉。

（2）记忆良好。能够轻松地记住一读而过的七位数字电话号码。

（3）逻辑思维健全。考虑问题和回答问题时，条理清楚明确。

（4）想象力丰富。善于联想和类比，但不是胡思乱想。

（5）情感反应适度。碰到突发事件时处理恰当，情绪稳定。

（6）意志坚强。办事有始有终，不轻举妄动，不压抑伤悲，并能经得起悲痛和欢乐。

（7）态度和蔼，情绪乐观，能自得其乐，能自我消除怒气，注重自我修养。

（8）人际关系良好。乐意助人，也受他人欢迎。

（9）学习爱好和能力基本保持不衰。关心各方面的信息，善于学习新知识、新技能。

（10）保持某种业余爱好，保持有所追求、有所向往的生活方式。

（11）与大多数人的心理基本一致。遵守公德和伦理观念。

（12）保持正常的行为。生活自理能力强，能有效地适应社会环境的变化。

2. 海外项目员工心理健康的危害因素

（1）自然因素，包括所在地的气候特点，医疗设施及医疗水平，工作场所的硬件条件，员工饮食条件、住宿条件、业余生活安排，以及个人生活空间的私密性等。

（2）社会安全因素。所在地局势动荡，战乱频发，恐怖主义活动猖獗，对员工人身及财产安全会造成极大的威胁，员工也会处于高度紧张的状态，往往会造成压力大、心理状态脆弱的不良结果。如员工亲身经历过或目睹过同事被绑架、被抢劫等恶性事件，对员工的心理会造成难以磨灭的伤害。

（3）员工个人特质。衡量员工个人性格特征有神经质、外倾性、经验开放性、宜人性和认真性五大特质，除了神经质（指情绪稳定性）以外，其他四项的性格特征越强，员工越能够适应驻地的工作和生活环境。

（4）语言文化障碍、宗教信仰冲突。员工面临不同国度、不同民族的人，面临地理环境的差异、语言交流的不畅，再加上宗教信仰、风俗习惯的不同，在与当地人共同工作时或者在融入当地生活环境时，经常会产生文化障碍，经历文化冲突。

（5）社会支持系统缺失。所谓个人的"社会支持系统"，指的是个人在自己的社会关系网络中所能获得的、来自他人的物质和精神上的帮助和支援。一个完备的支持系统包括亲人、朋友、同学、同事、邻里、老师、上下级、合作伙伴等。每一种系统都承担着不同功能：亲人给我们物质和精神上的帮助，朋友较多承担着情感支持，而同事及合作伙伴则与我们进行业务交流。外派员工远离家乡与亲人，在海外工作生活的过程中，缺少来自亲人、朋友、同学等在国内的支持网络，所能依靠的是来自于同事以及上级的社会支持，社会支持渠道来源较为单一。

（6）职业压力及职业不安全感。工作面临的业务开展法律环境、工程标准体系、资源协调组织，都具有较高的复杂性。海外员工较大的工作责任和较高的工作负荷，回国面临留任难、职业发展不连续等问题，带来职业不安全感。

二、管理对策

1. 宣传培训，普及心理健康常识

各级单位设置宣传专栏，普及员工的心理健康知识，定期开设有关压力管理的课程或定期邀请专家做讲座、报告。告知员工心理健康的重要性，心理健康问题可能导致的后果，如疾病、工作中死亡、事故受伤、医疗花费、生产率下降而造成潜在收入损失等；心理健康问题的早期预警信号（生理症状、情绪症状、行为症状、精神症状）；压力的自我调适方法，如健康食谱、有规律锻炼身体、学着放松和睡个好觉、发展个人兴趣爱好等，增强员工心理"抗震"能力。

2. 营造轻松的工作氛围

创新工作方式，营造轻松的工作气氛，从而可以缓解员工的工作压力。例如，允许员工在工作时间闲聊。有研究表明，闲聊对健康非常有益，闲聊使人们心里受用，工作起来顺心，而且更富创造力。管理人员应该用不同于以往的眼光来看待闲聊，甚至应该鼓励员工在工作时多交流，这样有利于增强员工的创造力，提高工作效率。鼓励娱乐式工作，员工在上班时间可以听音乐等。部分岗位可以采用弹性工作时间，用更灵活的工作方式来激发员工的工作热情，帮助员工调整最适合自己作息习惯的生物钟，以保证有充足的休息时间来"降压""解压"，让员工的头脑时刻保持高度的清醒。

3. 积极推动"员工帮助计划"

推动"员工帮助计划"帮助员工排解压力。各级管理人员应引导员工积极参与员工帮助计划，让员工明白咨询可以给员工提供忠告和安慰，以减轻其精神紧张，帮助其理清思路、疏通关系，进而重新定位。

4. 帮助员工合理宣泄

建立情绪宣泄室，设置仿真宣泄人、呐喊宣泄仪、击打宣泄仪和互动宣泄仪等设备，为员工提供较为直接的情绪宣泄途径，快速缓解压力，释放消极情绪，改善心理状态。

三、个人对策

1. 自我暗示法

通过言语或想象使自己的身心机能发生变化，其方法简单，容易达到自

助的效果。语言是人类独有的高级心理功能，是人们交流思想和彼此影响的工具，通过语言可以引起或抑制人们的心理和行为，运用自我暗示法缓解压力和调整不良情绪，主要也是通过语言的暗示作用。

例如，发怒时，提醒自己"不要发怒""发怒会把事情办坏"；忧愁时，提醒自己"愁也没有用，还是面对现实，想想办法吧！"着急时，警告自己"不要着急，越急越糟糕"；当有比较大的内心冲突和烦恼时，安慰自己"一切都会过去"；生气时，告诉自己"他人气我我不气，我本无心他来气，倘若生气中他计，气下病来无人替，请来医生将病治，反说气病治非易，我今尝过气中味，不气不气就不气！"

2. 想象调节（深呼吸调节）法

通过想象，并伴随深呼吸，使自己的思绪离开目前所处环境，到达心中较为舒适的地方，舒缓情绪。例如，找一个舒适的位置，闭眼，注意身体的感觉，练习深呼吸。想象你此刻正在"上山路上"。闭眼，想象你离开住处，离开日常的烦恼和快速的生活节奏；想象你正穿过山谷，向山区走近；想象你到了山区，你走上了一条蜿蜒的道路，发现了一处舒适的可以歇脚的地方；你坐下来，慢慢地放松。你现在感到完全松弛了；体验一下完全放松时的感觉（大约 3~5min）；再次环顾你的周围。然后做深呼吸运动：长长地吸一口气，将其慢慢地呼出。呼气的同时告诉自己：我的第一口恶气出掉了；第二次深呼吸时告诉自己：我的第二口恶气出掉了……连续做 20 次，随后会发现此时的心情特别放松。

3. 音乐治疗法

可根据自己的情绪状态和心境，选择不同旋律、节奏、速度的音乐，找一把舒适的椅子坐好，闭眼，随着音乐进入一种境界。

4. 情绪宣泄法

宣泄的心理实质，就是将积蓄的情绪通过行为进行代偿性输出，是一种尽快达到心理平衡的手段。

1）知交倾诉法

（1）可以找亲人、知心朋友、信得过的人，把自己的苦衷和怨恨尽情倾诉出来，以求得他人的开导和安慰。

（2）海外钻修井项目员工在工作与生活方面遇到困扰时，可以拨打集团公司海外业务心理健康服务供应商盛心阳光的心理咨询师电话或登录网站，从心理专家处获得心理咨询帮助。

国内手机：400-650-6605，国内座机：800-810-6605；

海外电话：0086-10-65188966；

网址：www. iapeap. com；

账号与密码：通过公司集体向盛心阳光申请过用户账号的员工。

在首次登录时，应在用户名中输入申请账号时提供的个人邮箱，在密码处输入初始密码000000。没有取得用户账号的员工应通过本单位向国际合作处申请用户账号。

2）运动释放法

借助体育活动把紧张情绪所积聚的能量排遣出去，使紧张得到松弛与缓和。例如，猛踢一场球，健身房里进行锻炼，或在空地上冲刺几百米，直到满头大汗、气喘吁吁，之后心里会平静许多。若实在痛苦，也不妨大哭一场，随着眼泪将多余的生化物质排出体外，也有助于排解不良情绪。

3）精神发泄法

可以尝试在相对私密的场所、空间，或者无人的地方大喊大叫，把心中的情绪喊出来，发泄出来；有条件的可前往"情绪宣泄室"，通过使用专业宣泄工具进行情绪宣泄。

思考题

（1）集团公司海外业务心理健康服务可在海外拨打的电话是多少？

（2）常见个人心理健康对策有哪些？

第八章　环境保护

第一节　现场常见的环境因素

学习目标

（1）熟悉环境保护基本知识；

（2）掌握海外钻修井作业现场常见的环境因素；

（3）了解环境因素识别与评价的常用方法。

随着工业的发展，由钻井带来的污染问题也越来越受到人们的重视。石油钻井作业是整个油气田勘探开发系统工程中的一个子工程，与系统中其他各项工程相比，外排废弃物中的各种有害成分含量变化较大，且受地点、钻井液使用情况、钻井生产过程中其他外排物等因素影响较大。而且，在钻井过程中产生的废水、废液、废气、固体废弃物、噪声污染、辐射污染等，因其不在人口集中的城市，更是环境保护的薄弱环节。

一、环境因素识别与评价方法

1. 基本知识

环境是指组织运行活动的外部存在，包括空气、水、土地、自然资源、植物、动物、人，以及它们之间的相互关系。环境因素是指一个组织的活动、产品或服务中能与环境发生相互作用的要素。

2. 环境因素识别

确定环境因素的依据：客观地具有或可能具有环境影响的法律法规及要求有明确规定的，积极的或负面的，相关方有要求的。

环境因素的分类：水、气、声、渣等污染物排放或处置；能源、资源、原材料消耗；相关方的环境问题及要求。

识别环境因素的步骤：选择组织的过程（活动、产品或服务），确定过程伴随的环境因素，确定环境影响。

3. 评价方法

海外钻修井项目应对环境因素进行评价，可使用的方法包括风险矩阵法、定性与概率分析法和定量风险分析法。风险矩阵法是将识别出的环境因素分别从违反法律法规要求、污染物排放、资源和能源浪费、安全隐患及危害员工健康、相关方、生态影响等方面进行评估分类分级，从环境因素产生的环境影响的严重性和可能性，以及投入管理技术措施的可行性等角度确定重要环境因素，重要环境因素评价矩阵见表8-1。

表8-1 重要环境因素评价矩阵表

分级	违反法律法规标准	"三废"排放		噪声污染	安全隐患或危害员工健康		浪费资源能源	生态影响	相关方关注
		环境影响大	环境影响小		环境影响大	环境影响小			
加强管理或优化操作可改进或控制	★	★	★	★	★	★	★	★	★
改进的方案技术可行，有低费方案	★	★	☆	★	★	☆	★	★	☆
近期改进有难度（技术不成熟及中费方案）	★	☆	☆	☆	☆	☆	☆	☆	☆
没有改进可能性（没有成熟技术或高费方案）	★	○	○	○	○	○	○	○	○

注：★重要环境因素；☆一般环境因素；○未来控制环境因素。

二、作业现场的环境因素

钻井过程中的环境因素主要包括：废弃钻井液、钻井废水、固体废物（含岩屑）、柴油机烟气、噪声、辐射污染等。详见表8-2重要环境因素清单。

1. 废弃钻井液

1）废弃钻井液的产生

废弃钻井液产生于钻井过程和完井过程，包括被更换的不适于钻井过程和地质要求的钻井液，性能不合格而被排放的钻井液，完井时清水替出的钻井液，循环系统跑、冒、滴、漏；部分钻屑等。

表 8-2 重要环境因素清单（范例）

序号	重要环境因素	主要相关部门及工艺过程	影响	状态	管理手段 目标/指标	管理手段 控制/应急	对应的程序
1	水消耗	钻井作业	资源消耗	正常	节约 20000t	节能节水管理办法/应急预案	节能节水管理程序
2	电消耗	钻井作业	资源消耗	正常		节能节水管理办法	节能节水管理程序
3	油消耗	钻井作业	资源消耗	正常	节约 950t 标煤	节能节水管理办法	节能节水管理程序
4	火灾、爆炸	钻井作业	大气污染、其他	紧急	不发生	HSE 管理办法/应急预案	清洁生产与环境管理程序
5	火灾、爆炸	食堂、锅炉、电气焊	大气污染、其他	紧急	不发生	HSE 管理办法/应急预案	清洁生产程序
6	土地占用、植被的破坏	钻井现场施工	植被、生态破坏	正常	不发生	HSE 管理办法	清洁生产与环境管理程序
7	钻机的振动	钻井施工	噪声、其他	正常	不发生职业病	HSE 管理办法	清洁生产与环境管理程序
8	高压管线破裂	钻井施工	污染土壤	异常	不发生	立即停车检修	清洁生产与环境管理程序
9	钻井过程中对地下水的污染	钻井现场作业	水体污染	异常	不发生	HSE 管理办法/应急预案	清洁生产与环境管理程序
10	钻井液污染	钻井队施工现场	土地污染	正常	不发生	HSE 管理办法/环境应急预案	清洁生产与环境管理程序
11	油料泄漏	阀门管线泄漏	土地污染、资源消耗	紧急	不发生	HSE 管理办法/环境应急预案	节能节水管理程序
12	井喷事故的发生	钻井施工	大气污染、噪声、土地污染、其他	异常	不发生	管理办法/专项应急预案	清洁生产与环境管理程序

续表

序号	重要环境因素	主要相关部门及工艺过程	影响	状态	管理手段			对应的程序
					目标指标	控制与应急		
13	噪声的排放	机械运转、空压机运转	影响声环境、大气	正常		按公司装备资产管理办法		清洁生产与环境管理程序
14	井场上沾有油污的废物、废料	井场维护、保养	污染草场、土壤	正常	井场清洁无油污废料	加强对井场的管理，制定相应规章制度		清洁生产与环境管理程序
15	危险品意外爆炸	物探施工	对大气土壤严重污染			按照危险品管理条例和物探公司危险化学品管理办法		清洁生产与环境管理程序
16	放射性物品的废弃	测井作业	污染大气、土壤、水体，对社区有影响	正常	废弃物有效处置率 100%	应在其使用前后交源库暂存，由安全环保部委托有放射性监测所进行处理并做好记录		清洁生产与环境管理程序
17	挖掘放喷坑、钻井液坑挖断油管线	钻前施工	污染土壤、爆炸	异常	不发生	施工前做好施工前勘查，环境应急预案		清洁生产与环境管理程序
18	清理钻井液罐废液排法坑外溢	钻井施工	污染土壤	异常	不发生	提前做好排污坑的废液倒运，环境应急预案		清洁生产与环境管理程序
19	搬迁钻井液罐、罐口封闭不严，废液洒落	钻井施工	污染土壤	异常	不发生	罐口封闭后严格检查，环境应急预案		清洁生产与环境管理程序
20	车辆漏油	道路运输	污染土壤	异常	不发生	加强车辆保养检查，环境应急预案		清洁生产与环境管理程序

续表

序号	重要环境因素	主要相关部门及工艺过程	影响	状态	管理手段		对应的程序
					目标/指标	控制/应急	
21	生产垃圾与生活垃圾混放	钻井施工	污染大气	正常	不发生	分类回收存放，环境应急预案	清洁生产与环境管理程序
22	高压管线破裂	试压作业	污染土壤	异常	不发生	立即停车检修	清洁生产与环境管理程序
23	油料泄漏	阀门管线泄漏	土地污染、资源消耗	紧急	不发生	HSE管理办法，环境应急预案	节能节水管理程序
24	废油	井控设备检修	污染土地、水	正常	环境污染事故为0	体系手册中制定了管理方案，并按要求执行	清洁生产与环境管理程序
25	污水	井控设备清洗	污染土地、水	正常	环境污染事故为0	体系手册中制定了管理方案，并按要求执行	清洁生产与环境管理程序
26	擦机布、废机油、含油废弃物、废墨盒、废灯管	设备维修、办公	影响土壤、固废	正常		按公司环境保护管理办法	清洁生产与环境管理程序
27	放射性源的使用	测井作业	污染环境、危害人体健康	异常		制定目标指标管理方案、管理制度	清洁生产程序
28	放射源泄漏	测井作业	其他	紧急	不发生	相关方作业程序、应急程序	清洁生产程序
29	火工品的使用	射孔作业	大气、土壤污染、生命财产损失	紧急		制定目标指标管理方案、程序、管理制度	清洁生产与环境管理程序

海外钻修井项目通用3SE培训教材

续表

序号	重要环境因素	主要相关部门及工艺过程	影响	状态	管理手段			对应的程序
					目标指标	控制/应急		
30	同位素的使用	测井作业	污染环境、危害人体健康	正常			按管理规定执行	清洁生产与环境管理程序
31	洗车废液排放	固井作业	污染土壤及水体	正常	废水处置率达到100%			清洁生产与环境管理程序
32	粉尘	水泥装卸和使用产生的粉尘	空气污染	正常	环境污染事故为0	体系手册中制定了管理方案，并按要求执行		清洁生产与环境管理程序
33	电、气焊烟尘排放	电气焊作业	污染大气	正常	废水处置率达到80%	除尘排风系统		清洁生产与环境管理程序
34	废油	生产活动、车辆润滑、金属切削机床保养、检修清洗配件产生的废机油、柴油	污染土地、水	正常	环境污染事故为0	体系手册中制定了管理方案，并按要求执行		清洁生产与环境管理程序
35	污水	食堂、办公、生活产生污水、管具清洗产生的污水，化验产生的污水	污染土地、水	正常	环境污染事故为0	体系手册中制定了管理方案，并按要求执行		清洁生产与环境管理程序
36	录井荧光	录井作业	空气污染	正常	化验室正己烷浓度低于180mg/m^3	执行录井规程		清洁生产与环境管理程序
37	岩屑录井	录井作业	污染土壤、水体	正常	零污染	定点排放，倒入钻井液池		清洁生产与环境管理程序

240

续表

序号	重要环境因素	主要相关部门及工艺过程	影响	状态	管理手段			对应的程序
					目标/指标	控制/应急		
38	提捞车上油污散落	提捞作业队提捞原油	污染土壤及水体	正常	地面清洁，无散落原油	加强对提捞队伍管理，制定相应规章制度		清洁生产与环境管理程序
39	柱塞泵产生大量噪声	配注同柱塞泵注水	噪声的排放，污染声环境	正常	将噪声排放量降到最低	加强有效隔音设施，工作人员佩戴耳塞		清洁生产与环境管理程序
40	过量注水造成水流外溢	配注同柱塞泵注水	注水溢流，淹没草场	正常	注水过程不外溢	对注水井合理注，专人看护注水情况，放置因过多注水造成的水流外溢		清洁生产与环境管理程序
41	天然气的排放，噪声的排放	抽油机井底加药	噪声的排放，污染声环境	正常	将天然气排放量降到最低	工作人员佩戴耳塞		清洁生产与环境管理程序
42	抛散料拉运中散落	道路运输	污染土壤	正常	固定源工业污水排放95%；工业固体废弃物有效处置率100%	制定管理方案		清洁生产与环境管理程序
43	危险品拉运油品滴落，气泄漏	道路运输	污染土壤和大气	异常	有控废气排放达标率95%	制定管理方案		清洁生产与环境管理程序
44	废弃岩屑、擦机布、含油废弃物、废硒鼓、废墨盒、废灯管	钻井施工、电焊条、电气实验机加工、食堂、办公	影响土壤、固废	正常	有控废气排放达标率95%	按公司环境保护管理办法		清洁生产与环境管理程序

2）废弃钻井液的危害

废弃液钻井中的环境污染物质负荷极高，悬浮物含量常在 2000mg/L 以上，这些悬浮物呈胶体状，加上钻井液的护胶作用，使其成为特殊的稳定体系，在水中长时间不能下沉，导致水体生态的破坏，影响水体的功能。其中的 NaOH、$CaCO_3$、Fe^{3+}、SO_4^{2-}、NaCl 影响地下水地表水 pH 值；聚合物丙烯腈、丙烯酰胺、丙烯酸具有毒性；Cr^{3+} 对环境和人体具有毒性。对土壤造成有害影响的主要成分是过量的盐和可交换性钠离子。盐和可交换性钠离子可造成土壤板结，使植物从土壤吸收水分困难，不利于植物生长。勘探开发钻井作业的同时，必须做好废弃钻井液无害化处置工作。

3）控制措施

钻修井作业现场的钻井液池、沉砂池、污水池、溢流池及排水沟渠，必须进行防渗处理，并采取防溢出措施。钻台下方、钻井液材料场和循环罐、柴油罐、发电机房、远控房、钻井泵等设备底部，井下作业现场油管桥、储液罐、修井机、发电机房、放喷罐底部，均应铺设防渗膜或采用水泥浇筑地面。钻井岩屑及废钻井液、污水等废液应全部排入钻井液池，按照所在国及业主的要求，采取就地固化处理、倒运集中处理、不落地回收处理、随钻处理等方法进行无害化处理，钻井队配合完成，严禁通过暗管、渗井、渗坑排放废液。可进行回收利用的废钻井液应最大限度地循环利用，节约成本，减少废弃物处理量。不能利用或回用的进行无害化处理或处置，严禁随地排放或倾倒。

2. 钻井废水

1）钻井废水的产生

钻井废水主要包括机械废水、冲洗废水、钻井液废水、其他废水。pH 值偏高：7.5~10；悬浮物含量高：2000~2500mg/L 以上；含有一定数量的污染物：有毒聚合物、有机污染物和无机污染物。

2）钻井废水的危害

在石油钻井过程中所产生的油污废水、生活废水，若处理不当渗入地底，就会污染地下水水质，进而破坏水的生态平衡。由于其含有多种复杂化学添加剂，污染负荷较高，若不加以适当处理，将对土壤、水体会有不同程度的污染，并在动植物上发生富集，最终影响人类的身体健康。

3）控制措施

修井作业污水、酸化压裂废液应按照所在国和业主的要求进行全部回运到指定接卸点，由具有资质的公司负责处理。作业队伍不得擅自决定将井筒废液、酸化压裂返排液等排入钻井液池中。污油、含油污水、含油钻井液浸入地面时，应立即清理被污染的土壤，防止污染渗透扩散。作业队将设备维护保养废弃的机油、润滑脂、柴油等污油全部收集到容器中。

3. 固体废物

1）固体废物的产生

钻井过程中产生的岩屑、生产废料（如缸套和活塞等）以及作业人员生活产生的生活垃圾如果堆放或埋在现场，一旦有雨水或河流冲刷就会对水源、空气及周围土壤造成污染。

2）控制措施

作业队应配备专用垃圾袋或垃圾箱，实行生活垃圾分类回收处理，不能自然降解的固体垃圾应全部回收集中存放，能够自然降解的餐厨垃圾、厕所垃圾可选择远离水体的地方深埋，但不得将垃圾袋一同掩埋。作业队应建立废弃物回收、储存、倒运管理台账，记录作业现场废弃物种类、数量、去向等处置情况，做到废弃物处置情况随时可查，责任可追溯。废弃用品（油棉纱、油手套、旧工衣鞋帽等）、废包装物、生产废料等固体废物全部回收，定点集中存放。

4. 钻井烟气

1）烟气的产生

机械设备在使用过程中会产生的烟尘，这些烟尘中往往含有大量有害物质直接影响空气质量；主要污染物为烃类、二氧化碳、氮氧化物。

2）控制措施

海外钻修井项目应定期组织监测生产活动过程中的烟气排放，采取源头控制，不达标的设备不得投产。在涉及有毒有害气体风险的作业场所，需配置、使用有毒有害气体监测报警装置。海外钻修井项目作业现场均需按照相关标准要求配置可燃气体监测设备设施。禁止焚烧沥青、橡胶制品、塑料制品、油毡及其他易产生有毒有害废气的物质，严控废气的无组织排放。监测结果超过规定的排放标准时，应进行紧急处理。必要时，应疏散当地居民，防止有毒、有害气体对居民的影响，作业队柴油机、发电机应当定期进行维护、保养，防止冒黑烟。机动车辆应定期进行车辆保养和尾气检测，确保尾气排放达标。

5. 钻井噪声

1）噪声的产生

石油钻井的机械设备，在运行过程中因摩擦、振动等造成的高分贝噪声，如柴油机（100~120dB）、发电机组（100~110dB）、钻机、钻井泵（97dB）等。作业噪声，如固井作业、下套管、起下钻、碰撞声；事故噪声，如井喷事故噪声。不仅会影响施工现场，对周围的环境也会产生不好的影响。

2）控制措施

海外钻修井项目严格控制噪声污染，首选符合标准要求的设备、设施，对于噪声排放超标的设备，应通过技术手段对噪声排放予以控制。对于实施控制仍不能达标的设备及工作场所，需运用安全标志、安全警示牌予以告知，对在影响区域的人员，需配备必要的防护器具。

6. 辐射污染

1）辐射污染的产生

每一口油井中都含有大量的含辐射物质，随着钻探的深度加深，含辐射物质就更容易渗入地表，进而造成污染。不仅影响人类健康，还会危及附近的动植物。钻井过程中使用的含有放射源的仪器和设备也可能对人和动植物产生不良影响。

2）控制措施

钻修井队应及时了解现场作业的测、录、固作业队所携带和使用的放射源，并告知现场所有的作业人员。作业现场放射源临时存放点必须符合防护屏蔽设计要求，确保周围环境安全，临时存放场箱应设置双锁具和防撬保护罩。使用放射性同位素与射线装置时，应预先通知钻修井队，告知现场所有人员，撤离区域范围内的无关人员，同时应区分安全防护区域，设置警戒带，放置明显的放射性标志，必要时设专人警戒。

思考题

（1）环境因素识别与评价常用方法有哪些？

（2）海外钻修井作业现场常见的环境因素有哪些？

第二节　固体废弃物的管理

学习目标

（1）熟悉海外钻修井现场常见的固体废弃物；

（2）掌握常用固体废弃物处理方法；

（3）了解固体废弃物管理的基本要求。

一、总体要求

（1）钻井工程项目建设单位、钻井承包商、钻井废物处理单位应遵守项目所在国家、地方相关法律法规及相关规定，对钻井废物进行处理。

（2）在勘探开发方案中，应明确钻井废物处理方案，并将相应处理费支出列入油气田勘探开发投资计划中。

（3）在钻前工程设计中，应考虑井场防渗、防洪分流和清污分流措施。

（4）在钻井施工过程中，循环系统、机泵房、钻井液材料储存房等区域应采取防雨分流措施。

（5）在钻井废物收集、储存和处理现场应对钻井废物做相应的分离与标识，并设立标志。

（6）钻井承包商、钻井废物处理单位应建立钻井废物管理台账和记录，包括废物名称、处理数量、处理时间、处理方法、处理施工单位、负责人、处理结果等，做到处理状况可查，处理结果可追溯。

二、收集与储存

1. 废弃钻井液及钻井岩屑收集与储存

废弃水基钻井液宜采用专用罐、池收集。水基岩屑可采用岩屑池或岩屑罐收集，岩屑池应进行防渗处理。降雨量较大的季节或地区，岩屑池周边应设置导流沟渠并搭建遮雨棚。废弃水基钻井液与水基岩屑应分开储存。

2. 废弃油基钻井液及油基岩屑收集与储存

废弃油基钻井液宜采用专用罐、池收集。油基岩屑可采用岩屑罐、岩屑池收集，或经密闭包装后置于专用储存区。专用储存区、收集设施应防渗、防火、防雨，并设防火、防爆、危险废物等警示标识。废弃油基钻井液与油基岩屑应分开储存。废弃油基钻井液、油基岩屑应与其他废物分开储存，并建立登记台账。

三、装卸与运输

装卸与运输钻井废物时，应防止废物洒落。固体钻井废物运输车辆，罐式车辆入孔应密封，箱式车辆应上盖。运输废弃油基钻井液及油基岩屑的车辆应配备密闭罐体呼吸阀。运输钻井废物应建立运输台账，台账至少应包括：

（1）钻井废物的类别。

（2）钻井废物的重量或数量。

（3）钻井废物的起运地点及日期。

（4）钻井废物的运出单位、接收单位、现场监督、驾驶员等相关方人员签字确认的转运联单。

承担钻井废物运输的单位实行车辆 GPS 监控制度。车辆消防器材应齐全有效，并配备收集、清理工具。承担钻井废物运输的单位应编制转运应急预案，运输过程如发生事故，严格按应急预案执行。应急预案应包括风险辨识、应急信息报告、应急处置程序、应急联系方式等。

四、处理与处置

1. 水基岩屑处理与处置。

钻井现场宜配备高频振动筛、高速变频离心机或板框压滤机等设备，对水基岩屑进行固液分离，实现减量化。水基岩屑宜采用固化、生物降解、高温氧化分解的技术进行处理。

（1）水基岩屑固化处理：

① 固化场地选址及固化物的填埋场应符合环评及当地环保部门要求。

② 按实验确定固化剂比例，施工时应混合搅拌均匀。

③ 固化处理后的浸出液指标应符合项目所在国环保等相关主管部门要求。

（2）水基岩屑微生物处理：

① 微生物处理水基岩屑，选址及填埋场应符合环评及项目所在国环保部门要求。

② 微生物处理时，降解菌加量应结合小试试验确定。可根据降解菌性质加入一定量的肥料、表层土，促进微生物生长。

③ 采用机械翻耕改善土壤充氧情况并使降解菌在土壤中混合均匀。

④ 处理完成后，在处理体上覆盖一层土壤，土壤厚度大于10cm。

⑤ 微生物处理后的水基岩屑应符合项目所在国环保等相关主管部门要求。

（3）水基岩屑高温氧化分解处理：

① 处理场地应避开环境敏感区域。

② 处理后水基岩屑应符合项目所在国环保主管部门要求。

③ 针对处理过程中的高温因素，现场应作警示标识。

水基岩屑经无害化处理后，填埋或进行资源化利用（铺路、制砖、作水泥辅料等），应达到相关质量标准和污染控制标准要求。

2. 油基岩屑处理与处置

油基岩屑在工区内宜采用甩干、离心分离等技术进行预处理，初步回收油基钻井液，甩干系统设备主要包括滤式脱油离心机（油基岩屑甩干机）、沉降式高速变频离心机。油基岩屑处理场地应避开环境敏感区域。油基岩屑的处理宜采用萃取、脱附等工艺技术，处理后岩屑含油率小于1%，填埋或进行资源化利用，应达到相关质量标准和污染控制标准要求。

思考题

（1）海外钻修井作业现场常见的固体废弃物有哪些？

（2）水基岩屑和油基岩屑如何处置？

第三节　废油、废液管理

学习目标

（1）熟悉海外常见的废油、废液；

（2）掌握常用废油、废液防控措施；

（3）了解废油、废液管理的基本要求。

钻修井作业中产生的废油包括作业过程中产生的原油，设备运行过程中产生的废机油、废液压油、废齿轮油、废油滤器、螺纹润滑脂等。废液包括废弃钻井液、钻井废水等。

一、钻修井作业现场废油防控

1. 钻修井作业现场油品储存

（1）各类油品应分类储存，存放于阴凉、干燥、通风的环境中，与营房保持安全距离，并设置明显标识。

（2）油品储存区域应采取防渗漏措施，防止污染土壤，可在储存区域地面铺设防渗膜。

（3）根据储存油品的体积设计油品泄漏后的隔离措施，防止意外泄漏导致土壤的污染。可在储存区域设置围堰，围堰高度根据储存油品的体积和储存区域的面积计算。

（4）油品应使用专用封闭式铁质容器储存。

2.钻前防油品泄漏

（1）钻修井队设备在防止、减少、控制环境污染方面要符合所在国、地区或项目公司（甲方）的环境要求：

① 所有设备应满足合同要求，甲乙方及相关方提供的设备都要维护在良好状态。

② 应配备钻杆防溅盒，并配备与各钻杆尺寸适合的密封胶心来回收在接卸钻杆时喷溅的钻井液。

③ 设备维修保养时，任何废油、润滑油和燃料油都不允许洒落到地面，如有洒落，必须采取措施立即处理。

④ 任何有油品溢出或泄漏风险的货物都要妥善包装、储存，以减少在运输过程和意外情况下泄漏的风险。

⑤ 在搬迁设备之前，所有设备都要进行检查、密封、排空或捆绑，保证在运输过程中不会有油品泄漏和丢失。搬家时，绞车、发动机和其他设备应保证平稳装载在卡车上；到达井场后就位安装时保证没有油品泄漏。

（2）钻井设备安装到位后，开钻前要检查现场安装是否满足以下防油品溢漏污染的条件：

① 任何出现过油品渗漏的设备已整改完好。

② 设备和储罐的排水沟和围堤已按照钻井设计要求建好。

③ 钻井液池已铺设了合适材料的防渗布。

④ 油罐和润滑油储存区铺设了防渗布。

⑤ 如果钻井液是盐水或油基钻井液，循环罐或钻井设备周围通往钻井液坑的排水沟已按要求铺设了防渗布。

⑥ 钻井液防溅装置，如钻井液回收盘、钻井液防溅盒和防溅阀已安装到位。

（3）钻前现场技术交底应有环境管理尤其是溢油漏油及油污废品的管理要求，现场留存交底记录应包含有如下内容：

① 所有资源国或地方监管机构为钻探井或开发井批复的相关许可证的复印件。

② 政府监管机构批复的关于钻井液体系、废弃钻井液和钻屑处理方案的复印件。

③ 政府批复的 EMP（环境管理计划）。

④ 与所在国或地方法律法规和批复的 EMP 一致的承包商废物管理方案。

3.钻修井作业中防油品泄漏

（1）井场必须修筑围堤或围栏，严禁污染物外泄。井场及营地应配备有合格的废弃油品和油污废品存放设施及油品洒漏的应急处置设施，包括但不限于指定存放、运输和处置废弃油品及油污废品的区域和装置；钻机和钻井液罐周围的排水沟应直接引到方井、钻井液池或收集池中，沟渠中应安装隔油装置（尤其对于使用油基钻井液的井）。

（2）做好涉油设备、管道和容器的跑、冒、滴、漏预防管理，现场各类油管线接头、阀门等易造成油品泄漏的位置应设置接油托盘或做防渗处理；柴油机组区域、管具清洗区等易造成油品污染的区域可铺设防渗膜进行防渗处理。

（3）作业过程中使用的管柱润滑油、螺纹清洗剂、油滤器、产生的废油等需要收集、储存、标识并运输到指定地点。

（4）作业过程产出的原油必须处理，为产出的原油制定具体的处理措施。在作业方案中应确定油类物质的收集、存储和处理计划，以及产出原油的燃烧方案。处理原油使用的火炬、燃烧器火炬和燃烧器与井口的距离必须符合相关规定，其方向应根据当前天气设在下风口方向。在放喷管线或燃烧管线末端设置的燃烧池，大小应与放喷或燃烧管线产生的液量相匹配，不能长时间存储或处理流体，并应进行防渗处理和避免防渗措施失效。必要时，应在燃烧池周围建堤坝和防火墙，以防流体流出污染环境，防止点燃草地、作物和树木。

4. 完井后防油品泄漏

（1）完井后拆卸设备时采取所有必要的预防措施以防止机油、燃油、润滑油泄漏到地面上。所有可能泄漏机油、燃油、液压油等油品的拆卸法兰、管线、接头和接口，都要有效封堵，以防搬动、运输时油品泄漏。

（2）装有如燃油、机油、齿轮油等液体的储油罐或油箱应固定牢靠，并根据储罐类型和油品特性保持油品液位处于安全高度，柴油罐中的柴油必须在搬运前用专门油罐车将剩余柴油倒运到新井位，确保在运输中无泄漏和其他危险。

（3）井队搬出井场时，绞车、发动机、油品储罐和其他涉油设备都应平稳装车，并要求卡车司机安全运输确保没有油品泄漏和意外发生。

（4）设置在油罐下方、围堤和润滑油储存区的防渗布或接油盘里面的液体应收集到专用的容器中，并确保不会漏到地面上。

（5）燃烧坑中的残油必须清理到一个专用容器中，并运送到指定地点做进一步处理。当燃烧坑清理干净且验收合格后，应尽快实施其回填和恢复方案。

（6）方井和鼠洞的清理：

① 方井应排空，所含油污须清理干净。

② 填好大小鼠洞。

（7）井场油污清理应达到以下要求：

① 所有未使用的材料都应搬离井场，做到工完料尽场地清。

② 井场所有废弃物应进行收集并分类处理，所有废物的处理应符合所在国或地方法规或 EMP 的要求。

③ 污染的土壤需挖出并运送到指定地点进行处理。

二、钻修井作业现场废液防控

1. 钻完井废液

（1）钻完井产生的钻井废液应回收利用，或者根据当地法律和甲方要求，结合不同的钻井液体系特点及当地有关废弃物处理资源情况，选择合理的处置方式，达标排放。

（2）钻完井过程中产生的污水尽量进入生产流程循环利用，从源头上控制废液产生量。

（3）钻井废液处理

① 采用钻井液池实施钻井作业的现场，应对所有钻井液池、排污池、放喷池等采取防渗措施。

② 采用钻井废液与钻屑不落地或集中处理技术的现场，应当由专业化公司或者甲方指定的相关方，实施钻井废液与钻屑的固相分离无害化处理。

③ 在当地环境部门或者甲方许可条件下，炎热干旱地区的钻井液池内废钻井液和水可以采取自然蒸发，或者转运出去交给具有相关资质的专业的公司做进一步处理或再利用。

④ 作业过程中应防止润滑油、原油、溢油或碳氢化合物排入钻井液池。如因意外事件导致这些废物进到钻井液池，需要立即采取措施进行清理。

2. 试油修井废液

1）基本要求

作业前明确收集、存储和处理所有流体的方案。作业过程产生的原油、天然气、伴生气和地层水都必须处理。燃烧池大小适宜，并进行必要的防渗处理以及隔离围坝和防火墙。优先选用低毒或无毒的完井液、压裂液、压井液等液体。试油过程中使用加砂压裂，应对回流液体除砂，并配备过滤设备。配备必要的消防设施。明确各相关方环保责任。配备、升级必要设备，尽量减少废水和废钻井液的排放量。所有作业环节，都必须认真评估井控风险，确保井控系统完好有效，井内压力受控。作业方案需附有井喷、漏失、溢油和 H_2S 泄漏等应急响应预案。

　　2）产出原油处理

　　使用储油罐并按要求进行处理。焚烧产生原油的燃烧装置应支持原油完全燃烧，降低粉尘和烟污染。使用原油燃烧装置时，应在其底部设置钢罐来存储燃烧残留物，防止滴漏到地面。在可能产出稠油或可预见的低温天气时，要选用间接加热装置。

　　3）伴生气的处理

　　作业过程中产生的天然气等伴生气都必须进行燃烧处理。应选择配有自动点火或同等装置的火炬，燃烧产生的天然气。高含硫气井，应配备除硫装置和除硫剂。

　　4）产出水的处理

　　应使用储存罐以备回注或运出井场做进一步处理。如果进行排放，必须在排放前确定满足地方或所在国规定和 EMP 的要求。

　　3. 井场生活污水

　　在环境敏感区施工，井队应配置生活污水设施，污水处理后回用或达标排放。

三、钻修井现场溢漏应急管理

　　1. 应急物资

　　钻修井队应根据可能的突发环境事故事件，储备必要的应急物资。现场基本的应急物资配备包括但不限于：可移动式溢漏容器；防溢漏废弃袋；吸附垫；吸附条；吸附枕；专业防溢漏劳动保护用品、手套、护目镜、工靴等；防渗布；吸水毛毡；隔栅或围油栏等。

　　2. 现场溢漏应急处置

　　（1）一旦发生溢漏事故事件，现场人员立即向钻修井队应急小组领导汇报溢漏情况，应急小组根据不同类型溢漏事故事件的性质、特点，准备好相应的专业防护装备，按照应急预案要求采取对应的应急控制和防护措施。

　　（2）海外钻修井队现场发生油品、化学药剂及其他污染物的溢漏，应急小组领导应按所在国法律法规、甲方要求以及上级主管单位要求逐级报告此类溢漏事故事件。

　　3. 应急控制和抑制

　　（1）现场应急处置应在保证安全的前提下，立即关闭溢漏源头，或尽可能减少溢漏。将溢漏物质的扩散控制或抑制在最小区域内，以减少不利影响。可以采取以下方法来控制和抑制排放物质（尤其是油品）：

——在罐区和其他易发生溢漏设备周围设挡土墙或堤坝；

——设置第二道汇集带以阻止油品越过第一道挡土墙或堤坝后的扩散；

——在设施邻近的水域设置固定隔栅；

——溢漏发生后在水中增设临时隔栅；

——使用特殊化学药品将油品凝结或生物降解，防止溢油在水中或水面的扩散造成污染。

（2）所在国法律法规和甲方可能会规定罐区周围所需第二道截留设施类型和能力。如未规定，现场应评估潜在溢油风险的可能性和严重性，并根据评估结果决定第一道和第二道截留设施所需要的类型与规模。

（3）隔栅安装或储备的类型与长度应随设施和可能溢漏的类型、规模及位置而改变。此类信息应根据每个主要区域或设施进行制定，并加入设施应急处置预案中。此外，应急处置预案应列出应急设备位置。

（4）应急处置预案应规定能够有效使用的化学药品类型，并列出这些化学药品的来源和申请流程。所在国监管机构在使用化学药品方面都有严格规定，应从相关监管机构中寻找到批准使用的化学药品清单。

4. 清除

（1）应采取快速行动，使用现场清理材料和设备对溢油、化学药剂或其他物质进行清除。根据溢漏物质情况，执行人员和清除作业指挥需要经过特定培训并佩戴专业防溢漏劳动保护用品。

（2）应预先对清理设备的可用性和通道进行设计与安排，以及时回收溢漏物质。

（3）在处理溢漏清除材料之前应获得必要的批准。

（4）应提前对公共设施出入口和私有财产进行安排，防止被溢漏或后续清除作业影响。

（5）应通过分析先前发生的溢漏事故事件，对方案、流程和程序进行完善及更新。预防、控制和抑制，以及清除流程应进行修订，使其在今后的应急响应中更加高效。

5. 现场应急监测

（1）根据事故事件污染物的扩散速度和事件发生地的气象与地域特点，确定污染物扩散范围；

（2）根据监测结果，综合分析事故事件污染变化趋势，向上级单位和甲方报告事故事件的发展情况及污染物的变化情况，作为应急决策的依据。

6. 超出应急处置能力

超出本队级应急处置能力时，应及时请求上一级应急机构启动上一级应急预案。

7. 应急演练

现场应开展突发环境事件应急演练，检验应急处置预案的有效性和可操作性。应急演练的要求包括但不限于：

（1）在每口井作业计划书中要制定突发环境事件应急演练计划；

（2）演练频次可根据现场实际和甲方要求制定；

（3）演练开展前要组织培训，确保各岗位熟悉应急处置方案；

（4）第三方或访问者也应参加应急演练；

（5）演练应尽量模拟真实情况开展，检验队伍的突发事件应急处置能力；

（6）演练后要及时解除应急状态，对演练情况进行总结，进一步完善应急处置方案。

思考题

（1）海外钻修井作业现场油品储存注意事项有哪些？

（2）海外钻修井作业现场常见的废油、废液都有哪些？

（3）海外钻修井现场溢漏应急处置程序有哪些？

第四节　生态环境保护

学习目标

（1）熟悉常见的生态环境因素；

（2）了解海外钻修井作业生态环境保护的基本要求。

一、生态环境因素

1. 土壤

在制定完井井场恢复计划时，应考虑地层特性、岩石类型和地下水的深度对管理井场废弃物的影响，避免将井场选择在湿地、地表不稳定的地区。如果井场施工过程中，需要进行爆破作业，应有审批许可。

2．地表水

应对地表水（池塘、小溪、湿地等）进行保护。雨水或雪水应靠原油地形、地貌坡度、地缝、地沟分流到确定的位置，当利用堰、堤、沟或地表宽阔带的隔离设施难以达到保护地表水的要求时，必须制定专门的预防泄漏控制计划。同时，在钻井设计阶段，应对预防泄漏控制计划进行评估。

3．地下水

应根据地下水层的深度和用途，采取相应的保护措施。例如，对开挖的导管、大鼠洞、小鼠洞、井口和钻井液池，要根据水层特征，对其进行具体设计。同时，根据钻井设计的一般原则，表层套管下深和固井水泥返高的确定应能满足保护地下饮用水水质的保护要求。

4．野生动物

应减少对野生动物的影响，避免将井位确定在动物经常出没或者有可能出现的区域内。选择井场时，应在井场周围设置围栏或采用其他办法，防止野生动物掉进钻井液池或罐组。

5．牲畜

根据牲畜的类型，结合农户的要求，使用围栏、牲畜保护设施或其他适用的隔离措施来保护牲畜。

6．植被

应尽量减少对植被的破坏。必要时，应对井场周围区域内进行评估，以识别受威胁和危害的物种或湿地的物种及它们的自生地。

7．文化和历史资源

应与土地使用者、项目所在国文物保护单位或相应的管理机构共同进行评估，以确保所关注的文化和历史资源区域未受影响，对某些特殊的文化和历史资源敏感性区域还应进行考古调查。

二、井场恢复

（1）钻井结束后，除永久征用的土地外，临时征地应进行覆土、复耕、复貌。

（2）覆土、复耕、复貌应符合下述要求：

① 井场储存池作为消防池使用时，应将池内废弃物进行无害化处理，集中拉运至指定堆放场，并将池内清理干净；

② 应及时清理放喷池内的废弃物，各类废弃物经无害化处理后拉运至环

保部门指定地点；

③ 要求复耕的储存池覆土厚度应大于 500mm，若有表土来源，宜覆盖表土；

④ 井场种树种草时，宜选用适合当地生存条件的品种。

思考题

（1）海外钻修井作业现场生态环境保护因素包括哪些？

（2）海外钻修井作业现场井场恢复有哪些要求？

第九章　消防和交通管理

学习目标

（1）钻修井队管理人员清楚消防职责，熟悉管控要求，做好日常监管；

（2）岗位人员能熟知岗位职责，熟练掌握消防器材保管、检查、使用、检测、报废要求；

（3）钻修井队全体人员能结合现场环境掌握火灾爆炸风险识别方法，明确属地内消防重点部分，能熟练处置着火事件和响应程序；

（4）钻修井队人员熟悉所在国或甲方消防管理要求。

一、钻修井队消防管理职责

1. 平台经理职责

（1）贯彻执行消防法规，保障消防设施符合要求，掌握本队的消防安全情况，建立、健全队消防档案。

（2）掌握生产过程中的火灾性质和特点，经常深入现场监督检查火源、火险及灭火设施，督促落实火灾隐患的整改，确保消防设施完好、消防通道畅通。

（3）负责相应级别动火申请报告书的审查和审批，并负责按规定进行现场监护、检查和指导。

（4）开展防火、灭火知识的宣传教育和培训。

（5）开展井场、营区有关防火措施的审查和验收。

（6）开展火灾爆炸风险识别，根据分级组织编制关键生产装置和要害生产部位消防灭火应急预案（疏散方案）。

（7）建立义务消防队并组织演练。

2. 义务消防队的主要职责

（1）每口井开展消防演习。

（2）协助落实消防安全制度，进行经常性的防火检查。

（3）熟悉各岗位的火灾危险性，明确危险点和控制点，维护消防设施和消防器材，熟练掌握灭火原理和消防器材的使用方法。

（4）参与火灾初期扑救工作，协助专职消防队伍扑灭火灾。

二、消防安全风险识别

钻修队每年开展一次所在区域的消防安全风险识别，作业环境发生变化时，应重新识别，针对存在的主要风险制定措施，形成风险识别清单。

钻修队消防安全风险立足岗位，从以下四个方面（但不限于）进行识别。

1. 钻修队生产过程（管理活动）风险识别清单

按照"管业务管风险、管工作管风险"的原则，以所在国法律法规、社会风俗习惯、公司各项 HSE 管理要求为依据，落实日常生产组织、消防培训、设备设施等风险管控责任。

管理不到位：井控管理不到位、日常安全培训不到位、未组织有效的消防安全隐患排查、生产过程中使用的易燃易爆等化学品未制定预防措施、设备设施漏油、应急过程出现的二次伤害等。

2. 钻修队（静态）完整性风险识别清单

钻修队系统识别各类设备，在安装、运行、检维修、拆卸等设备生命周期每项施工作业活动中存在的着火爆炸危害因素。

设备设施着火爆炸：电控室短路、设备设施漏油、柴油罐漏油、液化气受热爆炸、消防设施损坏等。

3. 钻修队操作（动态）完整性风险识别清单

以生产流程为主线，识别所使用设备设施、工用具、危险化学品及其他易燃易爆品在施工作业活动中存在的 HSE 危害因素。

例如人的不安全因素：现场加油着火、电路连接不当造成短路、柴油和液化气使用不当等。

4. 钻修队环境风险识别清单

对所在国家区域的气候、作业环境为主线，系统开展消防风险识别和评价。

自然灾害不安全因素：大风、沙尘暴、飓风、地震等；社会安全方面因素：海外作业区域社会安全形势复杂，存在着武装入侵、炸弹、汽油瓶、骚乱点火等。

5. 风险评价

根据上诉风险识别结果，开展风险评价，根据风险评价结果划分重点消防部位和区域，根据重点消防部位和区域，制定防范措施方案，并明确每个重点消防部位和区域属地责任人。

三、合规义务

钻修井队要详细确定在上述风险识别中适用于作业过程中消防法律法规等明确的合规义务，并确定这些合规义务如何应用到现场，合规义务主要包括以下两个方面。

1. 与消防相关的强制性法律法规的要求

（1）政府机构或其他相关权力机构的要求；

（2）国际、所在国和当地的法律法规；

（3）许可、执照或其他形式授权中规定的要求；

（4）监管机构颁布的法令、条令或者指南；

（5）法院或行政的裁决。

2. 其他相关方的要求

合规义务也包括必须采纳的或选择采纳的，其他相关方的要求

（1）与甲方签订的合同所约定的义务；

（2）与公共机构或其他客户达成的协议；

（3）甲方的要求；

（4）自愿性原则或者业务守则；

（5）相关的组织标准或行业标准。

四、建立消防档案

钻修队要建立消防档案，主要内容如下：消防管理组织机构（表9-1）、义务消防队人员名单（表9-2）、消防设施及器材一览表（表9-3）、消防器材及检验台账（表9-4）、重点防火部位消防管理登记表（表9-5）、重点防火部位消防管理情况表（表9-6）、消防安全培训记录表（表9-7）、灭火应急疏散预案演练记录表（表9-8）。钻修井队要明确消防安全重点部位责任人，落实各级消防安全职责，扎实组织培训，并按照时间节点组织应急演练。

表 9-1　消防管理组织机构

平台经理		培训情况：
联系电话		
平台副经理		
联系电话		

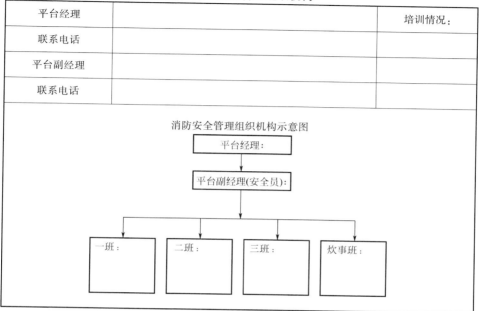

消防安全管理组织机构示意图

平台经理：

平台副经理(安全员)：

一班：　　二班：　　三班：　　炊事班：

表 9-2　义务消防队人员

义务消防队	负责人		电话		人数		车辆数		
	义务消防队组织情况								
	装备情况								
姓名	性别	年龄	工种	所属部门	职务职称	工作时间	参加培训情况		备注

表 9-3　消防设施及器材一览表

序号	配属位置	消防设施及器材名称	规格	数量/长度	生产日期	负责人
1	消防房	干粉灭火器	35kg		××.××.××	×××
		干粉灭火器	8kg		××.××.××	×××
		二氧化碳灭火器	5kg		××.××.××	×××
		消防斧	—		××.××.××	×××
		消防钩	—			
		消防锨	—			
		消防桶	—			
		消防水带	—			
		直流水枪	φ19mm			
		手抬式机动消防泵	JBQ4.6/8			
		灭火毯				
2	钻台	干粉灭火器	8kg			
3	气源房	干粉灭火器	8kg			
4	机房	干粉灭火器	8kg			
5	振动筛	干粉灭火器	8kg			
6	油罐区	干粉灭火器	8kg			
7	泵房	干粉灭火器	8kg			
8	发电房	二氧化碳火器	8kg			
9	配电房	干粉灭火器	8kg			
10	油品房	干粉灭火器	8kg			
11	库房	干粉灭火器	8kg			
12	食堂库房	干粉灭火器	8kg			
13	食堂操作间	二氧化碳灭火器	5kg			
		独立式可燃气体探测器	套			
		干粉灭火器	8kg			
14	餐厅	干粉灭火器	8kg			
15	野营房	干粉灭火器	5kg/8kg			
16	材料房	干粉灭火器	8kg			
17	仪器房	二氧化碳灭火器	5kg			

表 9-4　消防器材及检验台账

序号	单位	器材名称	规格型号	生产日期	钢印号	制造商	安装地点	数量	检维修日期	检维修单位	检维修记录	下次检维修日期	状态

表 9-5　重点防火部位消防管理登记表

序号	重点防火部位名称	现场负责人
1	油罐	×××
2	液气分离器	×××
3	配电房	×××
4	材料房	×××
5	食堂操作间	×××
6	循环罐区	×××
……	……	……

表 9-6　重点防火部位消防管理情况表

基层单位名称	××公司××队		
重点防火部位名称	油罐区	责任人	
存在或可能存在的火源种类		明火、静电、雷电、闪爆	

可燃物及其理化特性：柴油。柴油有蒸发性、受热燃烧性、流动中会产生静电，具有流动性和膨胀性；遇明火会发生着火。油罐为半密闭式，一旦发生火情，会发生爆炸可能

防火措施：
(1) 油罐区周围按标准配备消防器材，并有专人负责管理和检查，禁止挪作他用；
(2) 对全员进行消防知识教育，做到应证人员持证上岗，进行防火应急演练；
(3) 保证油罐地线接地良好，防止电动泵、照明灯、电气设备产生电火花；
(4) 严禁在油罐区附近吸烟或动火，禁止在油罐进行金属焊接等；
(5) 柴油罐电路采用防爆电路，主任机工每天检查电路情况；
(6) 卸油时，油罐车排气管必须带防火帽，到达指定位置后立即熄火，值班干部提示监督油罐司机关闭手机，司机必须保证油罐车接地链良好接地，防止闪爆，值班干部确认安全后方可进行卸油作业；
(7) 油罐摆放距离井口 30m 以上；
(8) 柴油罐附近禁止存放易燃易爆物品；
(9) 一旦发生险情，立即启动防火应急预案；
……

应急处置步骤：

（1）消防设施及灭火器材操作规程。

① 二氧化碳灭火器操作规程；

② 手提式干粉灭火器操作规程；

③ 推车式干粉灭火机操作规程；

④ 手抬式燃油消防泵操作及保养规程；

⑤ 消防水枪、水带安全操作规程；

⑥ 烟感报警仪操作规程；

⑦ 集中式烟感报警仪操作规程；

⑧ 消防水炮操作规程；

⑨ 燃气报警仪（自动切断）操作规程；

⑩ 其他所在国或区域要求的消防设施操作规程。

钻修队根据现场配备，明确消防设施操作规程，并建立培训记录见消防安全培训记录表9-7。

表9-7　消防安全培训记录表

日　期		地　点	
参加人员			
培训情况记录			
培训存在问题			
拟定下次培训日期			
作业队意见			

（2）火灾应急处置预案（样本）。

① 发生初期火灾时，第一发现人大声呼叫："××××地点，着火了"，并立即进行扑救，同时报告值班干部或司钻。

② 发电工断开着火区电源，值班干部或司钻立即组织人员迅速展开初期火灾的扑救工作，切断易燃物输送源或迅速隔离易燃物等。

③ 若火势严重超出现场的控制能力，应及时向应急办公室汇报，立即拨打就近火警电话，并说明火情类型、行车路线，指派专人在门口迎接消防车，

并负责带到现场。

④ 将着火区无关人员迅速疏散到安全区，确定安全警戒区域，安排专人负责警戒。在专业消防队到达之前，参加救火的人员要服从现场第一责任人的统一指挥，在专业消防队到达之后，听从现场消防指挥员的统一指挥，员工配合消防队做好灭火及其他工作。

⑤ 现场有伤员时，按照人员伤亡事故应急处置程序执行。

⑥ 灭火应急疏散预案演练记录表，详见表9-8。

表9-8　灭火应急疏散预案演练记录表

日期			地点	
参加人员				
演练情况记录				
演练存在问题				
拟定下次演练日期				
作业队意见				

（3）消防持证人员台账（自行建立）。

五、消防设备设施配备要求

（1）根据火灾风险类型，作业现场应至少配备干粉灭火器和二氧化碳灭火器。使用油基钻井液作业的井队，应配备泡沫发生器和泡沫灭火器。

（2）作业现场应设置消防站，消防站配备35L及以上的干粉灭火器，总容量不小于200L；8kg干粉灭火器10个，5kg二氧化碳灭火器2个，消防斧2把，消防锹6把，消防桶8只。

（3）井场和营房区应各配备消防水罐1个（如未设专门的消防水罐，与生产水罐合用时，应有合格的消防管线接口），电动消防泵1台，独立动力柴油消防泵1台，扬程不小于16m、流量不小于80m^3/h，20m长消防水龙带5根，直径19mm直流水枪2支。

（4）动火作业现场附近应至少配备1个8kg干粉灭火器。

（5）每栋营房应配备烟雾报警器、应急照明灯及5kg干粉灭火器各一个。

（6）钻台、机房、循环罐区、油罐区、发电房、配电房应至少设置2个5kg二氧化碳灭火器。

（7）在面对井架大门左前方靠近井场边缘和井场左后方靠近发电房前各堆放消防沙2m³。

（8）作业现场和营地应配置火灾报警装置并明确火灾报警信号。

（9）在油罐区、消防室及井场明显处，应设置防火防爆安全标识。

（10）井场应设置消防设备设施分布图、逃生路线图、紧急集合点以及两个以上的逃生出口，并有明显标识。

六、消防设备设施管理要求

（1）灭火器应设置在位置明显和便于取用的地点，且不得影响安全疏散。

（2）对有视线障碍的灭火器设置点，应设置指示其位置的发光标志。

（3）灭火器的摆放应稳固，其铭牌应朝外。手提式灭火器宜设置在灭火器箱内或挂钩、托架上，其顶部离地面高度不应大于1.50m；底部离地面高度不宜小于0.08m。灭火器箱不得上锁。

（4）灭火器不宜设置在潮湿或强腐蚀性的地点。当必须设置时，应有相应的保护措施。灭火器设置在室外时，也应有相应的保护措施。

（5）二氧化碳灭火器应存放在阴凉、干燥、通风处，不得接近火源。

（6）干粉灭火器和二氧化碳灭火器出厂满五年，如继续使用，以后每隔2年，必须进行水压试验等检验。

（7）干粉灭火器报废年限为10年，二氧化碳灭火器报废年限为12年（在项目所在国采购的灭火器以生产厂家标准为准）。

（8）使用后的灭火器严禁擅自拆装，应送到具有维修资质的单位灌装维修。

（9）灭火器在搬动的过程中应轻拿轻放，以免发生碰撞变形后爆炸。

（10）基层队每月至少对消防设施进行一次全面检查，并保留检查记录，干粉灭火器压力指针应在绿区，二氧化碳灭火器称重检测年泄漏量不应大于灭火器额定充装量的5%。安全销无锈蚀，喷嘴与胶管完好无松动、无龟裂，铅封完好，瓶体和瓶底无锈蚀。凡检查不合格的灭火器必须立即上交或放压处理。消防泵每周进行一次启动检查，确保正常使用。

（11）不得埋压、圈占、损毁、拆除消防设施，不得将消防设施用于与消防无关事项。

（12）井场内和营房内禁止吸烟，现场可在安全区域设置吸烟点并张贴吸烟区标识。

（13）有下列情况之一的灭火器应进行强制报废：

① 筒体严重锈蚀，锈蚀面积大于、等于筒体总面积的 1/3，表面有凹坑；

② 筒体明显变形，机械损伤严重；

③ 没有间歇喷射机构的手提式灭火器；

④ 没有生产厂名称和出厂年月，包括铭牌脱落，或虽有铭牌，但已看不清生产厂名称，或出厂年月钢印无法识别；

⑤ 筒体有锡焊、铜焊或补缀等修补痕迹；

⑥ 被火烧过。

思考题

（1）您所在作业现场消防危害因素有哪些？重点消防部位有哪些？控制措施是什么？

（2）您所在国强制性消防法规、甲方提出消防要求有哪些具体要求？

（3）您的岗位有消防配置是什么？保管、使用、检测、应急有哪些要求？

第二节　交通管理

学习目标

（1）钻修井队人员、驾驶员熟知交通岗位职责和管理要求；

（2）钻修井队管理人员、驾驶员熟练掌握风险评价方法并能制定针对性措施；

（3）钻修井队人员、驾驶员熟练掌握当地法律法规或甲方交通管理要求；

（4）掌握外雇车辆、驾驶员、承包商车辆的管理具体要求；

（5）管理人员熟练掌握 GPS 监控管理要求；

（6）钻修井队人员、驾驶员掌握应急响应和处置程序。

一、承诺

为防止和杜绝交通事故，保证员工生命财产安全，维护家庭幸福和社会和谐，保障公司生产经营活动顺利进行，钻修井队驾驶员和每一位员工应进行承诺，并签订承诺书，内容主要如下：

（1）自觉遵守交通法律法规，遵守公司和所在国交通安全要求，自觉接受交警、路政和运政等管理部门及公司的管理。

（2）主动学习有关交通安全法律法规和机动车操作技能，积极参加公司组织的交通安全教育培训活动，不断提高自身交通安全意识和技能。

（3）依法进行车辆登记注册、领取机动车辆号牌、办理相关行车证件和手续，如期购买保险，不私自安装（改装）车辆装置设施，对车辆进行检验、维修和保养，确保车辆完好无隐患。

（4）做到驾驶车辆证件齐全、不开带病车、不摆放和悬挂妨碍安全驾驶物件、行驶中车内所有人员系好安全带，不装载易燃易爆危险品、不酒后驾驶、不超速超员、不强超强会、不疲劳驾驶，不开英雄车、赌气车、霸王车、不抢道、不突然变道、不乱停乱摆、不违反交通信号行车，不接打手机、不嬉戏打闹、不吃零食、不观看视频、不向车外抛掷杂物等不良驾驶行为，做到安全出行、文明驾车。

（5）工作期间（含上下班）不私自驾乘其他车辆进出油田生产区域（现场），轮休轮换、休假、疗养、探亲往返目的地与工作地路途不驾乘无资质车辆，乘坐具有营运资格的载人车辆或本公司指派的车辆。上下班不得搭乘油（液）罐车、泵车等配合方车辆。凡驾乘其他车辆发生事故（法律实施细则的其他情形除外），一切损失和责任由自己全部负责，事故自行处理。

（6）自觉接受门卫（保安）或其他管理机构的安全检查、日常管理等。

（7）单位车辆不交给无内部准驾证、酒后人员、精神及身体状态不良人员驾驶。

二、组织机构、职责和权限

1. 交通 HSE 管理小组主要职责

（1）建立井队交通安全管理规章制度；

（2）职业和聘用驾驶员的交通安全管理；

（3）定期开展交通安全监督检查，组织并参与交通事故的调查工作；

（4）开展交通安全危险识别，制定风险消减措施；

（5）开展交通安全宣传教育和培训，能力评价与持证管理工作；

（6）组织全员签订《员工交通安全承诺书》。

2. 交通管理人员职责

（1）日常生产车辆的调派和租赁车辆计划的提出，对租赁车辆性能的评估、检查等安全管理工作和外聘驾驶员能力的考评；

（2）车载 GPS 安装及监控管理；

（3）对"三交"工作的日常管理和检查，坚持对驾驶员进行出车前的安全讲话；

（4）本队驾驶员的安全技术、安全行驶公里等指标的考核，对不适合驾驶车辆的人员报请有关部门审核；

（5）针对季节和气候变化以及驾驶人员素质，落实好安全防范措施。

3. 驾驶人员职责

（1）严格遵守交通法律、法规和交通安全管理有关实施细则要求；

（2）杜绝十大不安全驾驶行为；

（3）加强车辆维护保养，杜绝"带病"出车；

（4）进入冬季，驾驶员严格按照冬季操作规程执行；

（5）核查 GPS 完好情况。

4. 行车安全监护人职责

（1）负责所带人员和设备的安全管理，监督驾驶员按原计划路线行车；

（2）监督驾驶员在行车中严格控制车速，落实交通风险控制措施，不得疲劳驾车和争道抢先；

（3）监控车辆的性能状况，若车辆出现故障时，负责组织和实施故障的排除；

（4）若在行车中，出现民事纠纷或发生交通事故时，负责协调解决纠纷及组织人员抢救伤员，保护现场。

三、交通安全风险识别

钻修队每年开展一次所在区域的交通安全风险识别，作业环境发生变化时，应重新识别，针对存在的主要风险制定措施，形成安全风险识别清单，报上级主管部门备案。

钻修队交通安全风险应从四个方面（但不限于）进行识别。

1. 钻修队生产过程（管理活动）风险识别清单

按照"管业务管风险、管工作管风险"的原则，以所在国法律法规、社会风俗习惯、公司各项 HSE 管理要求为依据，落实日常生产组织、安全培训、设备设施、安全环保等风险管控责任。

管理不到位：未组织开展车辆隐患排查、驾驶员未经过评审、未定期开展驾驶员培训、GPS 未有效进行监控等。

2. 钻修队车辆（静态）完整性风险识别清单

各作业队（站）系统识别每辆车（包括辅助生产场所和手持工用具），

在安装、运行、检维修、拆卸等设备生命周期每项施工作业活动中存在的 HSE 危害因素；识别所使用的汽油、柴油在施工作业活动中存在的 HSE 危害因素。

车辆的不安全因素：制动失效、灯光不良、轮胎破损、安全带缺失、应急设施不全等。

3. 钻修队车辆操作（动态）风险识别清单

以驾驶车辆为主线，按照启动前安全检查、驾驶、停车、保养维修的顺序，系统识别驾驶车辆操作过程的 HSE 危害并落实风险管控责任。

人的不安全因素：驾驶员酒后驾车、疲劳驾车（含斋月守戒期间易发生疲劳驾车）、超速行驶、不系安全带、驾驶带病车、开车接打手机、行人违章风险；项目人员上下班途中、人员回国倒班休假往返途中存在集中乘车风险等。

4. 钻修队道路、环境风险识别清单

对所在国家区域的道路、气候、作业环境为主线，系统开展交通安全风险识别和评价。

例如道路的不安全因素：冰雪、沙漠、扬尘等道路，视距不够、路拱不符、路面湿滑、路面损坏、路肩松软、急弯陡坡等；气候的不安全因素：大雾、暴风雨（雪）、沙尘暴、飓风、地震、泥石流等。

例如社会安全方面因素：海外作业区域社会安全形势复杂，存在着大选、武装抢劫车辆、绑架人员、当地居民拦路、强行征用车辆、独立日及斋月等特殊节假日的风险等。

例如风险评价、道路风险见图 9-1：15.9km 处连续拐弯，主路宽 5m，左侧路基被水冲刷严重，掏空 1m，此处严禁会车、超车，提前鸣笛避让，必须行驶在主体路面中间。

图 9-1　风险评价、道路风险图

5. 风险评价

根据上述风险识别结果，开展风险评价，根据风险评价结果划分重点交通区域，根据重点区域制定防范措施方案，并明确重点区域属地责任人。

四、合规义务

钻修井队要详细确定在上述风险识别中适用于作业过程中交通法律法规等明确的合规义务，并确定这些合规义务如何应用到现场，合规义务主要包括以下两个方面。

1. 与交通相关的强制性法律法规的要求

（1）政府机构或其他相关权力机构的要求；

（2）国际、所在国和当地的法律法规；

（3）许可、执照或其他形式授权中规定的要求；

（4）监管机构颁布的法令、条令或者指南；

（5）法院或行政的裁决。

2. 其他相关方的要求

（1）与甲方签订的合同所约定的义务；

（2）与公共机构或其他客户达成的协议；

（3）甲方的要求；

（4）自愿性原则或者业务守则；

（5）相关额组织标准或行业标准。

五、驾驶员管理

1. 驾驶员准驾条件

（1）驾驶员应持有所在国有效驾驶证件，中方员工必须具有中华人民共和国和所在国有效机动车驾驶证或国际驾照。

（2）职业驾驶员应具备 3 年（含）以上驾驶经验，重型、大型、危险货物及特种车辆驾驶员应具备 5 年（含）以上驾驶特种车辆经验。

（3）在沙漠、山地区域作业，应有 1 年（含）以上沙漠、山地驾车经验。

（4）驾驶员的年龄不超过 50 周岁，对超龄驾驶员应由基层队提出，上级主管部门审核批准方可准驾。

（5）准驾证有效期为 2 年，到期后基层队应及时申请更新，驾驶员辞职后，基层队应及时申请注销。

（6）当准驾车型发生变化时，基层队应组织驾驶员进行重新考核取证。

（7）机动车准驾证申请表见表9-9。

表9-9　机动车准驾证申请表

姓名		姓别		出生日期		国籍		彩色照片 （一寸正面 免冠）
加入公司时间		工作岗位						
文化程度		所在单位				血型		
驾照颁发国 （本国）		本国驾照编号			首次取得驾照时间			驾照 类型
驾照颁发国 （所在国）		所在国驾照编号			首次取得驾照时间			驾照 类型
申请准驾类型	皮卡、轿车 吉普车（C）		卡车、仪器 车（B）		9座以上 中巴车（A）			吊车、 叉车（S）
培训经历								
工作经历								
事故情况								
驾驶技能及车辆 知识考核情况	考核人签字：					考核时间：		
车辆使用 单位意见	负责人签字：					时间：		
基层单位意见	负责人签字：					时间：		

注："工作经历"栏以前各项由申请人填写；"申请准驾证类型"栏，在拟驾车辆类型（皮卡、轿车及吉普等小车为C类；卡车及仪器车为B类；7座以上中巴车等为A类；工程车、吊车及叉车等为S类）后一栏处画"√"；"培训经历"栏填写与驾车有关的培训经历，如参加公司或甲方举办有关作业、交通等相关培训等；"工作经历"栏填写驾驶各类型车辆的时间；"事故情况"至"基层单位意见"项由各单位负责人组织考核认定后填写；"驾车技能及车辆知识考核"项由车辆使用单位驾驶经验丰富的人员填写意见；"基层单位意见"必须是单位领导亲自签名填写；"事故情况"栏填写一般以下（不含一般）责任事故情况。

2. 驾驶员基本要求

（1）所有驾驶员一律实行内部准驾制度；

（2）驾驶员分为职业及非职业驾驶员两类；

（3）驾驶员应驾驶与准驾证一致的车型；

（4）非职业驾驶员不得驾驶7座（含）以上载客车辆（应急撤离情况除外）、重型、大型、危险货物及特种车辆；

（5）出车前应注意休息，因工需要连续行驶超过 8h，应配备 2 名驾驶员；

（6）驾驶车辆时不得有超速、疲劳驾驶、拨打或接听移动电话等不安全行为；

（7）严禁酒后及服用镇静药品后驾车。

六、车辆管理

1. 自购车辆管理

（1）基层队应为车辆配备安全带、灭火器、急救包、临时停车牌、逃生锤（大中型客车）及相关安全警示标识，车辆安全设施应定期维护保养，禁止人为关闭、拆除、损毁、破坏随车安全设施。并定期进行检查和更新补充。

（2）基层队除吊车、叉车、叉式装载机、钻机载车特种车辆外，所有上路车辆应安装车辆 GPS，皮卡车应安装防翻架；未按要求安装防翻架、车辆监控设备的车辆严禁上路行驶。

（3）倒班车辆、小客车实行客车长（带车人）责任制度，车上最高行政级别人员即为带车人，负责监督驾驶员安全行车。

（4）基层队应建立完整车辆档案，包括车辆运行状况、年检情况、保险情况，安全检查及整改，历次维护保养及大修时间、更换零部件记录，车辆损坏及修复情况，事故记录。

（5）达到报废期限的车辆，应强制停止使用，并提前报告上级主管部门。

2. 租用车辆管理

（1）基层队租用车辆及随车驾驶员应与出租方签订合同，明确双方安全责任；

（2）基层队严禁租用使用年限超过 5 年或行驶里程超过 $30 \times 10^4 km$ 的皮卡、面包车、越野吉普车各类载人车辆；

（3）基层队租赁车辆（驾驶员）从车辆租用合同生效日起，超过三个月的按公司自购车辆要求管理。

3. 承包方车辆管理

（1）承包方在进行作业前应进行风险识别，制定控制措施并严格执行。基层队负责监督落实。

（2）承担基层队搬家、运载超尺寸重物和运送危险物品等作业的承包商车辆，应在作业前做好道路踏勘，编制作业计划书，进行风险识别，制定控制措施并严格执行。基层队负责监督落实。

（3）基层队应对承包商车辆驾驶员进行安全培训，敦促其遵守作业现场的限速、停车入位等交通安全管理要求。

七、行车安全管理

1. 一般要求

（1）遵守所在国道路交通安全法律法规。

（2）车辆进入井场时，应严格执行限速规定，停放到指定位置，不得随意停放。

（3）当车辆进入钻开油气层或使用油剂钻井液防爆场所时，车辆应配备符合要求的防火、防爆设施。

（4）对不同行车路段、不同车型进行限速规定，并严格落实。

2. 特殊路段行车要求

（1）沙漠行车：禁止单车进入沙漠，车辆行进中应保持队形和适当车距，每台车配备足够的食品、饮水、卫星电话、对讲机、钢丝牵引绳和合适的吊环，按规定时间间隔进行汇报。

（2）扬尘路面行车：关注天气预报，控制车速，不许强行超车。

（3）山区道路行车：小型车下坡不领行大型货车，上坡时不跟行大型货车。连续转弯时降低车速，不占道，连续下坡时控制车速，使用低挡行驶，充分利用发动机的制动控制车速。

（4）高速公路行车：当车速超过100km/h，应和前车保持不得小于100m的车距，防止追尾；因故障紧急停车时，应停在紧急停车带内，并在150m以外放置危险警告标志（当地国有规定，按当地国规定执行）。高速路行车应严格控制车速，发挥车辆监控系统的监控作用。

（5）长途、沙漠、高风险路途、紧急撤离等行车时应执行定时汇报制度。

3. 社会安全高风险地区行车

（1）高风险以上基层队中方人员外出时应配备符合规定的乘坐车辆、落实安保人数，配备有效的通信工具、足够的武装保安车辆护卫。路途出行时要严格遵守旅程安全管理程序，定期进行通信联系，并对车速车距、休息间距、旅程汇报、通过的检查站等进行明确要求。

（2）在极高风险环境中外出流动作业时，中方人员应乘坐B6等级的防弹车辆。

（3）对于社会安全高风险以上的单位和执行长途任务的车辆，每次出车前，必须严格执行海外人员外出审批派车单，见表9-10，严禁夜间长途行车。

表9-10　海外人员外出审批派车单

项目（基地，基层队）：

目的地：

审批单编号：

出发日期：

	车辆牌照	司机姓名	联系电话	乘客姓名	保安姓名	所带货物
出行原因：	NO1 车辆1：			1. 2. 3. 4.	1. 2.	
	NO2 车辆2：			1. 2. 3. 4.	1. 2.	

路线			汇报时	预计时间		
From	To			Depart	Arrive	

出行前检查项（√、×）
检查人：
签名：

车辆：轮胎□　灯光□　工具□　备胎□　刹车□　水箱□
安全带□　里程表□　黄油□　电瓶□
其他：食品□　通信设备□　相关通行证□　急救包□
地图/GPS□　饮用水□

较高风险国家旅程风险识别（√）：

绑架勒索□　社区阻路□　迷路□　偷盗□
社会骚乱□　抢劫□
武装冲突□　恐怖袭击□　其他□

风险控制措施：

要求：
司机必须遵守公司的交通规则和当地的交通法律；
如果车辆车带有危险物品，则必须附上危险物品一些相关资料，并且危险物品和乘车人员分开

应急联系人员电话号码

姓名及职务	联系号码	姓名及职务	联系号码
1. 带队人：		2. 调度：	
3. 总监或总经理：		4. 目的地联系人：	

出行安排负责人

姓名：　　　　　签名

备注：

4. 恶劣天气行车

（1）暴雨、浓雾、冰雪、飓风、沙尘暴等恶劣天气不准出车，行车途中遇到恶劣天气应停车避让；

（2）高温天气行车，保持车内空调良好、注意休息，备有足够的饮水及防暑药品，出车前、行车中、收车后检查胎压，长途任务安排双司机驾车，杜绝疲劳驾驶引发交通事故；

（3）大雾、雨雪天气，应确认车距、开启雾灯降低车速，选择宽阔的路面会车；

（4）冰雪路面行车，沿车辙行驶，降低车速，使用安全链，轻踩刹车、缓松离合、缓给油。

八、检查及车辆监控

1. 检查

（1）日常检查：基层队机械师依据轻型车辆日检表（表9-11），每日出车前对车辆进行一次检查。

（2）专项检查：基层队每周对车辆安全技术状况组织一次全面检查，并做好检查、整改记录。基层队应根据生产特点、季节变化等情况，组织开展交通安全专项检查及专项整治工作。

2. 行车监控

（1）基层队（基地）要对派出车辆实施GPS、行车记录仪监控。

（2）车辆进入社会安全形势复杂区域、危险山区、应急抢险、应急打捞作业及特殊夜间行车等，车辆监控人员应每2h通过GPS监控车辆行驶状况1次，并定期通过电话对外出车辆进行限速和疲劳驾驶提醒，定期对带车人进行电话联系，控制车速，按规定时间停车休息。

（3）没有开展基层队监控的或井队搬家期间无法实现GPS监控时，项目部（作业区）车辆监控人员至少每2h通过GPS监控1次上路运行的车辆。

九、违章处罚和应急

1. 违章和处罚

基层队应对超速、疲劳驾驶等违法违规行为制定相应的处罚措施，并严格执行。表9-12为海外单位月度超速报警报表。

表9-11　轻型车辆日检表

轻型车辆日检表

队号：	车牌号：	车型：	日期（年/月）：
检查时间	组织人	检查人	监督人

状态栏（√/×）

描述：	1	2	3	4	5	6	7	8	9	10	11	12	13	14	15	16	17	18	19	20	21	22	23	24	25	26	27	28	29	30	31
车辆监控设备																															
挡风玻璃和后视镜																															
雨刷																															
防翻架																															
安全带																															
灭火器																															
急救包																															
车胎																															
备胎																															
机油、冷却水及管线																															
通信设备																															
车身																															
刹车油																															
风扇皮带																															
里程表																															
存在问题：																															
采取措施：																															
检查人（签名）																															

表9-12 海外单位月度超速报警报表

组织名称	序号	车牌号码	报警时间	报警地点	道路级别	规定时速, km/h 或时间, h	最高时速, km/h 或最长时间, h	报警处理	超速百分比 %	处理情况			
										对个人处罚			对单位处罚
										(<20%/500元人民币)	(≥20%/待岗)	(季度2次以上/待岗)	(月度单台2次以上或台次累计3次以上/5000元)

2. 应急

基层队应制定符合所在国和生产作业实际的交通事故应急响应预案，在规定时间内进行演练。

思考题

（1）您所在国或区域社会环境、主要道路交通风险、气候环境危害因素有哪些？控制措施是什么？

（2）您所在国或区域强制性交通法规有哪些？控制措施是什么？

（3）驾驶员对于出车前、行车中、回场后具体检查的项目是什么？

（4）钻修井队由哪个管理岗位负责车辆GPS系统监控？如何操作？

（5）交通应急响应共分几种情况？应急响应和处置预案如何规定的？

（6）自有、承包商、外雇车辆管理的具体要求是什么？

第十章　应急管理

应急管理是指应对突发事件而开展的应急准备、监测、预警、应急处置与救援和应急评估等全过程管理。应急管理实行统一领导、分类管理、分级负责、属地为主、相关方协调联动的管理体制和工作机制。

第一节　应急预案

学习目标

（1）了解掌握应急预案的定义、分类；

（2）了解掌握应急预案的编制方法；

（3）了解掌握现场处置方案的编制原则。

应急预案是应急管理体系的重要组成部分，是针对可能的重大事故或灾害，为保证迅速、有序、有效地开展应急与救援行动、降低事故损失而预先制定的有关计划或方案。

海外钻修井项目应急预案主要针对自然灾害、事故灾难、社会安全、公共卫生等四种类别的突发性事件，通过危害识别和风险分析制定的总体预案、专项预案、应急处置方案和应急处置程序。编制突发事件应急预案的目的是为了提高项目部处置突发事件的能力，最大限度地预防和减少突发事件造成的损失，保护员工生命财产安全。

一、应急预案体系

海外项目部应急预案体系由项目部突发事件总体应急预案和突发事件专项应急预案、钻修井队突发事件现场应急处置方案、岗位应急处置程序组成。

总体应急预案是从总体上阐述处理事故的应急方针、政策，应急组织结构及相关应急职责，应急行动、措施和保障等基本要求和程序，是应对各类突发事件的综合性文件，为专项应急预案和下级应急预案提供指导。

专项应急预案是针对具体的突发事件类别、危险源和应急保障而制定的应急方案，应按照总体应急预案的程序和要求组织制定，应制定明确的救援程序和具体的应急救援措施，并作为总体应急预案的附件。

现场应急处置方案是针对具体的装置、场所或设施所制定的现场施工应急处置措施。现场应急处置方案应根据风险评估及危险性控制措施逐一编制；应具体、简单、针对性强；应做到事故相关人员应知应会，熟练掌握，并通过应急演练，做到迅速反应、正确处置。

应急处置程序是班组、岗位针对现场要害部位或岗位危害识别而制定的应急操作规程，是指导作业现场岗位操作人员进行应急处置时的规定动作、步骤，要求内容简明、实用、操作性强。

二、应急预案编制

1. 编制要求

应急预案的编制或修订应当符合下列基本要求：

（1）符合有关法律、法规、规章制度和标准的规定；

（2）结合本地区、本单位、本部门的生产经营实际情况；

（3）结合本地区、本单位、本部门的危害识别和风险分析；

（4）应急组织机构和人员职责分工明确，并有具体的落实措施；

（5）应急专家、救援队伍、保障物资以及必要的应急措施得到落实且能够满足应急工作需要；

（6）应急工作流程遵循突发事件应急机制，满足监测与预警、预防与准备、应急处置与救援、事后恢复与重建等要求；

（7）应急预案的内容应与相关部门或单位的 QHSE 职责、管理流程、工作程序相一致；

（8）与相关的应急预案有效衔接。

有下列情形之一的，应急预案应当及时修订：

（1）依据的法律、法规、规章、标准及上位预案中的有关规定发生重大变化的；

（2）应急指挥机构及其职责发生调整的；

（3）面临的事故风险发生重大变化的；

（4）重要应急资源发生重大变化的；

（5）预案中的其他重要信息发生变化的；

（6）在应急演练和事故应急救援中发现问题需要修订的。

2. 编制准备

海外钻修井项目部及钻井队主要负责人负责组织编制和实施本单位的应急预案，并对应急预案的真实性和实用性负责。编制应急预案应当成立以本单位主要负责人为组长的编制工作小组，吸收与应急预案有关的职能部门和单位的人员，以及有现场处置经验的人员参加，明确各部门职责、编制任务，制定工作计划。

编制、修订应急预案应做好以下准备工作：

（1）全面识别、评估本单位危险因素、可能发生的突发事件类型、分布及其危害程度；

（2）客观评价本单位应急能力；

（3）充分借鉴国内外同行业事故教训及应急工作经验；

（4）充分评价应急预案，明确修订完善内容；

（5）组织有关人员进行预案编制、修订的业务培训，重点学习有关法律、法规、标准以及有关的文件、制度，掌握预案编制、修订的原则、方法。

3. 应急预案编制

应急预案编制过程中，应注重全体人员的参与和培训，使所有与事故有关人员均掌握危险源的危险性、应急处置方案和技能。应急预案应充分利用社会应急资源，与所在国地方政府、业主预案、上级主管单位以及相关部门的预案相衔接。

应急预案的编制必须基于重大事故风险的分析结果、应急资源的需求和现状以及有关的法律法规要求。此外，编制预案时应充分收集和参阅已有的应急预案，避免应急预案的重复和交叉，并确保与其他相关应急预案的协调和一致性。

4. 应急预案评审与发布

应急预案文件编制或修订完成后，应急管理部门应组织有关机构人员和专家对应急预案的针对性、充分性、可操作性、有效性以及在救援中是否产生新的风险危害进行评审。预案通过评审后，总体预案由项目部主要负责人签发，专项预案可由项目部主要负责人或业务分管负责人签发。

现场应急处置方案、岗位应急处置程序原则上应做到"一井一案""一事一案""一岗一策"，由钻修井队组织相关管理人员、技术人员、技能骨干编制，项目部主管部门指导并审核，分管负责人批准实施。

海外项目部负责对钻修井队应急处置方案进行备案管理。

5. 应急预案审核与检查

应急预案审核与现场检查，主要针对以下内容：

（1）应急组织机构建设及职责落实情况；

（2）应急预案制修订、备案及培训演练情况；

（3）应急物资储备及管理情况；

（4）应急队伍建设情况；

（5）队站、班组、岗位应急处置方案和应急程序培训演练情况；

（6）突发事件应急信息报送流程及应急处置措施落实情况。

应急工作现场检查，重点针对以下内容：

（1）钻修井队现场应急处置方案的科学性、完整性、针对性、可操作性；

（2）现场应急处置方案的培训演练情况；

（3）现场应急物资储备及管理情况；

（4）应急队伍建设情况；

（5）岗位员工应急知识掌握情况。

三、应急预案的内容

1. 总体预案主要内容

1）总则

（1）编制目的。明确预案编制的目的、要达到的目标和作用等。

（2）编制依据。简述应急预案编制所依据的项目所在国法律法规、规章，以及有关行业管理规定、技术规范和标准等。

（3）适用范围。说明应急预案适用的对象、范围，以及事故的类型、级别。

（4）工作原则。说明本单位应急工作的原则，内容应简明扼要、明确具体。

应急救援首先应有一个明确的方针和原则，作为指导应急救援工作的纲领。方针与原则反映了应急救援工作的优先方向、政策、范围和总体目标，如保护人员安全优先，防止和控制事故蔓延优先，保护环境优先。

（5）预案体系。明确预案文本构成，并辅以预案体系构成图，表述预案之间的横向关联及上下衔接关系。

2）组织机构及职责

（1）应急组织体系。明确应急组织形式，构成单位或人员，并以结构图形式表示，包括管理机构、功能部门、应急指挥和救援队伍。管理机构指维持应急日常管理的负责部门；功能部门包括与应急活动有关的各类组织机构，如消防、医疗机构等；应急指挥是在应急预案启动后，负责应急救援活动场外与场内指挥系统；救援队伍由专业和志愿人员组成。

（2）指挥机构及职责。明确应急救援指挥机构总指挥、副总指挥、各成员单位及其相应职责。应急救援指挥机构根据事故类型和应急工作需要，可以设置相应的应急救援工作小组，并明确各小组的工作任务及职责。

3）风险分析与应急能力评估

（1）单位概况。主要包括单位地址、从业人数、隶属关系、主要产品和服务等内容，以及周边重大危险源、重要设施、目标、场所和周边布局情况。必要时，可附平面图进行说明。

（2）危险源与风险分析。按照自然灾害、事故灾难、公共卫生、社会安全四种突发事件类别，对存在的风险进行识别。对可能引发事故灾难类突发事件的危险目标，应分析其关键装置、要害部位以及安全环保重大危险源等突发事件的类型及风险程度，针对各种类型突发事件的风险程度，对本单位的应急资源、处置能力以及员工的综合应急能力进行分析和评估。

（3）事件分类与分级。按照集团公司突发事件的分类，作业现场的 HSE 突发事件主要分为自然灾害事件、事故灾难事件、公共卫生事件三类。包括但不限于以下：

① 自然灾害突发事件，主要包括地震、地质灾害、洪涝等。

② 事故灾难事件，主要包括井喷、人身伤害、火灾、硫化氢溢出、环境污染、交通等事件。

③ 公共卫生事件，主要包括突发急性职业中毒、重大传染病疫情、重大食物中毒、群体性不明原因疾病等事件。

4）预防与预警

（1）危险源监控。

明确本单位对危险源监测监控的方式、方法，以及采取的预防措施。

两层含义，一是事故的预防工作，尽可能防止事故发生，实现本质安全；二是假定事故必然发生的前提下，通过预先采取措施，降低或减缓事故影响和后果的严重程度。

（2）预警行动。

明确事故预警的条件、方式、方法和信息的发布程序。

① 接警与通知。接警作为应急响应的第一步，必须对接警要求做出明确规定，保证迅速、准确地向报警人员询问事故现场的重要信息。接警人员接受报警后，应按预先确定的通报程序，迅速向有关应急机构及上级部门发出事故通知，以采取相应的行动。

② 警报和紧急公告。当事故可能影响到周边地区，对周边地区的公众可能造成威胁时，应及时启动警报系统，向公众发出警报，同时通过各种途径

向公众发出紧急公告，告知事故性质、对健康的影响、自我保护措施、注意事项等，以保证公众能够及时做出自我防护响应。决定实施疏散时，应通过紧急公告确保公众了解疏散的有关信息，如疏散时间、路线、随身携带物、交通工具及目的地等。

该部分应明确在发生重大事故时，如何向受影响的公众发出警报，包括什么时候，谁有权决定启动警报系统，各种警报信号的不同含义，警报系统的协调使用、可使用的警报装置的类型和位置，以及警报装置覆盖的地理区域。如果可能，应指定备用措施。

（3）信息报告与处置。

明确事故及未遂伤亡事故信息报告与处置办法。

① 信息报告与通知。明确 24h 应急值守电话、事故信息接收和通报程序。

② 信息上报。明确事故发生后向上级主管部门、业主和当地政府报告事故信息的流程、内容和时限。

③ 信息传递。明确事故发生后向有关部门或单位通报事故信息的方法和程序。

主要包括污染物处理、事故后果影响消除、生产秩序恢复、善后赔偿、抢险过程和应急救援能力评估及应急预案的修订等内容。

该部分主要内容应包括：宣布应急结束的程序；撤离和交接程序；恢复正常状态的程序；现场清理和受影响区域的连续检测；事故调查与后果评价；对应急预案中暴露出的缺陷进行更新、完善和改进等。

5）应急响应

（1）响应流程。根据所编制预案的类型和特点，明确应急响应的流程和步骤，并以流程图表示。

（2）响应分级。根据事故紧急和危害程度，对应急响应进行分级，明确事故状态下的决策方法、应急行动程序和保障措施。

（3）应急启动。明确应急响应启动条件和启动方式。

（4）响应程序。按照突发事件发展态势和过程顺序，结合事件特点，根据需要明确接警报告和记录、应急机构启动、资源调配、媒体沟通和信息告知、后勤保障、应急状态解除和现场恢复等应急响应程序。

（5）恢复与重建。明确开展恢复重建工作的内容和程序。

（6）应急联动。明确应急联动程序。

6）应急保障

（1）应急保障计划。制定应急资源建设及储备目标，明确应急专项经费来源，确定外部依托机构，针对应急能力评估中发现的不足制定措施。

（2）应急资源。依据应急保障计划，落实应急专家、应急队伍、应急资金、应急物资配备及调用标准及措施。

（3）应急通信。明确与应急工作相关的单位和人员联系方式及方法，并提供备用方案。建立健全应急通信系统与配套设施，确保应急状态下信息通畅。

（4）其他保障。根据应急工作需求，确定其他相关保障措施（交通运输、医疗、后勤、对外信息发布保障等）。

7）附件

总体应急预案一般应包括下述附件：应急组织机构、职责分配及工作流程图；应急联络及通信方式（办公电话、传真、手机号码等）；风险分析及评估报告；应急救援物资、设备、队伍清单；重大危险源、环境敏感点及应急设施分布图。

2. 专项预案主要内容

1）风险分析与事件分级

（1）事故类型与危害分析。

分析存在的危险源及风险性、引发事故的诱因、事故影响范围及危害后果，提出相应的事故预防和应急措施。

（2）适用范围与事件分级。

① 规定应急预案适用的对象、范围，明确突发事件类型和分级标准等。

② 突发事件分级标准应与总体预案的分级标准统一。

2）组织机构及职责

明确突发事件应急响应的每个环节中负责应急指挥、处置、提供主要支持的机构、部门或人员，并确定其职责，清晰界定职责界面。

3）应急响应

（1）预警。

明确信息报告和接警、预警条件、预警程序、预警职责、预警解除条件。

（2）信息报告。

明确现场报警程序、方式和内容，相关部门24h应急通信方式，信息报送以及向外求援方式等。

（3）应急响应。

① 明确应急响应条件、程序、职责，及响应解除条件等内容。

② 根据应急响应的程序和环节，明确现场工作组的派驻方式、人员组成和主要职责，应急专家的选派方式，应急救援队伍的协调和调度方式，以及与外部专家和救援队伍的联络与协调等。

③ 明确预案中各响应部门的应急响应工作流程，绘制流程图，编制应急

职能分解表。

4）应急保障

（1）通信与信息。明确相关单位和人员的应急联系方式，并提供备用方案。建立健全应急通信系统与配套设施，确保应急状态时信息通畅。

（2）物资与装备。明确应急救援物资、装备的配备情况，包括种类、数量、功能、存放地点等。明确应急救援物资、装备的生产、供应和储备单位的情况。

（3）应急队伍。明确应急队伍的专业、规模、能力、分布、联系方式等情况。

（4）应急资金。明确应急资金的设立依据、额度标准和计划、审批等内容。

（5）应急技术。阐述应急救援技术方案、措施等内容。

5）附件

专项应急预案一般还应包括下述附件：专项应急组织机构及应急工作流程图；应急值班联系及通信方式；应急组织有关人员、专家联系电话及通信方式；上级、外部救援单位相关部门联系电话；当地政府相关部门联系电话等。

3. 现场处置方案主要内容

1）事故特征

（1）危险性分析。根据现场及作业环境可能出现的突发事件类型，对现场进行风险识别。重点分析关键装置、要害部位、重大危险源等突发事件可能性及后果的严重程度，对现场及可以依托的资源的应急处置能力进行分析和评估。

（2）事件及事态描述。简述现场可能发生的事件，分析事态发展、判断事故的危害性。对已发生的事件，组织现场有关人员和专家进行研究分析，根据分析结果和判断，对事态、可能后果及潜在危害等进行描述。

2）组织机构及职责

（1）应急处置流程图。绘制应急处置流程图，并按照流程中的处置环节对组织机构及岗位人员的工作职能进行分配。

（2）应急处置工作职责。参照专项应急预案中组织机构职责及要求，明确现场应急领导小组及具体的人员组成，并根据工作岗位、组织形式及人员构成，明确岗位人员的应急工作分工和职责。

3）应急处置。

（1）应急处置程序。

应急处置应坚持"早发现、早处置、早控制、早报告"的工作方针，始终贯彻"以人为本、安全第一，关爱生命、保护环境"的工作原则，力争达到在第一时间控制现场事态、防止事故扩大的目的。

组织开展现场危害及风险分析，针对可能发生的事故类别及现场情况，明确事故报警、应急信息报送、应急措施启动、应急救援人员引导、事故扩大及同企业应急预案的衔接的程序。针对可能发生的事故等，从操作措施、工艺流程、现场处置、事故控制、人员救护等方面制定明确的应急处置措施。

（2）应急处置要点。

针对可能发生的各类事件，从操作措施、工艺流程、现场处置，以及事态控制、紧急疏散与警戒、人员防护与救护、环境保护等方面制定应急处置措施，细化应急处置步骤。

4）注意事项

根据现场可能发生的突发事件类型及特点，对防护、警戒措施，个人防护器具、抢险救援器材，现场自救和互救，特别警示，环境污染控制等注意事项进行描述。

思考题

（1）什么是应急预案？

（2）应急预案的分类是什么？

（3）怎样编制应急预案？

（4）现场处置方案的编制原则和主要内容是什么？

第二节　应急物资

学习目标

（1）了解掌握应急物资管理的原则和管理要求；

（2）了解应急物资配备、存储、使用的基本要求。

一、应急物资的管理原则

应急物资是指专项用于突发事件应急响应、抢险救援的各类物资。海外项目部应实行应急物资"统一标准、分类储存、定点管理、专项使用"的原则。为了规范应急物资储备使用管理，保障突发事件应急响应、抢险救援的基本需要，海外项目部应根据集团公司、当地政府和业主的要求，制订各类应急物资储备目录和定额标准，建立应急物资储备台账，监督检查应急物资储备使用管理工作，统一调度应急物资的使用及应对突发事件时外部应急物资需求的协调组织工作。

二、应急物资的配备

　　海外项目部应急物资储备目录和定额标准以满足突发事件的应急处置需求为依据，与突发事件应急预案同步制修订，现场应急物资配备可参见表10-1。应急物资储备目录和定额标准要根据施工现场分布、风险类别与程度以及专业特点明确储备单位和储备地点。海外钻修井队要按照项目部制定的应急物资储备目录和定额标准定期检查应急物资储备情况，及时上报更新、补充计划，确保应急物资储备符合储备目录和定额标准要求。

表 10-1　井场应急物资配备数量

序号	种类	物资名称	单位	井场应急物资配备数量					备注
				钻井			采油		
				探井	生产井	试油井	试采井	修井	
1	安全防护	正压空气呼吸器	套	8	*8	6	*4	*2	
2		空气呼吸器充气机	台	1	*1	1	*1	*1	
3		洗眼液	瓶	2	2	2	—	1	
4	监测检测	可燃气体检测仪	套	2	2	2	2	2	
5		固定式硫化氢监测仪	套	1	*1	1	*1	*1	四个以上探头
6		携带式硫化氢监测仪	套	5	*4	4	*4	*4	
7		便携式二氧化硫检测仪（或显色长度检测器）	套	1	*1	1	*1	*1	配备检测管
8		一氧化碳检测仪	台	2	2	2	2	2	
9		红外线遥感测温仪	台	1	1	—	1	—	
10	警戒器材	警示牌	套	1	1	1	1	1	
11		警戒带	m	500	—	500	500	500	
12		警示灯	个	4		4	4		
13	报警设备	声光报警器	套	1	1	1	1	—	

续表

序号	种类	物资名称	单位	井场应急物资配备数量					备注
				钻井			采油		
				探井	生产井	试油井	试采井	修井	
14	生命支持	氧气瓶	个	2	—	—	—	—	
15		氧气袋	个	5	—	—	—	—	
16	医疗器材	急救包	个	1	1	1	1	1	
		担架	副	1	1	1	1	1	
17	照明设备	防爆手电筒	个	5	5	2	5	2	
18		防爆探照灯	具	2	2	2	1	2	
19		应急发电机	台	1	1	1	1	1	按需要定规格
20	通信设备	卫星电话	部	1	—	—	—	—	
21		防爆对讲机	部	4	—	4	4	4	
22	污染清理	吸油毡	kg	200	200	200	200	200	
23		集污袋	个	200	200	200	200	200	20L/个

注：＊表示在油气中有可能含 H_2S 的情况下配备。

三、应急物资的存储要求

应急物资储备要做到定点存储、专人负责，定期检查、盘库、清理、维护，确保应急物资处于完备待命状态，满足随时出库使用条件。应急物资入库、保管、出库等应有完备的凭证手续，做到账实相符、账表相符。项目部和井队作业现场应对新购置入库物资进行数量清点、质量验收。应急物资储备仓库应避光、通风良好，应有防火、防盗、防潮、防鼠、防污染等措施。库存的所有应急物资应有标签标明其品名、规格、产地、编号、数量、质量、生产日期、入库时间等，具有使用期限要求的物资应标明有效期，使用说明书或操作规程等资料应与应急物资同时入库、同位存放、同时发放。应急物资储备应分类存放，码放整齐，留有通道，严禁接触酸、碱、油脂、氧化剂和有机溶剂等。

四、应急物资的使用

应急物资只能在应对处置突发事件、开展应急演练或进行危险场所作业的情况下使用。使用应急物资前要详细阅读其使用说明书、操作规程等资料，确保使用对象、介质、环境等符合其性质用途。

思考题

（1）应急物资管理的原则是什么？

（2）怎样进行应急物资的仓储管理？

（3）如何使用应急物资？

（4）钻井队现场应急物资的配备标准是什么？

第三节　应急培训与演练

学习目标

（1）了解掌握应急培训的基本要求；

（2）了解掌握应急演练的主要内容。

一、应急培训

海外项目在制订应急预案的同时，要明确对本单位人员开展的应急培训计划、方式和要求。应急预案培训的原则是加强基础，突出重点，逐步提高。应急预案培训的基本任务是锻炼和提高队伍在突发事故情况下的快速抢险堵源，及时营救伤员，正确指导和帮助员工进行防护或撤离，有效消除危害后果，开展现场急救和伤员转送等应急技能及应急反应综合素质，有效降低事故危害，减少事故损失。

钻修井队应组织培训，加强与相关方的沟通，确保所有人员能够掌握突发事件时的应急处置流程。

培训和沟通要求包括但不限于以下八个方面。

1. 培训主体

驻队 HSE 监督、带班队长等相关人员。

2. 培训内容

应急处置预案、应急演练、应急设施使用（正压式空气呼吸器、担架等）、应急联系方式等。

3. 培训对象

钻修井队现场所有员工（包括当地员工、外籍员工和第三方）。

4. 培训频次

多频次，可利用周例会、班前（后）会等进行。

5. 培训方式

以注重实际培训效果为主，培训要按照"小范围、短课时、多形式"随时进行。

6. 取证

处置小队成员应接受专业培训，如急救、硫化氢、井控、现场搜救等培训并取得培训合格证。

7. 可视化

应急信号图、应急联络图、应急处置流程图等可视化工具应在会议室、钻台偏房内张贴。

8. 第三方培训

第三方或访问者入场前应接受现场应急培训，了解突发事件应急信号和应急流程。

二、应急演练

应急演练是检验、评价和保持应急能力的一个重要手段。海外项目部要制订演练计划，明确应急演练的规模、方式、频次、范围、内容、组织、评估、总结等内容。其重要作用突出体现在：可在事故真正发生前暴露预案和程序的缺陷，发现应急资源的不足（包括人力和设备等），改善各应急部门、机构、人员之间的协调，增强应对突发重大事故救援的信心和应急意识，提高应急人员的熟练程度和技术水平，进一步明确各自的岗位与职责，提高各级预案之间的协调性，提高整体应急反应能力。

1. 演练的类型

1）按组织方式分类

（1）桌面演练：指由应急组织的代表或关键岗位人员参加的，按照应急预案及其标准工作程序，讨论紧急情况时应采取行动的演练活动。一般是圆桌讨论或演习，情景和问题通常以口头或书面叙述的方式呈现，如图上演练、沙盘演练、计算机模拟演练、视频会议演练等。

（2）实战演练：现场实战操作演练。

2）按训练内容分类

（1）单项演练：涉及特定功能进行演练，针对一个或少数参与单位的特定环节和功能进行检验。

（2）综合演练：涉及多项或全部功能。

海外钻修井队现场应按照演练计划组织开展应急演练，检验应急处置预案的有效性和可操作性。

2. 应急演练的要求

现场应急演练的要求，包括但不限于：

（1）在单井作业计划书中要制定应急演练计划；

（2）演练内容和频次在演练计划中要有明确的要求；

（3）演练开展前要组织培训，确保各岗位熟悉应急处置方案；

（4）第三方或访问者也应参加应急演练；

（5）演练应模拟真实情况开展，检验队伍的突发事件应急处置能力；

（6）演练后要对开展情况进行总结，进一步完善应急处置方案。

思考题

（1）应急培训的主要内容是什么？

（2）应急演练的分类是什么？

（3）什么是桌面演练？

（4）现场应急演练的要求是什么？

第四节　现场应急

学习目标

（1）了解掌握现场应急的原则、组织机构及职责；

（2）了解掌握现场主要突发事件应急响应程序。

一、现场应急原则

海外项目现场应急原则，根据主要优先事项，按重要程度排列分别是：人员安全、环境保护、设备保护、投资保护、公司声誉。

二、现场应急管理

1. 风险分析

钻修井队现场每口井应开展风险分析，辨识现场危害因素，并评估应急突发事件的风险（可能性和严重性），在作业计划书中列举可能发生的突发事件。

2. 组织机构及职责

钻修井队应明确突发事件处置小组，制定岗位职责。现场第一责任人为小组组长（平台经理）全面负责现场应急响应，带班队长和 HSE 监督为副组长协助组长处置突发事件。其他成员还应根据突发事件的分类组成不同的应急处置小队，如急救小队、井控小队、搜救小队、消防小队等。组织机构图如图 10-1 所示。

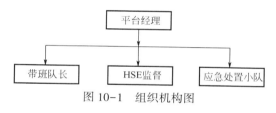

图 10-1　组织机构图

各岗位职责见表 10-2。

表 10-2　岗位职责

序号	岗位	职责分工
1	平台经理	（1）全面负责现场突发事件时的应急响应和处理工作； （2）下达应急处置启动指令和解除指令； （3）主持应急处置会议； （4）负责向上级主管单位和甲方报告突发事件； （5）负责指挥处置小队在现场处置突发事件； （6）负责突发事件后的现场恢复工作； （7）负责组织现场突发事件应急处置预案的编制； （8）负责组织现场突发事件应急演练的开展
2	带班队长	（1）协助组长处置突发事件； （2）负责向本班人员传达应急指令； （3）负责实施应急处置工作； （4）负责突发事件时井下的安全； （5）负责应急物资的日常管理； （6）负责组织应急演练

序号	岗位	职责分工
3	HSE 监督	（1）负责现场应急管理的日常工作； （2）负责现场的应急突发事件风险分析； （3）负责突发事件时与相关方的应急联系； （4）负责突发事件时现场人员的清点； （5）负责编制应急处置方案； （6）负责应急处置方案的培训； （7）负责组织并记录应急演练
4	应急处置小队	（1）搜救处置小队负责在发现人员失踪的情况下，根据井场搜救路线进行人员搜救； （2）急救处置小队负责在人员受到人身伤害时，对人员进行急救并转送至当地医院或诊所； （3）井控处置小队负责在突发事件时实施关井措施； （4）消防处置小队负责使用现场消防站实施灭火，配合当地消防队实施灭火措施

3. 应急处置方案

根据分析后应急突发事件的风险，现场应编制处置方案。

4. 应急物资

钻修井队应根据可能的突发事件，储备必要的应急物资，并负责对应急物资的保存、管理、检查和使用。

5. 应急演练

现场应开展应急演练，检验应急处置预案的有效性和可操作性。

6. 应急响应

突发事件发生后，现场第一时间采取有效的处置措施能够有效控制突发事件，最大限度地降低突发事件所造成的影响。应急响应措施包括但不限于：

（1）目击者应第一时间发出应急信号；

（2）现场指挥（平台经理）立即实施现场应急处置，并在第一时间向上级单位和甲方汇报；

（3）必要时，应第一时间向当地救援机构寻求援助；

（4）现场应急处置小队根据指令和现场情况实施处置措施；

（5）其他人员根据指令在紧急集合点集合或原地待命。

现场主要的突发事件应急响应流程如图 10-2 至图 10-5 所示。

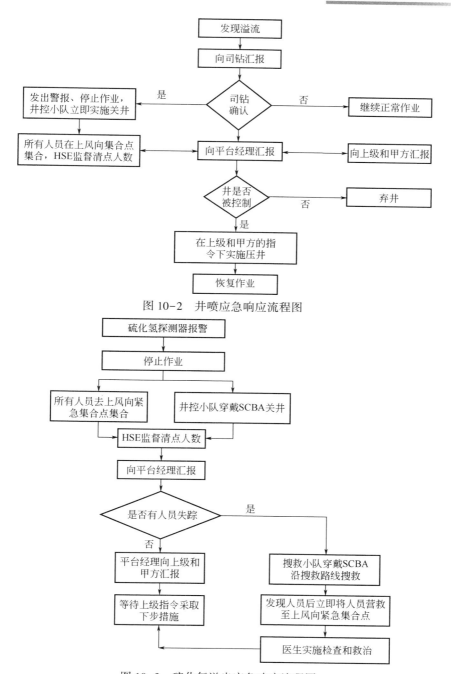

图 10-2 井喷应急响应流程图

图 10-3 硫化氢溢出应急响应流程图

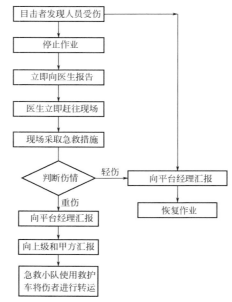

图 10-4　人身伤害应急响应流程图

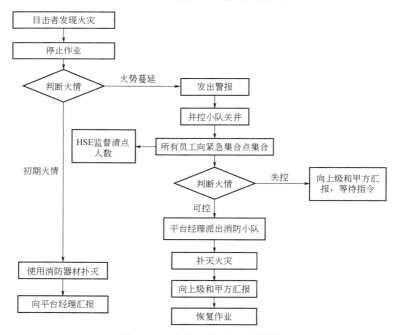

图 10-5　火灾应急响应流程图

7. 培训和沟通

钻修井队应组织培训，加强与相关方的沟通，确保所有人员能够掌握突发事件时的应急处置流程。

思考题

（1）现场应急的原则是什么？

（2）现场应急小组的主要职责是什么？

（3）现场主要突发事件应急程序有哪些？

第十一章　承包商管理

第一节　选商与合同签订

学习目标

（1）了解承包商管理内容；

（2）掌握承包商准入、选商流程和评审内容；

（3）了解承包商 HSE 合同内容。

一、承包商及承包商管理简介

1. 承包商定义

承包商是指有一定生产能力、技术装备、流动资金，具有承包工程任务的营业资格，能够按照业主的要求，提供不同形态的服务和产品，并获得工程价款的企业或机构。

2. 涉及石油钻修井项目承包商

工程技术服务：钻井、测井、录井、固井、定向井、钻井液、试油（气）、测试、酸化压裂、大修、维护性修井、射孔及其他公司不具备服务能力的业务。

生产辅助服务：供水配料、上罐配液、投堵作业、电气安装、钻前施工、井场地貌恢复、钻井液固化、工具、管具租赁、维修检测、加工以及现场服务等业务。

运输服务：普货、危险品运输服务，物资配送及生产服务保障车辆服务。

3. 承包商管理原则

承包商管理原则为"谁发包、谁监管，谁用工、谁负责"。

4. 承包商管理"七关"

（1）资质审查与准入；

（2）承包商选择；

（3）承包商培训；

（4）承包商施工前能力评估；

（5）承包商过程监督检查；

（6）承包商评估考核；

（7）考核奖惩。

承包商管理"七关"示意见图 11-1。

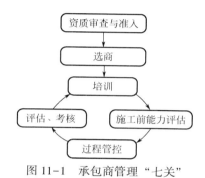

图 11-1 承包商管理"七关"

二、资质审查与准入

1. 准入条件

（1）取得营业执照，经营范围包括相应业务和项目，按规定通过年度检验，并在建设方承包商名录中的合法企业；

（2）取得相关领域安全生产许可证件，主要负责人、项目负责人、安全监督管理人员、施工人员应取得 HSE 合格证件及相应岗位上岗证、操作证件；

（3）安全监督管理机构设置、HSE 管理体系、安全生产资源保障制度健全，符合建设方要求；

（4）设备配套达到标准，配备必要的安全、井控装备；

（5）近期未发生较大质量事故、一般 A 级及以上安全环保事故、影响较大的社会治安事件。

承包商准入条件示意见图 11-2。

凡出现下列情况之一的，将取消该队伍市场准入资格：

（1）安全生产许可证件缺失、失效或许可范围不符的；

（2）现场设备设施及其检测情况与申报材料严重不符的；

准入条件(符合施工所在国相关法律法规要求)

图 11-2 承包商准入条件

（3）施工人员资质、能力不能满足施工要求的；

（4）安全监督管理机构设置、HSE 及井控管理制度、规程严重缺失的；

（5）施工队伍近期发生过一般 A 级及以上生产安全事故、环境事件、井喷事故的。

2. 申报材料

申报材料包括市场准入申请表、有关证件及证明材料。申报单位核查证件原件，复印件留存。

（1）市场准入申请表；

（2）营业执照；

（3）相关许可证件（安全生产许可证件、道路运输经营许可证件等，根据施工所在国法律法规要求）；

（4）主要人员相关证件扫描件（井控证、HSE 合格证件及相应岗位上岗证、操作证件）；

（5）主要设备清单及检测合格证书；

（6）主要井控装备合格证、试压检测报告（所提供合格证、试压检测报告等）。

3. 初审

基层现场考察并收集承包商的有关申报材料，对承包商申报材料进行初审。

4. 评审

海外项目机构对申请上报的承包商进行评审，评审通过后进入审批程序，并对审批合格的承包商核发市场准入证件。

三、承包商选择

（1）选择承包商时，在招标文件中明确承包商遵守的安全标准与要求、执行的工作标准、人员的专业要求、行为规范及安全工作目标，以及项目可能存在的安全风险，并选派掌握安全标准和要求的人员，审核承包商投标文件中的安全技术措施和应急预案等。

（2）可不招标项目，建设单位在谈判阶段应当提出承包商遵守的安全标准与要求、执行的工作标准、人员的专业要求、行为规范及安全工作目标，以及项目可能存在的安全风险。

四、HSE 条款

1. 签订 HSE 条款的目的

为了加强对承包业务的安全环保管理，明确安全环保责任，防止和减少施工作业中的生产安全与环境污染事件，按照施工所在国 HSE 相关法律、法规、规章的有关规定，甲乙双方遵循平等、自愿、公平和诚实信用的原则，在经营合同中订立 HSE 条款。

2. HSE 条款主要内容

明确双方 HSE 责任、权利、义务，并将其复印发到建设单位基层现场。HSE 条款中至少应当约定的内容：

（1）公司向承包商提供公司的"承包商 HSE 最低要求"；

（2）公司有权对承包商进行 HSE 审核与检查；

（3）公司有权对承包商的违章或事故进行处罚；

（4）公司有权因承包商不良的 HSE 业绩单方面中止合同；

（5）承包商应认真遵守"承包商 HSE 最低要求"；

（6）承包商应对员工开展 HSE 培训，并提供必要的劳动防护用品；

（7）承包商应遵守作业许可、上锁挂签、起重作业、有限空间作业等方面的国际惯例；

（8）承包商有权拒绝公司违反 HSE 管理要求的指令。

两个及以上承包商在同一作业区域内进行施工作业，可能危及对方生产安全的，在施工开始前各单位组织区域内承包商互相签订 HSE 条款，明确各自的安全管理职责和应当采取的安全措施，并指定专职安全监督管理人员进行安全检查与协调。

针对不同的承包商，在 HSE 条款中应明确相关的个性 HSE 管理要求。

注：承包商 HSE 最低要求是为了促使公司与承包商在履行承包合同中共同做好 HSE 工作，在作业或服务承包合同或协议中明确提出本公司对承包商的最低 HSE 要求，见附件。

附件 承包商 HSE 最低要求（样本）

1. 总则

（1）为了促使公司与承包商在履行承包合同中共同做好 HSE 工作，在作业或服务承包合同或协议（以下简称"承包合同"）中明确提出对承包商的最低 HSE 要求。

（2）本要求所阐述的各条款是根据有关的法律、法规、标准和广泛认可的 HSE 良好实践而确定，是公司对承包商在 HSE 方面的最基本要求。

（3）如果本要求的任一条款与国家有关的法律、法规有冲突，应认为这一条款将自动修改，其他未受影响的条款仍然适用，HSE 的要求应当得到善意的理解和遵守。

（4）本要求所提及的 HSE 内容是提议应考虑的具体内容，不代表对承包商最低 HSE 要求的全部内容。

（5）只要与本要求不冲突，不排斥承包商执行自己的 HSE 管理体系和已经形成的良好的工作惯例。

2. 承包商责任

（1）承包商应遵守有关的法律、法规、标准，不违反公司 HSE 管理的有关规定；应确保其员工熟练掌握基本 HSE 知识和技能，建立良好的 HSE 理念；应在预防事故、控制损失方面，采取积极的合作态度。

（2）承包商的工作程序或工作环境对人身、财产或环境构成了威胁，违反了有关的法律、法规和规定、违反了公司的 HSE 方针、程序或任何有关的 HSE 标准，承包商应按公司要求及时停止工作，并整改。承包商违反公司 HSE 要求的任何行为均视为对承包合同的违约，严重违反的行为自然构成提前终止承包合同的理由和依据。

（3）承包商有义务避免由于其未能贯彻、执行、遵循和遵守有关法律、法规和规定、违反最低 HSE 要求等原因而使公司受到任何损失、伤害、索赔或债务。

（4）承包商应确保所有人员均已经通过必要的职业和 HSE 培训，有资格并且可证实能从事承包合同规定的相应工作。所有人员必须能出示有关的培训、资格证书。在开始工作之前，确保所有员工都已熟悉和理解公司对承包商的最低 HSE 要求。

（5）承包商应雇佣身心健康、称职的员工完成工作。员工出现下列情形之一者，不能被认为是身心健康的、称职的人员：严重睡眠不足疲乏无力的、患传染病的、严重心脏病的、依赖药物的、酗酒的、赌博和吸毒的人员。

（6）承包商应为员工提供合适的和性能完好的工具、装备。

（7）承包商在所有的作业过程中应首先制定好 HSE 作业计划并获得公司认可。承包商应与公司现场代表一起协调所有活动，教育所有员工将任何安全隐患向其直接主管或者公司现场代表报告。

（8）承包商应确保按承包合同和附件提供的设施、设备、机器、器械、工具和装备等符合有关的安全标准，同时保持工作场所清洁、有序。

3. 个人防护用品要求

（1）承包商应确保其员工严格遵守个人防护装备穿戴制度和规定，在公司和承包商场所内活动都应穿戴好适应工作场所环境的个人防护装备。

（2）员工在进入有可能会发生高空坠落物打击危险和可能发生碰撞伤害或其他认定需要戴安全帽以防止伤害的场所、在低于头部的设备下工作，必须穿戴好符合相应安全标准的非金属的硬质安全帽。

（3）进入所有指定的工作场所，必须穿好符合相应 HSE 标准的防滑、防砸的安全鞋或安全靴。

（4）在工作时，每个人都应将工作服穿戴整齐，个人工作服装应该适合工作条件和气候。在佩戴戒指、项链、头佩、耳坠、或其他宽松的珠宝首饰和手表等有可能对员工造成危害或者对设备有潜在破坏的工作场所，不允许佩戴上述珠宝首饰和手表等；在高温区域、有锋利边角、有化学品，或者有其他可能对手部产生伤害的材料的地方，都应穿戴好符合相应安全标准的防护手套。在有缠绕危险的机械或设备上工作，则不应穿戴手套。

（5）员工在标准栏杆不能起到有效保护并存在坠落危险的地方，或其他有可能从 2m 或 2m 以上高处摔下的地方作业时，必须穿戴好满足有关安全标准的安全带、保险带或救生索。安全带、保险带或救生索应系在固定的、非活动的构件上，并确认已起到安全保护作用。

（6）在进入公认的或怀疑含有危害健康的气体、蒸气、粉尘、灰尘、薄雾或其他物质的空间，空气中氧气浓度过低（氧气浓度低于 18%），以及有关法律、法规和规定，有关的 HSE 标准规定的应佩戴空气呼吸器的场所之前，必须戴好空气呼吸器。在某些必要的工作场所，承包商应根据有关法律、法规和规定、有关的 HSE 标准制定并采取相应的有害气体、氧气浓度监测、控制和防护措施。承包商应培训员工熟练掌握呼吸保护装置的使用和维护。

4. 安全工作惯例

（1）公司有权对承包商的工作计划、设施和设备状况、作业情况进行有关 HSE 方面的监督检查。承包商有责任向公司指派的现场代表报告作业和活动情况、设施和设备安全检查情况、事故隐患及采取的相应措施情况，公司指派的现场代表有权进行核实。当承包商或承包商的员工的作业程序、方法、步骤、措施、作业环境违反了有关法律、法规和规定或公司最低 HSE 要求，对人身、财产和环境构成了威胁，公司指派的现场代表有权要求承包商立即中止作业，进行整改。

（2）承包商应定期召开所有员工参加的现场 HSE 会议，每次会议都应做会议记录并保存在工作现场。公司现场代表有权参加每次的 HSE 会议。

（3）承包商应按有关的法律、法规、标准以及公司的有关要求全面系统地建立并维护符合工业惯例的标志。要使所有员工熟悉和理解各种标志的内容与含义。所有人员都应遵守在公司和承包商场所内的各种标志要求。

（4）应明确隔离锁定制度以保护员工在动力装置、压缩系统和有限空间等的作业。

5. 出入施工现场管理及相关 HSE 政策

（1）承包商员工进入公司场所时，应接受安全教育，并签字确认。

（2）承包商员工进入公司场所后，只能在指定区域内活动，行为举止应得体，并禁止到许可范围之外活动。

（3）承包商员工不得在作业场所饮用酒精饮料，或饮用酒精饮料后进入作业场所。

（4）禁止承包商员工利用工作或商业往来之便在公司所属、工作或服务场所非法制造、散布、分发、拥有、使用、运输或者兜售受控药物，这些药物包括但不限于：毒品，处方药和非处方药，合成或设计药物，安非他命、大麻素类、可卡因、五氯酚（PCP）和安眠药，其他当地法律列为非法的药物等。

（5）承包商员工乘坐车辆必须系安全带，承包使用的所有车辆乘客席必须安装安全带。

（6）承包商应明确工作许可证制度。凡属于工作许可证制度管理的各项作业和活动，在未取得有效的许可证之前，任何人都不能开始这项作业或活动。

（7）承包商应根据有关的法律、法规和规定建立一个书面的危险品通知方案，并应对所有有关人员进行培训。承包商提供和使用的危险化学品以及危险物料应通知公司现场代表。承包商应装备和使用必要的个人防护装置安全地处理危险化学品和危险物料。

6. 应急

（1）承包商应保证在发生紧急情况时能够将有关信息传达给所有作业

人员。

（2）承包商应明确由谁负责提供并确保现场的应急物资的配备，并定期检查应急设备，始终保持完好状态。

（3）承包商应在开工前以及随后的作业过程中定期组织或参加应急演习，验证应急计划和程序的可行性，锻炼员工应急能力。

（4）工作场所内外的交通要道任何时候都要保持通畅。

（5）发生火灾时，应立即采取一切可能的措施保证现场人员的生命安全；使用警报器或其他一切可以利用的通信工具，快速通知那些尚在失火现场的工作员工；如有可能，在对本人和其他员工不会增加不合理的伤害风险的情况下，采取现实、合理的努力，立即扑灭火或限制火源（如是可燃气体泄漏引发的失火，应首先设法切断可燃气体源，冷却周围地区，防止火灾扩大，然后再灭火），打通进入火场的通道，关闭运转的设备并把它们转移出火场；如果火灾太大或各种尝试告败，承包商应警告该区域的其他员工撤出危险区并到紧急集合点集合，清点人数，准备撤离。

7. 事故、事件报告

（1）应明确事故、人身伤害和风险事件报告程序。承包商自己建立的事故、人身伤害和风险事件报告程序，须与公司的相一致并经认可。

（2）发生严重事故、人身伤害和风险事件，承包商应立即口头报告公司现场代表。

（3）承包商应积极配合公司对其事故的调查。

8. 设备操作员资格

（1）设备操作员应依据有关法规和标准得到培训并取得资格。承包商应该提供书面的培训证明，包括姓名、技术状况及限制条件。

（2）承包商应按有关的法律、法规、标准和 HSE 管理规定建立和履行各岗位的操作规程。

（3）承包商应确保其员工熟悉工作场所、各种设施设备操作规程、紧急撤离的程序和应采取的行动。

（4）未经授权承包商不能操作公司的任何设施、设备，也不能关闭或打开任何阀门、开关和电路，承包合同另有规定除外。

（5）承包商的设备均应按类别取得出厂合格证或检验合格证书，均应在各方面满足所有有关的 HSE 标准。

9. 不同服务个性要求

1）焊接和切割服务

（1）承包商所有焊工都应依据有关的法律、法规和规定要求，持有资格证书。

（2）承包商提供的焊接与切割设备应满足国家法规法规和标准要求。

（3）承包商应确保所有执行焊接和切割作业的员工都掌握了焊接和切割作业的安全惯例以及法规要求。

（4）承包商应建立焊接和切割设备预防性维护保养计划，确保设备始终完好。

（5）承包商应根据需要在工作场所设立专门的焊接和切割区，所有的焊接和切割作业应尽可能在专门的焊接和切割区进行。

2）搬迁或运输服务

（1）承包商应当具有政府颁发的运输经营资质许可。

（2）驾驶员应取得所驾驶车型相符合的驾驶证，无不良驾驶记录；特种设备操作人员应取得相应资格操作证。

（3）承包商提供的车辆应符合相应的安全标准和技术标准；提供的吊车等特种设备，应符合特种设备安全技术标准，并有政府部门检验合格证。

（4）承包商应对驾驶员提供必要的安全运输注意事项、知识、制度、操作规程和操作技能进行培训。

（5）对运输物品的装、卸等应服从顾客的指挥，不得乱停、乱靠、乱装、乱卸，不得违反交通规则行驶。

（6）承包商提供的车辆应配备固定装置，对所承运的货物采取相应的保护措施，防止在运输途中损坏。

（7）吊车司机应对吊机作业区域内的所有人员的安全负责，禁止吊运超过吊机起重能力的物品。

（8）在起吊前，除非现场有起吊作业人员指挥，吊车司机应能目视到起重物。

（9）吊车司机都应遵守作业程序。在吊运之前，应确定吊物已安全可靠定位、系好挂牢。如果不符合安全规定，吊车司机应拒绝吊运任何物品。

（10）所有钢丝吊索应依据法规要求进行检测和管理。

（11）承包商应确保所有的索具在使用时采用安全的索具作业惯例（行业标准）。

（12）承包商应确保所有的索具装备及硬件都得到了正确的使用并且保持良好的技术状况。

（13）依照工业惯例以及政府有关规定，承包商应确保所有负责索具安装，连接的人员已得到应有的培训。

3）餐饮服务

（1）承包商应有国家认可的餐饮从业卫生许可资格。

（2）厨师和餐饮服务人员应持有健康证，并每半年进行一次体检，保留体检报告。

（3）餐饮服务人员应穿戴清洁的工作服、帽及口罩，头发不外漏、不佩戴首饰、不涂指甲油、不留长指甲并保持甲沟清洁。

（4）餐饮服务人员工作开始前，上完厕所后以及从事任何可能污染双手的活动后都应洗手。

（5）餐饮服务人员在食品处理区内不得抽烟和发生其他可能污染食品的行为。

（6）购入的食品、调料等应在保质期内，肉类、蛋类、蔬菜和水果等应保持新鲜。

（7）承包商应对食品做好进货检验并登记后，并分类储存。所有储藏食品应做到离地、隔墙、分类、分架存放，不得将食品原料直接放在地面上。

（8）食品出库应遵循"先进先出"的原则，物品包装打开后，必须在使用说明书指定的使用间隔内用完。

（9）承包商应对，抽油烟机每周清理一次，灶具保持清洁；餐厅和操作间做到每天清洗打扫，保持室内外的整洁。

4）H_2S 防护服务

（1）承包商应有国家认可 H_2S 服务提供资格，并得到顾客认可。

（2）承包商应对现场配备符合合同要求的 H_2S 检测设备和正压式空气呼吸器，并定期对检测设备进行校准，对正压式空气呼吸器进行检测。

（3）承包商应对公司现场人员进行防 H_2S 培训。

5）劳务中介

（1）承包商有经认可的劳务中介资质。

（2）承包商有责任对提供的劳务人员进行技能培训和相关 HSE 教育，并取得相应上岗资格。

（3）承包商有责任协助公司追究因劳务人员违反公司 HSE 规定所应承担的法律责任。

（4）承包商有责任组织劳务人员体检，并接受公司的监督检查。

（5）承包商应安排专人负责劳务人员的在钻修井现场的现场管理。

6）工程技术服务

（1）承包商应有健全的安全管理组织机构和安全监督管理人员。

（2）承包商应执行公司交付的工程设计，改变工程设计时应告知公司并经公司同意。

（3）承包商需使用顾客的设备、工具、材料时要及时通知公司并经公司同意，并由公司提供设备操作人员。

7）培训供方

（1）承包商提供的培训场所或教室需具备迅速疏散功能，具备明确的逃生路线、逃生标识。

（2）培训方提供的学员住宿场所，应具备必要的安全措施，有逃生通道。

（3）培训人员要有3年以上的培训经验，且具有优良的培训业绩。

8）工程建设服务

（1）工程建设项目不得转包，未经许可，不得分包。

（2）承包商应建立健全组织机构，做到人员落实、活动正常、作用明显。监督人员应对工程建设施工全过程进行监督，并制止、纠正发现的问题和安全隐患。

（3）承包商施工设备和设施应满足安全生产要求。

（4）承包商应提供并督促员工执行各种设备设施和施工工艺安全操作规程。

（5）应采用操作技术熟练的施工人员，特种设备操作人员均应具有有效的资质。

思考题

（1）承包商管理原则是什么？

（2）出现哪些情况，必须取消承包商队伍市场准入资格？

（3）承包商准入申报材料都有哪些？

（4）签订HSE条款的目的是什么？

（5）承包商HSE条款中应至少包括哪些内容？

第二节　承包商入场前能力评估

学习目标

（1）掌握承包商入场前人员资质能力评估内容；

（2）掌握承包商入场前设备设施安全性能评估内容；

（3）掌握承包商入场前安全组织架构和管理制度评估内容。

承包商队伍入场前，组织对承包商人员资质能力、设备设施安全性能、安全组织架构及管理制度进行的审查评估，主要核对现场队伍人员、设备设施、安全组织架构及管理制度是否与承包商准入申报材料中一致。

一、人员资质能力评估

承包商参加项目所有人员的基本信息、健康体检证明和安全生产责任险，以及相关资格证书和安全培训证明；项目主要负责人、分管负责人、管理人员、技术人员的工作履历等。承包商入场前人员资质能力评估见图11-3。

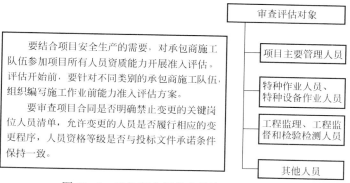

图11-3　承包商入场前人员资质能力评估

承包商项目主要管理人员审查评估内容见图11-4。

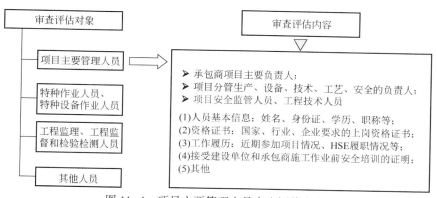

图11-4　项目主要管理人员审查评估内容

承包商特种作业人员和特种设备操作人员审查评估内容见图11-5。

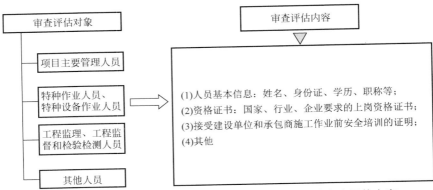

图 11-5　承包商审特种作业人员和特种设备操作人员审查评估内容

承包商监理、监督和检验人员审查评估内容见图 11-6。

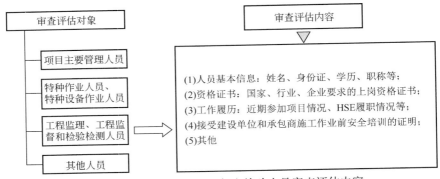

图 11-6　承包商监理、监督和检验人员审查评估内容

承包商其他人员审查评估内容见图 11-7。

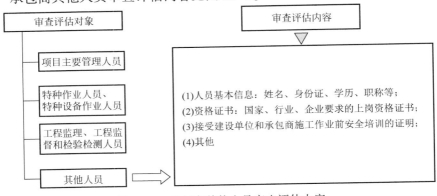

图 11-7　承包商其他人员审查评估内容

二、设备设施安全性能

评估承包商施工队伍设备设施本质安全性能是否满足项目安全生产的需要，重点审查入场的主要设备设施和 HSE 设施、安全附件以及检验检测合格证明等情况。还要审查临时营地的卫生、消防、用电设施、危险物品、固体废弃物、生活污水存放处置设施，以及必要的医疗设施和相关药品等。

承包商主要设备设施符合性审查评估内容见图 11-8。

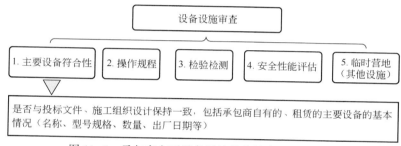

图 11-8　承包商主要设备设施符合性审查评估内容

承包商设备设施操作规程审查评估内容见图 11-9。

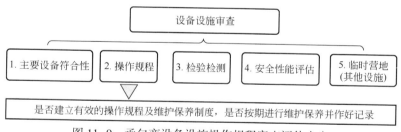

图 11-9　承包商设备设施操作规程审查评估内容

承包商设备设施检验检测审查评估内容见图 11-10。

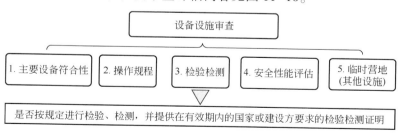

图 11-10　承包商设备设施检验检测审查评估内容

承包商设备设施安全性能审查评估内容见图11-11。

图11-11　承包商设备设施安全性能审查评估内容

承包商临时营地和其他设施查评估内容见图11-12。

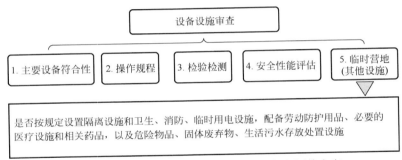

图11-12　承包商临时营地和其他设施审查评估内容

三、安全组织架构和管理制度评估

评估承包商施工队伍安全组织架构和管理制度是否满足项目安全生产的需要，重点审查 HSE 条款签订、安全管理机构设置和人员配备、承包商资质和安全生产许可证及其备案、HSE 制度、设备设施操作保养规程、施工方案、技术交底、开工证明、施工作业人员入场前安全生产教育培训记录和施工作业期间培训计划等情况。

承包商合同条款审查内容见图11-13。

承包商合资质审查内容见图11-14。

承包商作业计划书审查内容见图11-15。

承包商安全生产费用审查内容见图11-16。

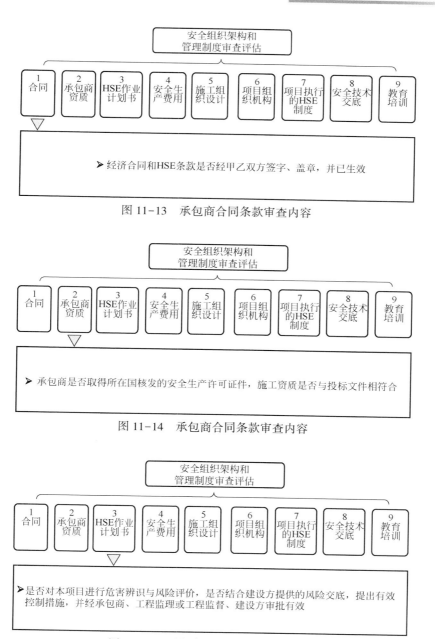

图 11-13　承包商合同条款审查内容

图 11-14　承包商合同条款审查内容

图 11-15　承包商作业计划书审查内容

承包商施工设计审查内容见图 11-17。

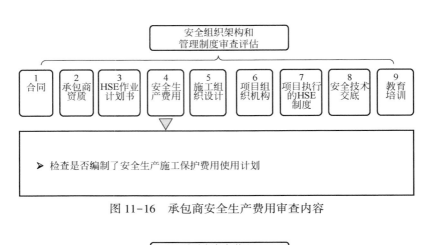

图 11-16　承包商安全生产费用审查内容

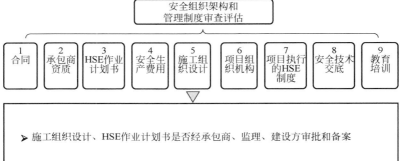

图 11-17　承包商施工设计审查内容

承包商施工设计审查内容见图 11-18。

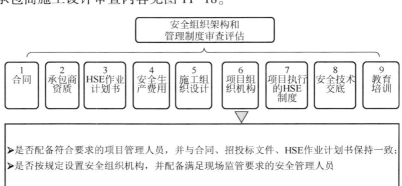

图 11-18　承包商项目组织机构审查内容

承包商项目执行的 HSE 制度审查内容见图 11-19。

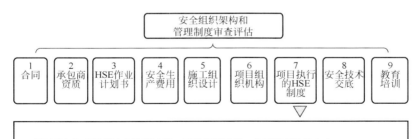

图 11-19 承包商项目执行的 HSE 制度审查内容

承包商至少建立并实施的制度包括：

（1）作业许可制度；

（2）生产安全危害识别与风险评价制度；

（3）HSE 培训制度；

（4）设备拆卸搬迁安装制度；

（5）高处作业安全管理制度；

（6）起重作业安全管理制度；

（7）电气焊作业安全管理制度；

（8）安全用电管理制度；

（9）有限空间作业安全管理制度；

（10）吊索具管理制度；

（11）特种设备及安全装置管理制度；

（12）劳动防护用品管理制度；

（13）生产安全事故管理制度；

（14）环境因素（污染源）识别及风险防控管理制度；

（15）生产废弃物污染防治管理制度；

（16）施工作业现场环境保护管理制度；

（17）消防设施及器材管理制度；

（18）职业病危害因素识别及风险评价管理制度；

（19）职业病防治管理制度；

（20）作业场所职业卫生管理制度；

（21）应急管理制度；

（22）其他。

承包商安全技术交底审查内容见图11-20。

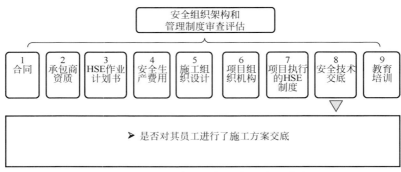

图11-20　承包商安全技术交底审查内容

承包商教育培训审查内容见图11-21。

图11-21　承包商教育培训审查内容

评估结束后，出具评估意见，评估结果中存在问题的，限期整改，整改完成前禁止开工，整改后再次开展评估，防止不符合要求的承包商施工队伍和人员进入现场作业。

思考题

（1）为什么要开展承包商入场前能力评估？

（2）对评估结果不达标的队伍应采取哪些措施？

（3）人员能力评估主要包括哪些内容？

（4）设备设施评估主要包括哪些内容？

（5）安全组织架构和管理制度评估主要包括哪些内容？

第三节　运行过程监管

学习目标

（1）了解海外项目部与钻修井队对海外承包商进行 HSE 教育的重要意义，以及如何在施工运行过程中，对海外承包商开展 HSE 教育；

（2）了解海外项目部定期组织海外承包商 HSE 会议的重要意义，并掌握 HSE 会议的主要内容；

（3）了解海外项目部与钻修井队对海外承包商施工运行过程开展 HSE 监督检查的重要意义，以及监督检查的内容、标准等。

一、HSE 教育

1. 入厂教育

1）管理人员教育

众所周知，管理层是企业的指挥中枢，是队伍的中坚力量，是企业实现生产安全的重要保障。对于我们的承包商来说也是如此，管理层对搞好安全生产的认识水平和执行程度对于整个承包商队伍的安全管理水平至关重要。

因此，对承包商进行安全教育，应首当其冲地落实管理人员安全教育。海外项目部应当组织承包商项目的主要负责人、分管安全生产负责人、安全管理机构负责人进行 HSE 教育，考核合格后，方可参与项目施工作业，某海外项目承包商管理人员安全教育如图 11-22 和图 11-23 所示。

图 11-22　承包商管理人员安全教育

图 11-23　承包商管理人员 HSE 管理制度、标准教育

　　由于中国石油的海外项目分布范围较广，其中不乏在亚非拉美的经济欠发达、社会欠稳定的国家和地区设有项目，因此我们所面对的海外承包商管理人员存在语言障碍严重、文化互通性差等共性特点。另外，有些承包商管理人员还存在现场业务不熟悉、文化水平不高、法制观念不强、安全意识薄弱等区域性或个性问题。

　　针对以上特点，我们在对于承包商管理人员的安全教育中，应当充分注意着重加强以下方面的教育：

　　（1）教育管理人员如何深刻理解安全生产对于企业、管理层以及每一名员工的重要意义；

　　（2）教育管理人员如何确保企业所必需的安全投入，以及选择符合条件的安全、技术、设备等各路负责人员；

　　（3）教育管理人员如何制定适合队伍自身情况的安全管理制度，以及如何将安全责任融合于各岗位员工的工作职责之中；

　　（4）教育管理人员如何开展工作前安全分析、危险作业许可审批工作；

　　（5）教育管理人员如何制定监督检查本队伍的安全生产工作，并及时消除存在的各项事故隐患；

　　（6）教育管理人员如何制订并实施应急预案。

　　同时，在教育培训中，应当多采用视频、动画等较为直观的多媒体教学材料，对文字内容的翻译应当尽量做到准确及通俗易懂。

　　2）现场人员教育

　　钻修井队对于进入施工现场提供服务的承包商人员要进行入场 HSE 教育，要求其在相应的教育记录上签字确认。考核合格后，发给入厂（场）许可证，并为承包商提供相应的安全标准和要求，如图 11-24 所示。

　　现场操作人员是施工作业的直接实施者，并始终位于工作现场，这一特点决定了现场操作人员的一举一动都直接影响着整个施工队伍的安全，其本身也时时刻刻直接受到来自现场工艺、设备、环境带来的各项安全危害因素的威胁。因此，对承包商现场操作人员进行安全教育，具有十分重要的意义，如图 11-25 所示。

图 11-24　承包商操作人员 HSE 现场教育

图 11-25　承包商操作人员 HSE 理论教育

中国石油的海外项目所面对的承包商现场施工人员存在比管理人员更突出的文化水平不高、法制观念不强、安全意识薄弱等特点。因此，在对承包商现场施工人员实施安全教育时，应当受训人员的接受能力有客观合理的估计与判断，并应当注重教育培训以下方面的内容：

（1）教育现场操作人员理解严格遵守规章制度与劳动纪律，自己不违章作业，并劝阻、制止他人的违章作业的必要性。

（2）教育现场操作人员精心实施作业，做好各项记录，交接班交接安全生产情况，交班为接班创造良好的安全生产条件的必要性。

（3）教育现场操作人员如何正确分析、判断和处理各种事故苗头，把事故消灭在萌芽状态。如果发生事故要正确、果断处理，及时、如实地向上级报告，严格保护现场，做好详细记录。

（4）教育现场操作人员如何进行巡回检查，如发现异常情况，及时处理和报告。

（5）教育现场操作人员如何加强设备维护，保持作业现场清洁，搞好文明生产。

（6）教育现场操作人员如何按规定穿戴劳保，妥善保管、正确使用各种安全防护用品和应急设备设施。

（7）教育现场操作人员积极参加各种安全活动。

（8）教育现场操作人员有权拒绝违章作业指令。

在教育培训中，应当多采用视频、动画等较为直观的多媒体教学材料，并应当尽量通过现场实操示范等方式，以充分确保教育培训的质量。

2. 再教育

钻修井队对承包商员工离开工作区域 6 个月以上、调整工作岗位、作业环境变化或采用新工艺、新技术、新材料、新设备的，应当要求承包商对其进行专门的安全教育和培训。经相应的考核合格后，方可上岗作业，如图 11-26、图 11-27 和图 11-28 所示。

图 11-26　承包商人员新设备再教育

图 11-27　承包商人员新工艺再教育

图 11-28　承包商人员转岗再教育

对承包商员工进行再教育，应当注意：第一，教育内容应当有足够的针对性，面向新岗位、新环境、新工艺、新技术、新材料、新设备，使员工确实具备安全操作、自救互救以及应急处置所需的知识和技能后，经考核合格，有必要时安排进行师带徒后，方可上岗作业；第二，再教育的学时要充足，切忌形式化，走过场；第三，要按照所在国家、地区的法律法规要求，保留相应形式的教育培训记录。

通过有针对性的安全教育培训，使上岗员工能够辨识出新岗位、新环境、新工艺、新技术、新材料、新设备的危险源，确保"四不伤害"，即"不伤害自己、不伤害他人、不被他人伤害、保护他人不受伤害"。

二、承包商 HSE 例会

海外项目部应定期（如每季度一次）组织承包商召开 HSE 会议，听取承包商安全汇报，就承包商作业（服务）过程中存在问题进行通报，分享相关事故教训和 HSE 好的做法，并安排部署相关的阶段性工作任务，如图 11-29 所示。

图 11-29　承包商 HSE 会议

承包商 HSE 例会，在承包商日常管理中起着十分关键的作用，如同一条线贯穿着安全管理的始终，将所有的日常管理工作汇总融合到一起。

首先，HSE 例会可以回顾总结上一阶段承包商的安全工作绩效，查找过去安全工作中的经验教训，及时纠正安全工作中的偏差，修正工作绩效目标，并为后续工作安排与组织提供支持。

其次，在安全例会中，探讨各种安全规章制度，作业标准等文件的适用性，回顾分析典型事故案例与事故隐患，评价安全教育培训的效果，评估当下的安全生产形势和安全管理中存在的薄弱环节，为后续决策提供支持。

再次，安全例会中可以设置专题，共同协调日常安全管理中难以解决的问题，如设备设施问题、重大危险源控制问题、应急体系的运行问题、生产事故责任追究与隐患整改问题，等等，形成问题解决策略，以供高层进行决策。

综上所述，承包商 HSE 例会的关键性不言而喻，必须将其列为日常安全管理制度中的重中之重，坚决贯彻执行。

例如，在某海外项目部 2018 年 10 月的承包商 HSE 例会中设置专题，首先传达了中油油服公司《前三季度国际业务亡人事件警示》文件精神，对于该年以来，中国石油国际业务发生的 11 起海外安全事故、事件以及突发疾病、交通等意外案例情况进行了逐一通报，警示各承包商，当前海外 HSE 管理形势依然严峻，亡人事件教训惨痛，HSE 管理如逆水行舟，不进则退。随后，项目部与承包商与会人员共同讨论了导致各个案例发生的直接、间接以及管理层面的原因，共同探讨本项目部应当采取哪些针对性的措施预防避免出现类似的事故、事件及意外情况。

会后，各项目部分别按照 HSE 例会上达到的共识，在施工作业中落实相关注意事项，如针对案例暴露出的突发疾病风险，进一步加强人员健康体检评估、监测和档案管理；根据所在国家、地区的气候条件与疫病流行情况，具体落实基层站队的健康风险评估与医疗服务保障；岗位员工落实属地责任，实施作业前辨识危害，防控风险。针对案例暴露出的安全风险，突出办公室、基地等非一线作业场所 HSE 风险的防控，明确管理层 HSE 管理和监督职责，确保作业全过程受控。突出 HSE 管理工具的应用，作业前必须使用 JSA、TBT 等工具辨识风险、制定措施并确保作业者全部知晓；高风险、特殊、检维修等作业前必须执行作业许可程序，严格履行审批和相关方的沟通机制。

三、HSE 监督和检查

1. 项目部监督检查职能

海外项目部应当对承包商作业过程进行安全监管，结合项目规模和风险程度向建设（工程）项目派驻安全监督人员。派驻的工程监理、监督应当按照规定履行对承包商的安全监督管理职责，如图 11-30 所示。

图 11-30　项目部对承包商定期监督检查

海外项目部应定期（如每月）对承包商的 HSE 表现进行监督和检查，及时督促承包商整改事故隐患，纠正不安全行为。检查内容应包括但不限于：

（1）设备、机具使用状态是否符合有关 HSE 规定；

（2）设备工具是否有操作程序；

（3）人员是否有不安全行为；

（4）作业许可、上锁挂签等国际惯例是否执行；

（5）设备检测是否在有效期内；

（6）需持证人员证件是否在有效期内。

2. 施工基层队监督检查职能

施工基层队应对为本单位服务的承包商进行日常监督检查，发现违章行为及时制止，通知其采取措施予以改正。发现存在较大事故隐患的，或者发现危及员工生命安全的紧急情况时，应当责令停止作业或者停工，并及时对紧急情况进行处理，如图 11-31 所示。

图 11-31　对承包商日常监督检查

3. 项目完工及年度监督检查

除日常监督检查外，当承包商项目完工时，或每年施工周期临近结束时，均应对承包商进行一次较为全面的监督检查，为项目完工及年度业绩评估提供翔实的参考数据。

4. 监督和检查中应当注意的事项

（1）如果我方安全生产制度要求的任一条款与所在国家有关的法律、法规有冲突，应认为这一条款将自动修改；

（2）其他未受影响的条款仍然适用，HSE 的要求应当得到善意的理解和遵守；

（3）只要与我方要求不冲突，在日常监督检查中，不应过分排斥承包商执行自己的 HSE 管理体系和已经形成的良好的工作惯例；

（4）应当要求承包商与我方现场代表一起协调所有活动，教育所有员工将任何安全隐患向其直接主管或者我方现场代表报告；

（5）监督检查中，若发现承包商或承包商的员工的作业程序、方法、步骤、措施、作业环境违反了有关法律、法规和规定或我方最低 HSE 要求，对人身、财产和环境构成了威胁，我方指派的现场代表有权要求承包商立即中止作业，进行整改，违章情节严重者，可采取清出现场及收回入厂（场）许可证等处置措施。

5. 可采取清出现场及收回入厂（场）许可证措施的违章情节

承包商员工存在下列情形之一的，可按照有关规定清出施工现场，并收回入厂（场）许可证：

（1）未按规定佩戴劳动防护用品和用具的；

（2）未按规定持有效资格证上岗操作的；

（3）在易燃易爆禁烟区域内吸烟或携带火种进入禁烟区、禁火区及重点防火区的；

（4）在易燃易爆区域接打手机的；

（5）机动车辆未经批准进入爆炸危险区域的；

（6）私自使用易燃品清洗物品、擦拭设备的；

（7）违反操作规程操作的；

（8）脱岗、睡岗和酒后上岗的

（9）未对动火、进入有限空间、挖掘、高处作业、吊装、管线打开、临时用电及其他危险作业进行风险辨识的；

（10）无票证从事动火、进入有限空间、挖掘、高处作业、吊装、管线打开、临时用电及其他危险作业的；

（11）未进行可燃、有毒有害气体、氧含量分析，擅自动火、进入有限空间作业的；

（12）危险作业时间、地点、人员发生变更，未履行变更手续的；

（13）擅自拆除、挪用安全防护设施、设备、器材的；

（14）擅自动用未经检查、验收、移交或者查封的设备的；

（15）违反规定运输民爆物品、放射源和危险化学品；

（16）未正确履行安全职责，对生产过程中发现的事故隐患、危险情况不报告、不采取有效措施积极处理的；

（17）按有关要求应当履行监护职责而未履行监护职责，或者履行监护职责不到位的；

（18）未对已发生的事故采取有效处置措施，致使事故扩大或者发生次生事故的；

（19）违章指挥、强令他人违章作业的、代签作业票证的；

（20）其他违反安全生产规定应当清出施工现场的行为。

思考题

（1）我们在对于承包商管理人员的安全教育中，应当注重加强哪些方面？

（2）在对承包商现场施工人员实施安全教育时，应当注重加强哪些方面？

（3）钻修井队对承包商员工离开工作区域多久需要进行再教育方可上岗作业？除此之外，还有哪些情况，员工需要进行再教育？

（4）海外项目部应定期对承包商的HSE表现进行监督和检查，检查内容应包括哪些方面？

（5）海外项目部与基层队队海外承包商进行日常HSE监督和检查中应当注意的事项有哪些？

（6）海外承包商发生哪些违章情节时，应当对其采取清出现场及收回入厂（场）许可证措施的处理措施？

第四节　绩效评估

学习目标

（1）了解海外项目部与钻修井队对海外承包商进行绩效评估的重要意义，以及如何在施工运行过程中，对海外承包商开展绩效评估；

（2）了解海外项目部定期组织海外承包商绩效评估结果的合理运用。

一、绩效评估的开展

1. 承包商绩效评估的重要意义

承包商绩效评估是指我公司的海外项目部及钻修井队，依照预先确定的标准和评价程序，运用科学的评价方法、按照评价的内容和标准，对每一家具体承包商的工作业绩进行的定期考核和评价。

绩效评估作为一种十分重要的信息采集方式，其评估结果所反映的信息将作为判断承包商施工及HSE业绩情况，以及如何改进承包商管理和是否继续留用该承包商的关键性决策依据，同时也是实施激励措施的必不可少的环节。因此，绩效评估对我公司海外项目的整体HSE管理发挥着十分重要的作用。

因此，海外项目部和基层队应对承包商HSE表现和绩效定期进行评价，并填写"承包商定期评价记录"，见表 11-1。

表 11-1　承包商定期评价记录

编码：　　　　　　　　　　　　　　　　　　　　　　　　　　　　NO：

序号	承包商名称	评价日期	评价人	评价结构

保存部门：项目部、基层队　　　　　　　　　　　　　　　　　　保存期：3 年

按照评价周期，承包商绩效评估可划分为项目评估和年度评估，即我方依据项目完工监督检查和年度监督检查的结果，对承包商 HSE 绩效进行综合评估。

2. 承包商绩效评估的主要方法

1）关键事件法

关键事件法，要求保存承包商有利和不利的 HSE 工作行为的书面记录。当承包商一种行为对项目的 HSE 效益无论是积极还是消极的重大影响时，管理者都把它记录下来，这样的事件便称为关键事件。在考绩后期，评价者运用这些记录和其他资料对员工业绩进行的评价。

优点：用这种方法获取的考绩有可能贯穿整个评估阶段，而不仅仅集中在最后几周或几个月里；缺点：项目要对众多承包商进行评价，则记录采集这些考绩所需要投入的精力相对较多。

2）考核报告法

考核报告法，是在关键事件法的基础上，由评价者完成一份表格，对承包商不同的 HSE 工作行为分别赋予不同的权数，并最终产生一个总的得分。

优点：由于选择了权重，轻重有度，考核结果更公平；缺点：权重的确定，在一定情况下存在争议。

3）作业标准法

作业标准法，是用预先确定的标准（如基层建设标准）或期望的绩效水平来评比每位员工业绩的方法。

标准反映着同一类承包商按照正常运行方式应当取得的平均 HSE 绩效。优点：有明确的标准；缺点：HSE 标准不同于生产产出标准，合理的标准往往不易确定。

4）平行比较法

平行比较法，将每个承包商的 HSE 业绩与小组中的其他承包商相比较。获得有利的对比结果最多的员工，被排列在最高的位置。

优点：该方法可以较直观地反映承包商绩效的排名；缺点：有些部门业绩本身难有定量的标准绩效评价。

二、绩效评估结果的应用

通过项目评价或年度评价，公司可以较直观地了解承包商的实际业绩。因此，依据承包商 HSE 业绩表现的好与坏，对其采取相应的激励、治理、处置措施。

HSE 表现基本合格的承包商，应如实反馈承包商存在问题，并协助其完成整改，提高承包商 HSE 管理水平。

海外项目应将 HSE 表现与业绩不合格的承包商纳入"承包商黑名单"，下一周期对其不再聘用。

思考题

（1）什么是绩效评估？

（2）我们为什么要对海外承包商开展绩效评估？

（3）绩效评估的主要方法有哪些？

（4）如何依据承包商绩效评估的结果，对其采取相应的激励、治理、处置措施？

海外钻修井项目通用 HSE 培训教材

第十二章　案例分析

第一节　安全（井控）

学习目标

（1）了解钻井过程中，井喷失控发生的前兆、快速过程及严重后果；

（2）了解井喷事故的成因，从技术措施、处置程序及管理方面，寻找避免及控制井喷失控的有效手段。

2013 年重庆开县"12.23"井喷失控特大事故

1. 事故经过

2003 年 12 月 23 日 2：52，罗家 16H 井钻至井深 4049.68m 时，因为需要更换钻具，经过 35 分钟的钻井液循环后，开始起钻。

当日 12：00，起钻至井深 1948.84m。此时，因顶驱滑轨偏移，致使挂卡困难，于是停止起钻，开始检修顶驱。16：20，检修顶驱完毕，继续起钻。

21：55，起钻至井深 209.31m，录井员发现录井仪显示钻井液密度、电导、出口温度、烃类组分出现异常，钻井液总体积上涨，溢流 1.1m³。录井员随即向司钻报告发生了井涌。

司钻接到报告后，立即发出井喷警报，并停止起钻，下放钻具，准备抢接顶驱关旋塞。21：57，当钻具下放 10 余米时，大量钻井液强烈喷出井外，将转盘的两块大方瓦冲飞，致使钻具无支撑点而无法对接，故停止下放钻具，抢接顶驱关旋塞未成功。21：59，采取关球形和半闭防喷器的措施，但喷势未减，突然一声闷响，顶驱下部起火。作业人员使用灭火器灭火，但由于粉末喷不到着火部位而失败。随后关全闭防喷器，将钻杆压扁，从挤扁的钻杆内喷出的钻井液将顶驱火熄灭。此后，作业人员试图上提顶驱拉断钻杆，也未成功。于是，开通反循环压井通道，启动钻井泵，向井筒环空内泵注重钻井液，由于没有关闭与井筒环空连接的放喷管线阀门，重钻井液由放喷管线喷出，内喷仍在继续。22：04，井喷完全失控，井场硫化氢气味很浓。

22：30，井队人员开始撤离现场，疏散井场周边群众，随后拨打 110、120、119，并向当地政府通报情况。23：20，钻井队派人返回井场，关闭了钻井泵、柴油机、发电机，随后全部撤离井场，并设立了警戒线。

据统计，事故导致 243 人因硫化氢中毒死亡、2142 人因硫化氢中毒住院治疗、65000 人被紧急疏散安置。

2. 原因分析

1）直接原因

（1）井喷的直接原因：

——起钻前，钻井液循环时间严重不足；

——在起钻过程中，没有按规定灌注钻井液，且在长时间检修顶驱后，没有下钻充分循环，排出气侵钻井液，就直接起钻；

——未能及时发现溢流征兆。

（2）井喷失控的直接原因：在钻柱中没有安装回压阀，致使起钻发生井喷时钻杆内无法控制，使井喷演变为井喷失控。

（3）事故扩大的直接原因：井喷失控后，未能及时采取放喷管线点火措施，以致大量含有高浓度硫化氢的天然气喷出扩散，导致人员伤亡扩大。

2）间接原因

（1）现场管理不严，违章指挥。有关技术人员违反钻井作业的相关规程和《罗家 16H 井钻开油气层现场办公要求》，在本趟钻具组合下放时，违章指挥卸掉回压阀，井队负责人和钻井工程监督发现后没有制止、纠正。没有安排专人观察钻井液灌入量和出口变化；录井工严重失职，没有及时发现灌注钻井液量不足的异常情况，且发现后没有通知钻井人员，也不向值班领导汇报；录井队负责人未按规定接班，对连续起钻 9 柱未灌满钻井液的异常情况不掌握。

（2）安全责任制不落实，监督检查不到位。四川石油管理局及其下属单位没有针对基层作业单位多且分散的特点，建立有效的安全管理机制；没有依法在井队配备专职安全管理人员；没有及时向井队派出井控技术监督；对川钻 12 队落实井控责任制等规章制度情况监督检查不力。川东钻探公司没有将其与川东北气矿签订的《安全生产合同》下发钻井二公司、川钻 12 队贯彻落实。川东北气矿及其派驻罗家 16H 井的钻井工程监督人员未切实履行安全监督职责。

（3）事故应急预案不完善，抢险措施不力。罗家 16H 井开钻前，四川石油管理局及其下属有关单位没有按照法律法规的要求，组织制定有效的包括罗家 16H 井井场周围居民防硫化氢中毒措施的事故应急预案，井队未按规定进行防喷演习，也未对井场周边群众进行必要的安全知识宣传教育。事故发生后，四川石油管理局没有及时报告集团公司。有关单位负责人对硫化氢气体弥漫的危害没有引起高度重视，抢险救灾指令不明确；未按规定安排专人在安全防护措施下监视井口喷势，未及时采取放喷管线点火措施。

（4）设计不符合标准要求，审查把关不严。罗家 16H 井钻井地质设计没有按照《含硫油气甲安全钻井法》《钻井井控技术规程》等有关行业标准的规定，在设计书上标明井场周围 2km 以内的居民住宅、学校、厂矿等；有关人员在审查、批准钻井地质设计时，把关不严。

（5）安全教育不到位，职工安全意识淡薄。有关单位对职工安全培训工作抓得不实，要求不严，井队职工操作技能差，技术素质低。一些干部职工对井控工作不重视，存在严重麻痹和侥幸心理，对于高含硫、高产天然气水平井存在的风险及可能出现的严重情况，思想认识不足，没有采取针对性的防范措施。

此外，事故发生在夜晚，群众居住分散，交通通信条件差；当地为山区低洼地势，空气流通不畅也是导致大量人员伤亡的客观因素。

3.经验与预防措施

（1）做好一次井控工作是预防井喷失控的根本。

（2）严格执行设计，做好循环、灌浆等技术措施是做好一次井控工作的抓手。

（3）及时、有效的应急处置，是遏制事故进一步扩大的有效保障。

思考题

（1）井喷的发生前兆一般有哪些？

（2）观测溢流有哪些手段？

（3）"四七"动作的具体内容包括什么？

（4）从管理角度出发，平台经理如何控制井喷失控的发生？

第二节　交 通

学习目标

（1）了解交通事故发生的突发性、不可预见性及后果严重性；

（2）了解交通事故成因，思考有效的防范手段。

某境外项目交通人员重伤事故

1. 事故经过

2012年9月13日，某境外项目某钻井队按照行车计划，平台经理史某、带班队长闫某、机械师关某、副司钻杨某一行四人乘坐专业安保车从井场出发去机场。随行一共4辆安保车，他们四人坐在最后面一辆车上。车内左右分两排座，还放有一个备胎，平台经理史某、带班队长闫某、机械师关某坐在车左侧座位，副司钻杨某坐在右侧座位。7：40左右车行驶在柏油路上，路况较好，乘车四人都睡着了，迷糊中感觉一脚刹车，然后车就失去了控制，S弯左右大幅度摇摆，随后侧翻，侧翻后车在地上转了两三圈，机械师关某从顶窗爬出来。其他车上的安保人员过来把后门打开，其他三人才从车内出来。后等待项目派车辆救援，将4人送往当地医院救治。

10：00左右，到达医院进行了简单急救，当时的情况是平台经理史某右脚踝扭伤、肿疼行走困难，带班队长闫某和副司钻杨某手部和面部有几处轻微擦伤，机械师关某左肩部外伤疼痛、活动受限，当时因为医院没有放射科医生未能拍X线片。11：30，4人返回井场。18：00左右，机械师关某再次前往当地医院拍左关节X线片，片子显示左肱骨外科颈粉碎骨折，移位明显。随队医生诊断机械师关某为左肱骨外科颈粉碎骨折（闭合性），需要局部制动和手术内固定。后经回国救治，修养后痊愈。

2. 原因分析

1）直接原因

方向盘突然失控（驾驶员口述），急刹车造成了车辆重心失衡，导致翻车事故的发生。

2）间接原因

（1）驾驶员违章驾驶，超速行驶。驾驶员未按照规定，保持限定车速，平稳驾驶。

（2）驾驶员安全意识不足。风险识别及安全驾驶常识不足，没有意识到发生紧急情况下，急刹车会造成的严重后果。

3. 经验与预防措施

（1）控制合理的行车速度是预防交通事故的有效手段。

（2）及时、有效的应急处置，是遏制事故进一步扩大的有效保障。

思考题

（1）哪些因素能够导致交通事故？

（2）控制超速行驶的措施有哪些？

（3）如果你是平台经理，面对的司机均是当地雇员时，怎么有效控制超速行驶？

第三节 环境保护

学习目标

（1）认识环境事故与其他事故的关联关系，可能造成的严重影响及可怕后果；

（2）了解环境事故作为次生事故时，控制、处置环境事故的重要意义。

墨西哥湾漏油事件

1. 事故经过

2010 年 4 月 20 日 22：00 左右（美国中部时间），正在美国新奥尔良东南 130mi❶ 处作业的瑞士越洋钻探公司（Transocean）所属，英国石油公司（BP）租用的石油钻井平台"深水地平线"发生爆炸并着火。4 月 22 日，钻井平台沉入墨西哥湾，随后大量石油泄漏入海。

2010 年 4 月 24 日，"深水地平线"钻井平台爆炸沉没约两天，海下受损油井开始漏油。这口油井位于海面下 1525m 处，海下探测器探查显示，钻井隔水导管和钻探管发生漏油，估计漏油量为每天 1000 桶左右。

2010 年 4 月 28 日，美国国家海洋和大气管理局估计，"深水地平线"底部油井每天原油泄漏量大约 5000 桶，5 倍于先前估计的数量。

2010 年 4 月 28 日，租用"深水地平线"的英国石油公司工程人员发现第三处漏油点。兰德里说："英国石油公司方面通报，在海底油井处又发现一处漏油点。"海岸警卫队和救灾部门提供的图表显示，浮油覆盖面积长 160km，最宽处 72km。

事故发生后，BP 公司在休斯敦设立了一个大型事故指挥中心。从 160 家石油公司调集了 500 人，成立联络处、信息发布与宣传报道组、油污清理组、井喷事故处理组、专家技术组等相关机构，并与美国当地政府积极配合，寻求支援。事故处理先后经历机器人水下关井、大型水泥控油罩吸油、顶部压

---

❶ 1mi（英里）= 1.6093km（千米）。

井法，均告失败，后又设计实施了安装控油罩并输送原油至海面油船、钻救援井等处理方法。

2010年7月15日，监控墨西哥湾海底漏油油井的摄像头拍摄的视频截图显示，漏油油井装上新的控油装置后再无原油漏出的迹象。在墨西哥湾漏油事件发生近3个月后，英国石油公司15日宣布，新的控油装置已成功罩住水下漏油点，"再无原油流入墨西哥湾"。

本起事故造成11人死亡，17人受伤，每天35000~60000桶原油流入墨西哥湾，大面积海域受到严重污染。受漏油事件影响，美国路易斯安那州、亚拉巴马州、佛罗里达州的部分地区以及密西西比州先后宣布进入紧急状态。此外，美国政府5月2日宣布，在墨西哥湾遭石油污染海域实施为期10天的"禁渔令"。

美国政府证实，此次漏油事故超过了1989年阿拉斯加埃克森公司瓦尔迪兹油轮的泄漏事件，是美国历史上"最严重的一次"漏油事故。截至2016年6月，BP因该事故遭受的经济损失已达620亿美元。

2. 原因分析

1）直接原因

（1）决策失误及设计失误。BP公司忽视安全性，决定采用最经济的直接下入复合套管完井方法。

（2）固井前循环不够。未按API规定要求固井，导致污染钻井液仍留在井筒内，降低了井筒液柱压力，增加了溢流井喷风险。

（3）固井失败。设计不严谨、固井未执行设计要求、锁紧滑套没有坐封、没有按要求测固井质量及候凝不够等多重原因导致固井失败。

（4）锁紧滑套没有坐封。

（5）没有安装半封，以及环形、半封、全封及剪切4道管路全部失效，导致BOP无法关闭。

2）间接原因

（1）设计失误。

（2）为了节约成本，而忽视安全。为了节约时间成本，候凝时间不足，未测固井质量。为了节约物料，用6个套管扶正器代替21个扶正器。

（3）HSE监管不力，没有及时检查并整改问题。

3. 经验与预防措施

（1）决策必须慎重，要充分评估已经具备的防控措施是否足以控制风险。

（2）性能先进的设备，不是安全工作的绝对保障。只有同时做好了先进技术、科学管理、现场人员充分落实责任以及具备高超的实际处理技能，才能做好井控工作。

思考题

(1) 环境事故为什么往往会造成出乎意料的可怕后果及严重影响?

(2) 在你的作业环境,有哪些可能导致次生环境污染的事故?如何避免发生环境污染事故?

(3) 从最低合理可行的角度,考虑自己究竟在环境保护方面有多大的投入为合理?

第四节 员工健康

学习目标

(1) 认识海外所在国健康医疗环境对我方员工的直接影响;

(2) 了解如何在不利条件下,实现我方员工遭受的健康风险影响最小化。

一、脑疟导致严重后遗症

1.事故经过

2017 年 9 月 19 日早晨,在南苏丹从事钻井作业的某海外钻井队患者王某感觉身体不适,测量体温 37.5℃,服用感康 1 粒,下午观察低烧。

20 日上午,到当地诊所验血,化验结果显示马来热+,医生开 LUMAR-TEM 口服抗马来热药物,及 FAHA50MG 口服退烧药,其中 LUMARTEM 马来热药物早晚各 4 粒,服用两天,FAHA50MG 退烧药早中晚各一粒,服用两天。

22 日上午,到当地医院复查,结果为马来热阴性,伤寒阴性,返回 CPECC 营地医院注射马来热肌肉针一次,并开具 3 片对乙酰氨基酚退烧药,6 片多肽通便药,当天服用(据本人讲,从 19 日至 22 日连续 4 天未排便)。

23 日上午,注射第二针抗马来热针剂,身体状况有所好转,当日服用医生开的多肽药,开始排便,间歇性排小便。

24 日上午,王某病情加重,左腿无力,浑身酸痛,至 14:00 高烧 40℃,服用安瑞克冲剂两小包,退烧;19:00 服用葡萄糖注射液 150mL,补钾针剂一瓶口服，22：00测体温38.2℃，服用安瑞克冲剂一包，对乙酰氨基酚一片，退烧，患者左腿无法走路。期间，17：00点，平台经理汇报请示项目部及专业公司领导后续治疗事宜，项目部领导指示要立即飞回朱巴住院观察，根据病情再决定是否回国治疗。

25日早晨，患者服用两小包安瑞克冲剂退烧，口服钾针剂一瓶，葡萄糖50mL。11：00，乘坐飞机返回朱巴。13：30，王某乘坐飞机到达朱巴机场，项目部第一时间将其送往友谊医院治疗。在此过程中，王某左侧肢体活动不便，排尿不畅，并伴随发烧38℃。14：00，诊治医生根据症状分别对患者进行了CT、B超、血常规检验。17：40检验检查结果全部出来，CT结果显示，未见脑部血栓、血管破裂压迫神经现象；B超结果显示，肝、肾形态正常，左肾存在少量结石；血液检验结果显示，马来热3~6+，轻微缺钾，其他指标正常。初步诊断为疟疾伴随伤寒。18：00开始用药对症治疗。

9月26日早晨，王某左半侧肢体知觉有所恢复，活动能力偏弱，排尿有改善但依然不畅，小便不能自主，体温恢复正常，食欲较好。医院上午组织各科大夫进行会诊，会诊结论是马来热伴随伤寒，同时疟原虫影响脑部功能，导致肢体左半侧乏力。16：00，王某又出现发热症状（38℃）。16：30，友谊医院院长邀请大使馆参赞医疗队队长等4位专家到医院进一步会诊，相关负责人陪同到现场，听取了专家组的意见。经过大使馆医疗队的会诊，认为友谊医院的诊断正确，用药恰当，治疗及时，鉴于患者左侧肢体不正常的情况，不建议回国治疗。为了让病人得到更好的休息，下了导尿管。

9月27日，病人上午表现正常，体温36.7℃，神志清醒，医生安排继续打点滴从9：00至13：30点完。14：30开始有发烧症状，测量体温38.6℃，及时叫医生查看并打退烧针（安比），但高烧不减，并从38.6℃逐渐升至40℃，15：30在医生的指导下服用两片散列通退烧药，仍然未见体温下降，及时组织酒精、温水擦拭体表进行物理降温，并使用冰袋凉敷身体主要部位，效果不明显。16：30开始第二次打退烧针（安比），仍然没有起作用，医生诊断认为是中枢系统影响，导致退烧药不起作用，高烧不退。

9月28日，王某回到北京宣武医院治疗，后脱离危险。

11月，王某从宣武医院转到北京康复医院，截至目前，仍在康复治疗中。

2. 原因分析

对疟疾缺乏足够的认识，未及时对症治疗，贻误最佳治疗时机，导致严重的后遗症。

3. 经验和预防措施

（1）切断疟疾的传播途径是防止被传染的根本途径，在高疟区，要使用蚊帐等有效的防蚊措施，或者使用灭蚊剂灭蚊。

（2）发现身体有发热、恶寒等疑似疟疾症状时，要及时就医，采取专业的处理措施。

（3）发现疟疾病例，并且当地医疗条件不具备治愈条件的，要及时启动应急预案，回国治疗。

二、利什曼病案例

1. 事故经过

2018 年 1 月，伊拉克库尔德地区某钻井队司钻郑某发现左手腕处出现一红点，几天后发现右侧臀部出现同样红点，因为不痛不痒，所以未汇报就医。郑某 3 月 1 日回国休假后，左手腕和右侧臀部的红点直径已发展到 1.5cm 左右，并有化脓现象。3 月 13 日至 4 月 13 日，郑某分别在其居住地医院、北京空军总医院和北京大学第一医院进行多次检查，但未确诊。4 月 26 日到首都医科大学附属北京友谊医院检查确诊为利什曼病，医生说明病因为蚊虫叮咬造成，但并非国内的蚊虫叮咬。4 月 28 日病情进一步加重，将其转至北京地坛医院进行治疗，目前已逐步康复。

2. 原因分析

因缺乏对利什曼病的了解，未对身体异常情况进行关注，未及时就医治疗，导致病情长时间发展恶化。由于国内非常少见此类病例，因此多数医院通过症状不能做出准确诊断，易错过最佳治疗时机，使病情进一步恶化，造成严重后果。

3. 经验和预防措施

（1）及时就医，应通过学习掌握利什曼病是一种可以治疗和治愈的疾病，需要具有免疫能力，因为药物不能祛除体内的寄生虫，因此如果出现免疫抑制，便会有复发风险。所有诊断为内脏利什曼病的患者均需立刻进行完整治疗。

（2）加强病媒控制，通过控制白蛉，有助于减少或阻断疾病传播。在白蛉季节内查见病人后，可用杀虫剂喷洒病家及其四周半径 15m 之内的住屋和畜舍，以歼灭停留在室内或自野外入侵室内吸血的白蛉。

（3）提倡使用蚊帐，以 2.5%溴氰菊酯（每米帐面 15mg 纯品）在白蛉季节内浸蚊帐一次，能有效保护人体免受蚊、蛉叮咬。

（4）不露宿，提倡装置浸泡过溴氰菊酯（剂量同上）的细孔纱门纱窗。

（5）夜间在荒漠地带野外执勤人员，应在身体裸露部位涂擦驱避剂，以防止白蛉叮咬。

思考题

（1）你从事作业所在的国家，有哪些已知传染病风险？已知的预防手段有哪些？

（2）你所在的项目，发生突发健康事故时，应急处置程序是什么？

附　　录

附录1　海外钻修井现场目视化模板

一、人员目视化

　　人员目视化主要通过安全帽、工作服、胸牌对不同岗位、不同类别人员进行辨识区别。

　　1. 安全帽

　　境外项目钻修井队佩戴的安全帽颜色有四种（目视化模板中潘通色卡与四色的要求，近似即可）。

　　（1）白色安全帽：公司领导、甲方等到生产现场检查、指导工作的人员及井场负责人（平台经理）等。

　　颜色：标准白色。

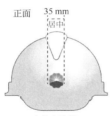

白色安全帽

　　（2）黄色安全帽：基层队 HSE 监督。

　　颜色：潘通色卡色号值 7408C；四色 m140 y100。

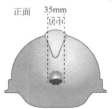

黄色安全帽

　　（3）红色安全帽：基层队带班队长岗位以下作业人员（包括带班队长岗

位）。

颜色：潘通色卡色号值186C；四色c10 m100 y100。

正面　35 mm
居中

红色安全帽

（4）蓝色安全帽：基层队新员工。

颜色：潘通 Process CyanC；四色c100。

正面　35 mm
居中

蓝色安全帽

2. 工作服

境外项目作业现场员工的工作服使用单工服和冬季工服。

工服面料、反光带位置、反光带数量与国内钻修井队使用工作服标准一致。

1）胸标

颜色：红色，潘通185C，四色m100 y100；

　　　黄色，潘通102C，四色y100。

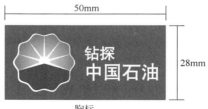

50mm

钻探
中国石油

28mm

胸标

对工服的基本健康和人机工程要求：

（1）对人体健康无害（无过敏记录）；

（2）使用和报废对环境没有损害；

（3）重量非常轻（150g/m²）；

（4）穿、脱方便；

（5）不影响工作和人体活动，出汗不贴身；

（6）不影响其他安全装备（PPE）的使用。

2）单工服

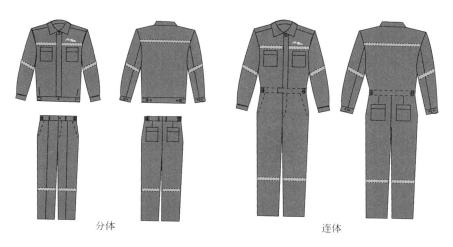

分体　　　　　　　　　　连体

单工服

3）冬季工服

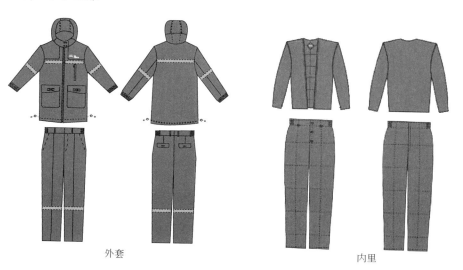

外套　　　　　　　　　　内里

冬季工服

3. 胸牌

施工现场佩戴的胸牌：（1）入场许可证胸牌；（2）井队各岗位胸牌，通过顶针或夹子固定在访客身上，入场许可证胸牌尺寸稍大。

1）入场许可证胸牌

放置位置（用途）：非本井场人员入场佩戴。

模板尺寸大小：90mm×55mm（长×高）。

固定方式：顶针或夹子。

制作材料：PVC+反光膜丝印。

用途：公司领导、外来人员及油田公司、上级部门组织检查、现场办公等，相关人员一律佩戴入场许可证。

语言：中文、英文、当地语言。

颜色：上下为深灰色，中间为白色。潘通 428C；四色 c10 k20。

许可证上须用阿拉伯数字进行编号。

入场许可证胸牌

2）井队各岗位胸牌

井队各岗位胸牌

放置位置（用途）：各岗位作业人员佩戴；

模板尺寸大小：60mm×25mm；

固定方式：用夹子固定在工衣左上口袋上方；

制作材料：PVC+滴塑；

颜色：蓝底白字（潘通 293C，四色 c100 m70）；

语言：中文、英文、当地语言。

境外项目根据现场实际需要，定制井队各岗位人员胸牌种类。

3）其他岗位胸牌

其他岗位胸牌内容见附表 1-1。

附表 1-1　其他岗位胸牌

序号	中文	英文
1	平台经理	RIG MANAGER
2	带班队长	TOOL PUSHER
3	HSE 监督	HSE
4	副司钻	ASSISTANT DRILLER
5	井架工	DERRICK MAN
6	机械师	MECHANIC
7	电气师	ELECTRICIAN
8	吊车司机	CRANE OPERATOR
9	顶驱师	TDS ENGINEER
10	电焊工	WELDER
11	主操作手	MASTER OPERATOR
12	工程师	ENGINEER
13	钻工	FLOORMAN
14	场地工	ROUSTABOUT
15	清洁工	CLEANER
16	厨师	COOK
17	帮厨	ASSISTANT COOK
18	司机	DRIVER
19	保安	SECURITY

4. 贴于安全帽的目视资格标签

贴于安全帽上的目视资格标签分为两种：特种作业资格标签和高危作业培训合格目视标签。

1) 特种作业资格标签

从事场内机动车作业、登高作业、电工电力作业、电气焊作业、锅炉运行作业、起重作业、危化品作业、压力容器作业、制冷作业等人员必须持有效的特种作业资格证书，经过生产单位审核合格，发给特种作业资格合格目视标签，并粘贴于安全帽上，方可进行作业。

字体：汉仪大黑简　字号：10pt　字距：居中
字体：Arial Rounded MT Bold　字号：6pt　字距：居中
字体：方正大黑　字号：3.6pt　字距：居中
字体：Arial Rounded MT Bold　字号：2.35pt　字距：居中

制作材料：反光膜
安装方式：粘贴
颜　　色：蓝色，潘通 293C，四色 c100 m70
　　　　　黄色，潘通 7408C，四色 m40 y100

特种作业资格标签——场内机动车

字体：汉仪大黑简
字号：10pt
字距：居中
字体：方正大黑
字号：3.6pt
字距：居中

字体：Arial Rounded MT Bold　字号：2.35pt　字距：居中
字体：Arial Rounded MT Bold　字号：6pt　字距：居中

制作材料：反光膜
安装方式：粘贴
颜　　色：蓝色，潘通 293C，四色 c100 m70
　　　　　黄色，潘通 7408C，四色 m40 y100
　　　　　紫色，潘通 2607C，四色 c65 m100

特种作业资格标签——电工作业

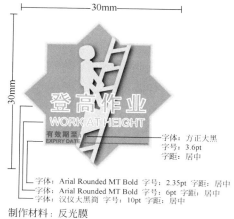

├─ 30mm ─┤

字体：方正大黑
字号：3.6pt
字距：居中

字体：Arial Rounded MT Bold　字号：2.35pt　字距：居中
字体：Arial Rounded MT Bold　字号：6pt　字距：居中
字体：汉仪大黑简　字号：10pt　字距：居中

制作材料：反光膜
安装方式：粘贴
颜　　色：绿色，潘通 348C，四色 c100 m20 y100
　　　　　黄色，潘通 7408C，四色 m40 y100
　　　　　浅黄色，潘通 102C，四色 y100
　　　　　黑色，潘通 pantone black C，四色 k100

特种作业资格标签——登高作业

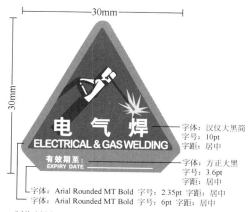

├─ 30mm ─┤

字体：汉仪大黑简
字号：10pt
字距：居中

字体：方正大黑
字号：3.6pt
字距：居中

字体：Arial Rounded MT Bold　字号：2.35pt　字距：居中
字体：Arial Rounded MT Bold　字号：6pt　字距：居中

制作材料：反光膜
安装方式：粘贴
颜　　色：红色，潘通 186C，四色 c10 m100 y100
　　　　　黄色，潘通 102C，四色 y100
　　　　　黑色，潘通 pantone black C，四色 k100

特种作业资格标签——电气焊

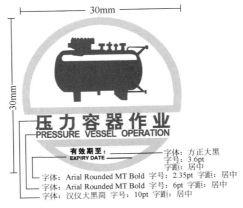

制作材料：反光膜
安装方式：粘贴
颜　色：红色，潘通 186C，四色 c10 m100 y100
　　　　灰色，潘通 428C，四色 c20 k10
　　　　黑色，潘通 pantone black C，四色 k100

特种作业资格标签——压力容器作业

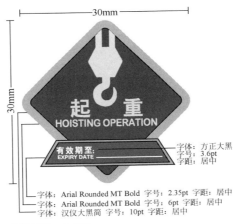

制作材料：反光膜
安装方式：粘贴
颜　色：蓝色，潘通 293C，四色 c100 m70
　　　　浅蓝色，潘通 Process CyanC，四色 c100
　　　　黄色，潘通 102C，四色 y100
　　　　黑色，潘通 pantone black C，四色 k100

特种作业资格标签——起重

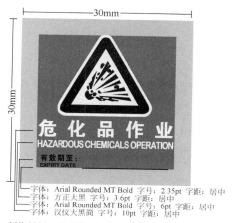

制作材料：反光膜
安装方式：粘贴
颜　　色：红色，潘通 186C，四色 c10 m100 y100
　　　　　灰色，潘通 102C，四色 y100
　　　　　黑色，潘通 pantone black C，四色 k100

特种作业资格标签——危化品作业

　　制冷作业和锅炉运行目视标签不是所有境外项目井队都需要，根据实际情况定制标签种类。

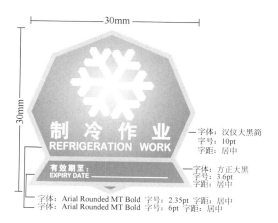

制作材料：反光膜
安装方式：粘贴
颜　　色：蓝色，潘通 293C，四色 c100 m70
　　　　　浅蓝色，潘通 Process CyanC，四色 c100

特种作业资格标签——制冷作业

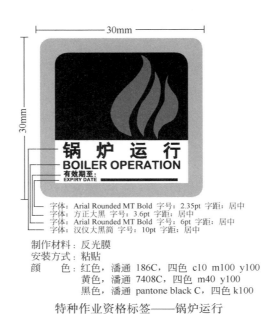

字体：Arial Rounded MT Bold 字号：2.35pt 字距：居中
字体：方正大黑 字号：3.6pt 字距：居中
字体：Arial Rounded MT Bold 字号：6pt 字距：居中
字体：汉仪大黑简 字号：10pt 字距：居中

制作材料：反光膜
安装方式：粘贴
颜　　色：红色，潘通 186C，四色 c10 m100 y100
　　　　　黄色，潘通 7408C，四色 m40 y100
　　　　　黑色，潘通 pantone black C，四色 k100

特种作业资格标签——锅炉运行

2）高危作业培训合格目视标签

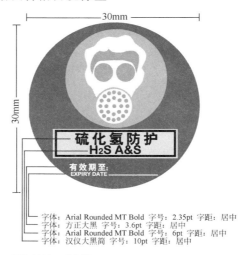

字体：Arial Rounded MT Bold 字号：2.35pt 字距：居中
字体：方正大黑 字号：3.6pt 字距：居中
字体：Arial Rounded MT Bold 字号：6pt 字距：居中
字体：汉仪大黑简 字号：10pt 字距：居中

制作材料：反光膜
安装方式：粘贴
颜　　色：蓝色，潘通 293C，四色 c100 m70
　　　　　浅蓝色，潘通 Process CyanC，四色 c100
　　　　　黄色，潘通 102C，四色 y100
　　　　　黑色，潘通 pantone black C，四色 k100

高危作业培训合格目视标签——硫化氢防护

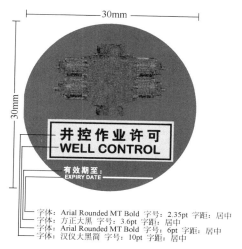

字体：Arial Rounded MT Bold 字号：2.35pt 字距：居中
字体：方正大黑 字号：3.6pt 字距：居中
字体：Arial Rounded MT Bold 字号：6pt 字距：居中
字体：汉仪大黑简 字号：10pt 字距：居中

制作材料：反光膜
安装方式：粘贴
颜　　色：蓝色，潘通 293C，四色 c100 m70
　　　　　黄色，潘通 102C，四色 y100
　　　　　黑色，潘通 pantone black C，四色 k100

高危作业培训合格目视标签——井控作业许可

二、值班房内图板目视化

值班房内的图板采用两种形式上墙：一是做成展板固定在墙上；二是制成卷帘悬挂于墙上。

公司确定的图板内容分为强制性内容和非强制性内容。强制性内容包括《反违章六条禁令》和《正在执行的许可》，非强制性内容由境外项目根据当地法律法规、行业标准、甲方要求等自行确定，但采用的甲方标准要高于公司标准，由境外项目提供相应中文、英文、当地语言内容，图板采用形式（展板式和卷帘式）也由境外项目决定。

1. 反违章禁令

尺寸规范：550mm×800mm。

制作材料：铁框、钛金边、PVC 板、写真贴。

语言：中文、英文、当地语言。

字体：方正大黑。

字号：根据展板内容大小规定。

字距：居中。

颜色：绿色，潘通 578C，四色 c30 y50；

　　　　黄色，潘通 7499C，四色 y30；

　　　　红色，潘通 186C，四色 c10 m100 y100。

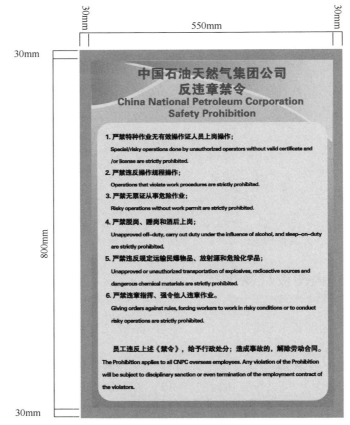

反违章禁令

2. 值班房内卷帘图板

制成卷帘悬挂墙上。

悬挂的位置：里侧墙上；

模板尺寸大小：800mm×1200mm；

语言：中文、英文、当地语言；

字体：方正大黑；

字号：根据卷帘内容大小规定；

字距：居中；

制作材料：写真布。

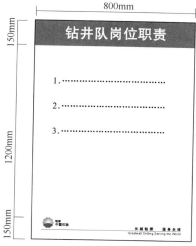

值班房内卷帘图板

3. 正在执行的作业许可

放置位置：正对门的墙上；

模板尺寸大小：1200mm×1000mm；

语言：中文、英文、当地语言；

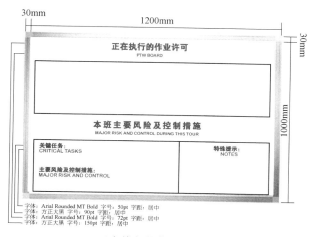

正在执行的作业许可

制作材料：铝合金框、镀锌板（白板）；

安装方式：悬挂；

颜色：红色，潘通 186C，四色 c10 m100 y100。

4.非强制性内容

非强制性内容由境外项目根据当地法律法规、行业标准、甲方要求等确定，但采用的甲方标准不能低于公司标准，图板可以使用展板或卷帘的形式。例如尼日尔项目定制的展板。

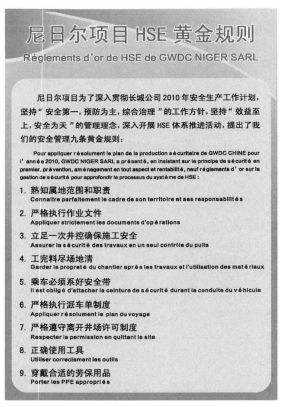

尼日尔项目 HSE 黄金规则

三、工器具、设备目视化

工器具是指各式梯子、电动工具、移动式发电机、电焊机、压缩气瓶、手动起重工具、检测仪器、气动工具等一旦出现缺陷或问题易发生事故的工器具。

设备包括公司生产现场所有使用的设备、辅助设备及其附件等物质资源。

1. 手持电动工具

手持电动工具如电钻、电磨、电割、电动砂轮机等入场时必须进行检查；长期工作使用，必须每季度进行一次检查。在显著位置张贴不同颜色且附有检查日期的标签（一季度：绿色；二季度：白色；三季度：黄色，四季度：蓝色），以确认该工具合格。未粘贴标签，表明该工具检查不合格或未检查。

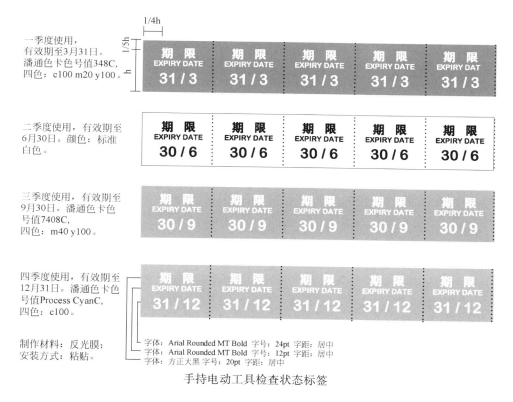

一季度使用，
有效期至3月31日。
潘通色卡色号值348C，
四色：c100 m20 y100。

二季度使用，有效期至
6月30日。颜色：标准
白色。

三季度使用，有效期至
9月30日。潘通色卡色
号值7408C，
四色：m40 y100。

四季度使用，有效期至
12月31日。潘通色卡色
号值Process CyanC，
四色：c100。

制作材料：反光膜；
安装方式：粘贴。

字体：Arial Rounded MT Bold 字号：24pt 字距：居中
字体：Arial Rounded MT Bold 字号：12pt 字距：居中
字体：方正大黑 字号：20pt 字距：居中

手持电动工具检查状态标签

2. 起重绳套

作业现场使用的起重绳套应每 6 个月进行一次全面检查，并在检测合格的绳套铅封处刷对应颜色代码的油漆。在偶数年，使用绿色（潘通色卡色号值 348C，四色：c100 m20 y100）和橙色（潘通色卡色号值 7408C，四色：m40 y100），在奇数年，使用蓝色（潘通色卡色号值 Process CyanC，四色：

c100）和白色（标准白色）。

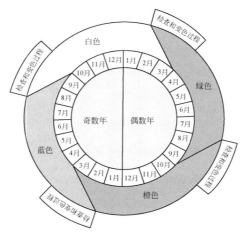

起重绳套安全颜色标示

3. 梯子或楼梯

现场使用的平台楼梯或临时搭设的楼梯的第一和最后一级踏步刷黄色荧光安全色；不易区分高差、存在绊倒隐患的任何台阶处应刷黄色荧光安全色；没有扶手的临时楼梯两侧边缘刷 3cm 宽的黄线。

直梯、延伸梯、人字梯等活动梯子最上面踏步刷黄色安全色或以文字标示，禁止使用时踩踏。

黄色油漆色号值为：潘通色号 102C，四色：y100。

人字梯　　　　　　　　　直梯　　　　　　　　　延伸梯

4. 压缩气瓶

根据压缩气瓶内所储存气体的三种状态：空瓶、使用中、满瓶，来分别挂不同的状态标牌。

模板尺寸大小：70mm×70mm。

固定方式：挂于气瓶上。

颜色：红底白字，红色潘通色号为186C，四色：c10 m100 y1003；字体为标准白色。

语言：中文、英文、当地语言。

制作材料：铝合金。

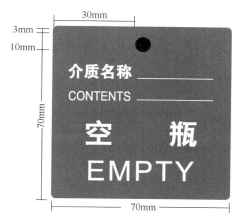

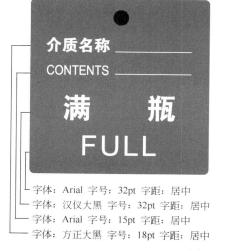

字体：Arial　字号：32pt　字距：居中
字体：汉仪大黑　字号：32pt　字距：居中
字体：Arial　字号：15pt　字距：居中
字体：方正大黑　字号：18pt　字距：居中

压缩气瓶状态标牌

5.设备标识牌

在主要设备（如井架、绞车、钻井液泵、发电机组、电控房、钻井液循环罐、井控设备、油罐等）明显部位标注设备名称、维护保养人、操作使用人、自重和尺寸。

模板尺寸大小：170mm×120mm。

固定方式：固定在设备明显位置。

颜色：蓝底白字，蓝色潘通色号为293C，四色：c100 m70；字体为标准白色。

语言：中文、英文、当地语言。

制作材料：铝合金。

注：境外项目根据现场实际需要，定制井队设备标识牌种类。

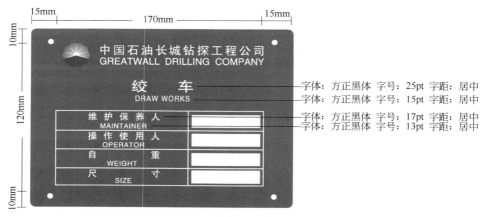

设备标识牌

其他设备标牌内容见附表1-2。

附表1-2　其他设备标牌内容

序号	中文	英文
1	天车	CROWN BLOCK
2	游车	TRAVELLING BLOCK
3	水龙头	SWIVEL
4	井架	MAST
5	钻井液泵	MUD PUMP

序号	中文	英文
6	冷却塔	COOLING TOWER
7	循环罐	MUD TANK
8	井控设备	WELL CONTROL EQUIPMENT
9	油罐	DIESEL TANK
10	电控房	SCR
11	发电机组	GENERATOR SET
12	压风机	AIR COMPRESSOR
13	立式储灰罐	SILO TANK
14	下灰车	PUMPING TRUCK
15	水罐	WATER TANK
16	运灰车	LUCK TRUCK

6. 吊装设备

吊装设备（如气动绞车、提升机、钻井泵修理吊等）必须在醒目位置标明载荷。

模板尺寸大小：170mm×120mm。

固定方式：固定在设备明显位置。

颜色：蓝底白字，蓝色潘通色号为293C，四色：c100 m70；字体为标准白色。

语言：中文、英文、当地语言。

制作材料：铝合金。

境外项目根据现场实际需要，定制吊装设备标识牌种类。

7. 设备状态指示牌

设备状态指示牌分为"禁止使用"和"正在维修"两种，根据不同设备状态挂不同指示牌。

模板尺寸大小：170mm×120mm。

固定方式：挂在设备明显位置。

颜色：红色潘通色号为185C，四色：m100 y100；字体为标准白色。

语言：中文、英文、当地语言。

制作材料：铝合金。

中国石油长城钻探工程公司	
GREATWALL DRILLING COMPANY	
气 动 绞 车	← 字体：方正黑体 字号：25pt 字距：居中
AIR HOIST	← 字体：方正黑体 字号：15pt 字距：居中
维 护 保 养 人 MAINTAINER	← 字体：方正黑体 字号：17pt 字距：居中
	← 字体：方正黑体 字号：13pt 字距：居中
操 作 使 用 人 OPERATOR	
载 荷 RATED LOAD	
上 次 检 定 日 期 LAST INSPECTION	
下 次 检 定 日 期 NEXT INSPECTION	

吊装设备标识牌

被吊装设备应在吊点喷涂明显链状标识

中国石油长城钻探工程公司 GREATWALL DRILLING COMPANY	
禁 止 使 用	← 字体：方正黑体 字号：85pt 字距：居中
OUT OF SERVICE	← 字体：方正黑体 字号：30pt 字距：居中

设备状态指示牌

8. 压力容器

在压力容器检查牌标注额定工作压力、工作温度范围、检查日期等。

模板尺寸大小：170mm×120mm。

固定方式：固定在设备明显位置。

颜色：蓝底白字，蓝色潘通色号为293C，四色：c100 m70；字体为标准白色。

语言：中文、英文、当地语言。

制作材料：铝合金。

境外项目根据现场实际需要，定制压力容器标识牌种类。

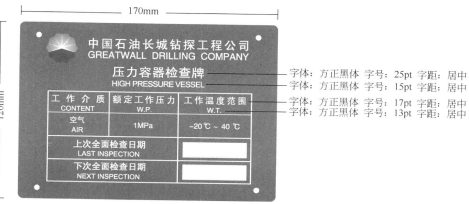

压力容器检查牌

指示仪表

9. 指示仪表

工艺、设备附属压力表、温度表、液位计等指示仪表用红色透明色条标识出正常工作区域和异常工作区域（红色色条左边为正常工作区域，色条右边为异常工作区域）。如出厂时原有标识与额定工作压力相同时可不用标识。

红色潘通色号186C，四色：c10 m100 y100。

10. 指示管线、接地

管线、阀门的着色应严格执行国家或行业有关标准。同时，各单位还应在工艺管线上标明介质名称和流向。井场设备接地点处，用黄色油漆标明接地符号。

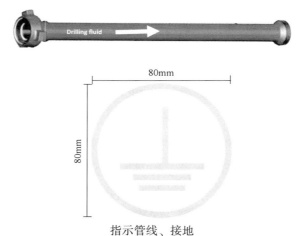

指示管线、接地

11. 隔离带

作业（工作）场所内如可能存在下列情况，就必须用围绳（安全专用隔离带）或围栏隔离出不同工作区域，如维修作业区域、承包商作业区域、临时物品存放区域等，并挂上标签明确相关信息。

隔离要求：

（1）安全专用隔离带隔离适用于警告性的区域隔离，是用一条安全专用隔离带将需要防护的区域围起来，围绳的高度离地面125cm。

（2）围栏隔离适用于保护性的区域隔离，围栏是用木板或金属板围隔而成，例如1m以上深沟、未防护的开口孔洞及路上施工工地必须用围栏隔离。

（3）围栏围在路上者必须用反光或照明器具进行警示。

（4）隔离应在危险消除后立刻拆除。

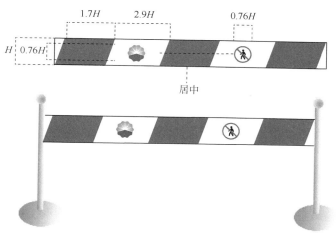

居中

隔离带

内容：隔离带。

放置的位置：根据需要而定。

固定方式：站立、高度不低于0.8m。

隔离带颜色：红白相间，红色潘通色号为186C；四色：c10 m100 y100；白色为标准颜色。

隔离带上的文字：公司标识和禁止标识。

材料：尼龙布丝印。

12. 定置化

定置化就是将各种工器具、消防器材等放置在固定的位置，不仅美观，更便于管理，易取易存。

13. 灭火器周检查标签

灭火器周检查标签内容简单，为了方便批量制作，所有境外项目使用中英版标签。

工具箱摆放定置化

内容：灭火器周检查标签。

放置的位置：挂于灭火器上。

海外钻修井项目通用HSSE培训教材

80mm

| 严禁取下
DONOT REMOVE | ● | 上半年
1st half of year |

将此检查标签悬挂于灭火器上，
每周进行检查，合格后在空白处打孔。
ATTACH TO FIRE EXTINGUISHER
INSPECT EXTINGUISHER WEEKLY.

120mm

JAN. 1月 1st week	JAN. 1月 2nd week	JAN. 1月 3rd week	JAN. 1月 4th week	FEB. 2月 1st week	FEB. 2月 2nd week
FEB. 2月 3rd week	FEB. 2月 4th week	MAR. 3月 1st week	MAR. 3月 2nd week	MAR. 3月 3rd week	MAR. 3月 4th week
APR. 4月 1st week	APR. 4月 2nd week	APR. 4月 3rd week	APR. 4月 4th week	MAY. 5月 1st week	MAY. 5月 2nd week
MAY. 5月 3rd week	MAY. 5月 4th week	JUNE. 6月 1st week	JUN. 6月 2nd week	JUN. 6月 3rd week	JUN. 6月 4th week

检查人：

字体：方正黑体 字号：9.2pt 字距：靠左
字体：Arial 字号：9.2pt 字距：靠左

| 严禁取下
DONOT REMOVE | ● | 下半年
2nd half of year |

将此检查标签悬挂于灭火器上，
每周进行检查，合格后在空白处打孔。
ATTACH TO FIRE EXTINGUISHER
INSPECT EXTINGUISHER WEEKLY.

字体：方正大标宋 字号：9.62pt 字距：居中
字体：方正大标宋 字号：9.62pt 字距：居中
字体：方正大标宋 字号：8pt 字距：居中
字体：方正大标宋 字号：9pt 字距：居中

JUL. 7月 1st week	JUL. 7月 2nd week	JUL. 7月 3rd week	JUL. 7月 4th week	AUG. 8月 1st week	AUG. 8月 2nd week
AUG. 8月 3rd week	AUG. 8月 4th week	SEP. 9月 1st week	SEP. 9月 2nd week	SEP. 9月 3rd week	SEP. 9月 4th week
OCT. 10月 1st week	OCT. 10月 2nd week	OCT. 10月 3rd week	OCT. 10月 4th week	NOV. 11月 1st week	NOV. 11月 2nd week
NOV. 11月 3rd week	NOV. 11月 4th week	DEC. 12月 1st week	DEC. 12月 2nd week	DEC. 12月 3rd week	DEC. 12月 4th week

检查人：

字体：方正黑体 字号：9pt 靠右

灭火器周检查标签

模板尺寸大小：80mm×120mm。

语言：中英文。

颜色：红色潘通色号为 186c；

　　　　四色：c10 m100 y100。

注：检查后在相应位置打孔。

四、井场安全目视化

井场共分五个区域，分别为井场大门区域、钻台区域、循环罐泵房区域、机房区域和场地区域。

1. 井场大门区域

1）井场大门

井场大门处立有一块井队队号标识牌，牌面内容由长城钻探 LOGO、长城钻探公司名称、井队队号三部分组成，由各境外项目根据队号的不同分别定制。

古巴项目 GW193 队队号标识牌

实例：古巴项目 GW193 队队号标识牌。

模板尺寸大小：大牌 1000mm×900mm；

小牌 1000mm×300mm。

固定方式：站立，高度 1.8m。

颜色：蓝底白字，蓝色潘通色号值为 293C；四色：c100 m70；字体为标准白色。

语言：中文。

制作材料：牌子为铝质，支架和底座为铁质。

2）限速标志

内容：场区内 5km/h 限速标志。

放置的位置：大门外显眼位置。

模板尺寸大小：φ600mm。

固定方式：站立，高度 1.8m。

制作材料：镀锌管、铝合金、反光膜丝印。

颜色：黑色 潘通 pantone black C，四色 k100；

红色 潘通 186C，四色 c10 m100 y100。

显示类型：双面显示。

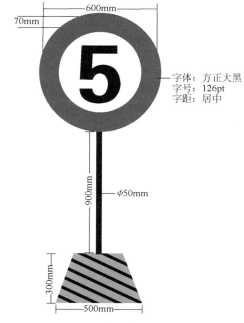

限速标志

3）井场平面示意图

内容：井场平面示意图。

放置的位置：大门外。

模板尺寸大小：2100mm×1100mm。

固定方式：站立，高度 1.8m。

制作材料：镀锌管、铝合金。

颜色：红色 潘通 186C，四色 c10 m100 y100。

语言：由各境外项目决定。

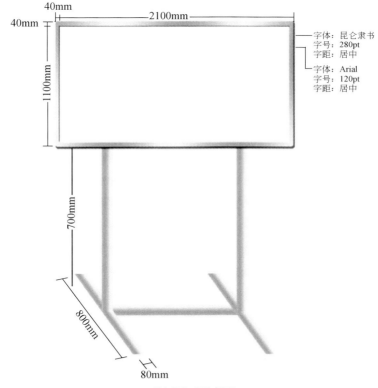

井场平面示意图

各境外项目根据井队实际情况提交井场平面示意图，能说明井场区域各种设备摆放位置，指明逃生路线、紧急集合点、消防器材设置点等。

井场平面示意图

RIG-SITE LAYOUT
PLANO DEL EQUIPO

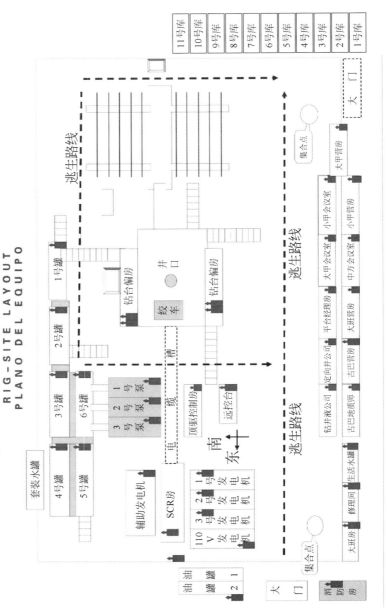

古巴GW193队井场平面示意图

4）入场须知

内容：入场须知。

放置的位置：大门外。

模板尺寸大小：2100mm×1100mm。

固定方式：站立，高度 1.8m。

糊作材料：镀锌管、铝合金、反光膜丝印。

语言：中文、英文、当地语言。

颜色：红色 潘通 186C，四色 c10 m100 y100；

　　　蓝色 潘通 293C，四色 c100 m70。

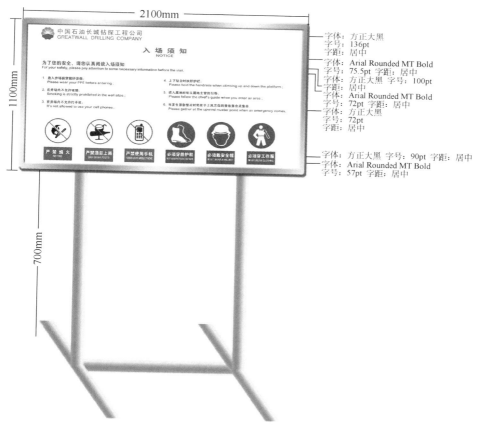

中国石油长城钻探工程公司入场须知

中国石油长城钻探工程公司
GREATWALL DRILLING COMPANY

入 场 须 知
NOTICE

为了您的安全，请您认真阅读入场须知
For your safety, please pay attention to some necessary information before the visit.

1. 进入井场前穿戴好劳保；
   Please wear your PPE before entering；

2. 在井场内不允许吸烟；
   Smoking is strictly prohibited in the well sites；

3. 在井场内不允许打手机；
   It's not allowed to use your cell phones；

4. 上下钻台时扶好护栏；
   Please hold the handrails when climbing up and down the platform；

5. 进入属地时听从属地主管的引导；
   Please follow the chief's guide when you enter an area；

6. 当发生紧急情况时到位于上风方向的紧急集合点集合。
   Please gather at the upwind muster point when an emergency comes

严禁烟火 NO FIRE

严禁酒后上岗 BAN DRINK POSTS

严禁使用手机 FORBID USING MOBILE PHONE

必须穿防护鞋 MUST WEAR PROTECTIVE FOOTWARE

必须戴安全帽 MUST WEAR A HELMET

必须穿工作服 MUST WEAR CLOTHES

中国石油长城钻探工程公司入场须知内容

5）紧急集合地点标识牌

内容：紧急集合地点标识牌。

放置的位置：井场大门口开阔区域 1 块，根据风向和地形实际 1 块。

模板尺寸大小：400mm×600mm。

固定方式：站立，高度 1.8m。

制作材料：镀锌管、铝合金、反光膜丝印。

颜色：绿色 潘通 348C，四色 c100 m20 y100。

语言：中文、英文、当地语言。

显示类型：双面显示。

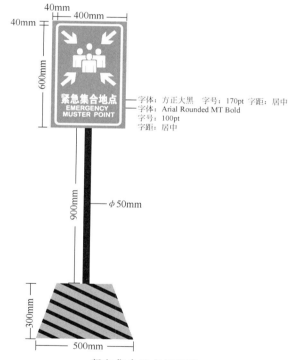

紧急集合地点标识牌

6）H$_2$S 含量警示牌

内容：H$_2$S 含量警示牌，超过 20ppm 时使用红色，10～20ppm 使用黄色，小于 10ppm 时使用绿色。

放置的位置：大门外。

模板尺寸大小：250mm×400mm。

固定方式：站立，可移动，高 1.25m；可插拔，更换。

制作材料：镀锌管、铝合金、反光膜丝印。

颜色：红色 潘通 186C，四色 c10 m100 y100；

　　　黄色 潘通 7408C，四色 m40 y100；

　　　绿色 潘通 348C，四色 c100 m20 y100。

语言：中文、英文、当地语言。

显示类型：双面显示。

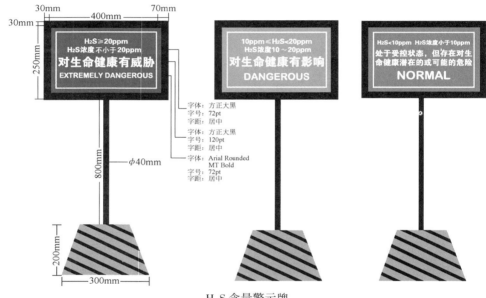

H_2S 含量警示牌

7）停车点标识牌

内容：停车标识。

放置的位置：井场大门外停车区域。

模板尺寸大小：400mm×600mm。

固定方式：站立，可移动，高度 1.25m。

制作材料：镀锌管、铝合金、反光膜丝印。

颜色：蓝底白字，蓝色 潘通 293C，四色 c100 m70。

语言：中文、英文、当地语言。

显示类型：双面显示。

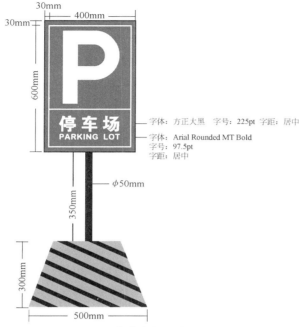

停车点标识牌

2. 钻台区域

1）"当心滑跌"

内容："当心滑跌"警示牌。

放置的位置：上下梯子处。

模板尺寸大小：400mm×600mm。

固定方式：铆钉栏杆上。

制作材料：铝合金、反光膜丝印。

颜色：黄色 潘通 7408C，四色 m40 y100；

　　　黑色 潘通 pantone black C，四色 k100。

语言：中文、英文、当地语言。

显示类型：单面显示。

2）"上下梯子扶好扶手"

内容："上下梯子扶好扶手"警示牌。

放置的位置：上下梯子处。

模板尺寸大小：400mm×600mm。

<table>
<tr><td>30mm</td></tr>
</table>

字体：方正大黑 字号：170pt 字距：居中

字体：Arial Rounded MT Bold 字号：100pt 字距：居中

当心滑跌警示牌

固定方式：铆钉栏杆上。
制作材料：铝合金、反光膜丝印。
颜色：蓝色 潘通 293c，四色 c100 m70。
语言：中文、英文、当地语言。
显示类型：单面显示。
以上两处标牌按顺序固定。

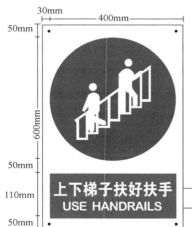

字体：方正大黑 字号：170pt 字距：居中

字体：Arial Rounded MT Bold 字号：100pt 字距：居中

上下梯子扶好扶手警示牌

3）"洗眼站"

内容："洗眼站"标识牌。

放置的位置：钻台、钻井液罐洗眼站处各一个。

模板尺寸大小：200mm×300mm。

固定方式：固定在洗眼站上方。

制作材料：铝合金，反光膜丝印。

颜色：绿色 潘通 348C，四色 c100 m20 y100。

语言：中文、英文、当地语言。

显示类型：单面显示。

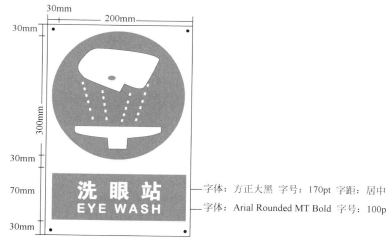

字体：方正大黑 字号：170pt 字距：居中

字体：Arial Rounded MT Bold 字号：100pt 字距：居中

洗眼站标识牌

4）二层台

内容：二层台井队标识。

放置的位置：二层台正面。

尺寸大小：按比例，依据实际尺寸。

固定方式：固定在二层台上。

制作材料：镀锌板、反光膜丝印。

颜色：根据图示。

语言：根据图示。

显示类型：单面显示，正面悬挂。

根据各境外项目钻井队提供的二层台"长×宽"尺寸，分别制作。

蓝色潘通号为DS203-1C，灰色CMYK值为C0，M0，Y0，K10

二层台井队标识

5）四联牌

"当心滑跌 当心坠落 当心落物 禁止抛物"放置于钻台正面左护栏上。

内容：四联牌内容（1）——"当心滑跌"。

放置的位置：钻台正面左护栏上。

模板尺寸大小：400mm×600mm。

固定方式：固定栏杆上。

制作材料：铝合金、反光膜丝印。

颜色：黄色 潘通 7408C，四色 m400 y100；

　　　黑色 潘通 pantone black C，四色 k100。

语言：中文、英文、当地语言。

显示类型：单面显示。

字体：方正大黑　字号：170pt　字距：居中
字体：Arial Rounded MT Bold　字号：100pt　字距：居中

四联牌——当心滑跌

内容：四联牌内容（2）——"当心坠落"。
放置的位置：钻台正面左护栏上。
模板尺寸大小：400mm×600mm。
固定方式：固定栏杆上。
制作材料：铝合金、反光膜丝印。
颜色：黄色 潘通 7408 C，四色 m40 y100；
　　　黑色 潘通 pantone black C，四色 k100。
语言：中文、英文、当地语言。
显示类型：单面显示。
内容：四联牌内容（3）——"当心落物"。
放置的位置：钻台正面左护栏上。
模板尺寸大小：400mm×600mm。
固定方式：固定栏杆上。
制作材料：铝合金、反光膜丝印。
颜色：黄色 潘通 7408C，四色 m40 y100；
　　　黑色 潘通 pantone black C，四色 k100。
语言：中文、英文、当地语言。
显示类型：单面显示。

——400mm——

600mm

字体：方正大黑　字号：170pt　字距：居中

字体：Arial Rounded MT Bold　字号：100pt　字距：居中

当 心 坠 落
CAUTION, FALL DOWN

四联牌——当心坠落

——400mm——

600mm

字体：方正大黑　字号：170pt　字距：居中

字体：Arial Rounded MT Bold　字号：100pt　字距：居中

当 心 落 物
FALLING OBJECTS

四联牌——当心落物

内容：四联牌内容（4）——"禁此抛物"。
放置的位置：钻台正面左护栏上。
模板尺寸大小：400mm×600mm。

固定方式：固定栏杆上。

制作材料：铝合金、反光膜丝印。

颜色：红色 潘通 186C，四色 c10 m100 y100；
　　　黑色 潘通 pantone black C，四色 k100。

语言：中文、英文、当地语言。

显示类型：单面显示。

字体：方正大黑 字号：170pt 字距：居中

字体：Arial Rounded MT Bold 字号：100pt 字距：居中

四联牌——禁止抛物

3. 循环罐泵房区域

1）"当心高压"标识牌

放置的位置：泵房区域（左后底座高压管线处）。

模板尺寸大小：400mm×600mm。

固定方式：站立，高度 1.25m。

制作材料：镀锌管、铝合金、反光膜丝印。

颜色：黄色 潘通 7408C，四色 m40 y100；
　　　黑色 潘通 pantone black C，四色 k100。

语言：中文、英文、当地语言。

显示类型：双面显示。

2）"当心腐蚀"标识牌

放置的位置：腐蚀泥浆药品处。

模板尺寸大小：400mm×600mm。

固定方式：站立，高度 1.25m。

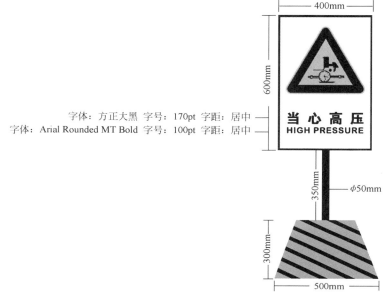

字体：方正大黑 字号：170pt 字距：居中
字体：Arial Rounded MT Bold 字号：100pt 字距：居中

当心高压标识牌

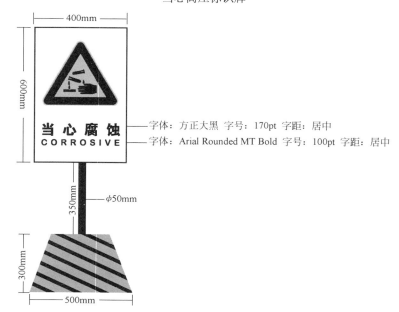

字体：方正大黑 字号：170pt 字距：居中
字体：Arial Rounded MT Bold 字号：100pt 字距：居中

当心腐蚀标识牌

制作材料：镀锌管、铝合金、反光膜丝印。

颜色：黄色 潘通 7408C，四色 m40 y100；

　　　黑色 潘通 pantone black C，四色 k100。

语言：中文、英文、当地语言。

显示类型：双面显示。

3）危险化学品安全防护

放置的位置：钻井液药品处。

模板尺寸大小：800mm×500mm。

固定方式：站立，高度 1.25m。

制作材料：镀锌管、铝合金。

颜色：蓝色 潘通 293C，四色 c100 m70；

　　　红色 潘通 186C，四色 c10 m100 y100；

　　　黑色 潘通 pantone black C，四色 k100。

语言：中文、英文、当地语言。

显示类型：单面显示。

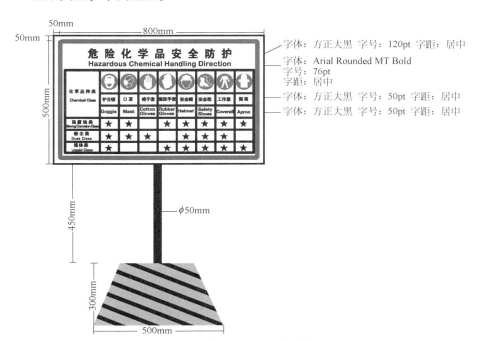

字体：方正大黑 字号：120pt 字距：居中

字体：Arial Rounded MT Bold
字号：76pt
字距：居中

字体：方正大黑 字号：50pt 字距：居中

字体：方正大黑 字号：50pt 字距：居中

危险化学品安全防护标识牌

4. 机房区域

1) "必须戴护耳器"标识牌
放置的位置：柴油机房外。
模板尺寸大小：400mm×600mm。
固定方式：固定在 1 号柴油机房外侧门上。
制作材料：铝合金、反光膜丝印。
颜色：蓝色 潘通 293C，四色 c100 m70。
语言：中文、英文、当地语言。
显示类型：单面显示。

字体：方正大黑 字号：170pt 字距：居中
字体：Arial Rounded MT Bold 字号：100pt 字距：居中

必须戴护耳器标识牌

2) "当心机械伤人"标识牌
放置的位置：柴油机房、泵房。
模板尺寸大小：400mm×600mm。
固定方式：在柴油机房外，固定在"必须戴护耳器"标识牌旁边；在泵房处，固定在泵护罩上。
制作材料：铝合金、反光膜丝印。
颜色：黄色 潘通 7408 C，四色 m40 y100；
　　　黑色 潘通 pantone black C，四色 k100。
语言：中文、英文、当地语言。
显示类型：单面显示。

字体：方正大黑　字号：170pt　字距：居中
字体：Arial Rounded MT Bold　字号：100pt　字距：居中

当心机械伤人标识牌

3）"当心超压"标识牌

放置的位置：锅炉房。

模板尺寸大小：400mm×600mm。

固定方式：固定在锅炉房外墙上。

制作材料：铝合金、反光膜丝印。

颜色：黄色 潘通 7408C，四色 m40 y100；

　　　黑色 潘通 pantone black C，四色 k100。

字体：方正大黑　字号：170pt　字距：居中
字体：Arial Rounded MT Bold　字号：100pt　字距：居中

当心超压标识牌

语言：中文、英文、当地语言。

显示类型：单面显示。

4）"当心蒸汽伤人"标识牌

放置的位置：锅炉房。

模板尺寸大小：400mm×600mm。

固定方式：固定在锅炉房外墙上，和当心超压标识牌并列。

制作材料：铝合金、反光膜丝印。

颜色：黄色 潘通 7408C，四色 m40 y100；

黑色 潘通 pantone black C，四色 k100。

语言：中文、英文、当地语言。

显示类型：单面显示。

"当心超压"和"当心蒸汽伤人"标识牌，配有锅炉房的境外项目钻修井队需要定制。

字体：方正大黑 字号：170pt 字距：居中
字体：Arial Rounded MT Bold 字号：100pt 字距：居中

当心蒸汽伤人标识牌

5）"小心触电"标识牌

放置的位置：电控房。

模板尺寸大小：400mm×600mm。

固定方式：固定在电控房外墙上。

制作材料：铝合金、反光膜丝印。

颜色：黄色 潘通 7408C，四色 m40 y100；

黑色 潘通 pantone black C，四色 k100。

语言：中文、英文、当地语言。
显示类型：单面显示。

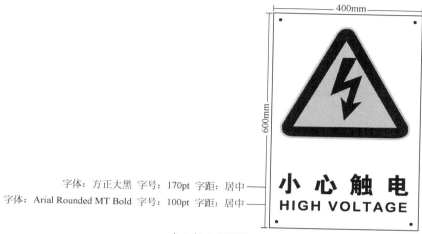

字体：方正大黑 字号：170pt 字距：居中
字体：Arial Rounded MT Bold 字号：100pt 字距：居中

小心触电标识牌

6）"配电重地闲人莫入"标识牌
放置的位置：电控房。
模板尺寸大小：400mm×600mm。
固定方式：固定在电控房外墙上，和"小心触电"标识牌并列。
制作材料：铝合金、反光膜丝印。

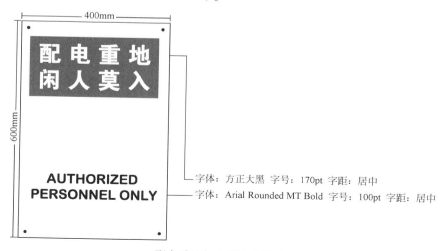

字体：方正大黑 字号：170pt 字距：居中
字体：Arial Rounded MT Bold 字号：100pt 字距：居中

配电重地闲人莫入标识牌

颜色：红色 潘通 186C，四色 c10 m100 y100；

　　　黑色 潘通 pantone black C，四色 k100。

语言：中文、英文、当地语言。

显示类型：单面显示。

7）"禁止合闸"标识牌

放置的位置：电控房，VFD 房各 1 块，备用 1 块。

模板尺寸大小：400mm×600mm。

固定方式：需要挂牌时，悬挂在电控房和 VFD 房闸刀上。

制作材料：铝合金、反光膜丝印。

颜色：红色 潘通 186C，四色 c10 m100 y100；

　　　黑色 潘通 pantone black C，四色 k100。

语言：中文、英文、当地语言。

显示类型：单面显示。

字体：方正大黑 字号：170pt 字距：居中——

字体：Arial Rounded MT Bold 字号：100pt 字距：居中——

禁止合闸标识牌

8）"禁止烟火"标识牌

放置的位置：柴油罐区。

模板尺寸大小：400mm×600mm。

固定方式：固定在柴油罐上。

制作材料：铝合金、反光膜丝印。

颜色：红色 潘通 186C，四色 c10 m100 y100；

　　　黑色 潘通 pantone black C，四色 k100。

语言：中文、英文、当地语言。

显示类型：单面显示。

不能在油罐本体上采取打眼上铆钉的方式进行标识牌的固定，以防止引起柴油罐燃烧爆炸，建议用胶粘的方式固定。

字体：方正大黑　字号：170pt　字距：居中

字体：Arial Rounded MT Bold　字号：100pt　字距：居中

禁止烟火标识牌

5.场地区域

1）"禁止混放"标识牌

放置的位置：氧气乙炔瓶存放处。

字体：方正大黑　字号：170pt　字距：居中

字体：Arial Rounded MT Bold　字号：100pt　字距：居中

禁止混放标识牌

模板尺寸大小：400mm×600mm。

固定方式：固定氧气和乙炔存放处。

制作材料：铝合金、反光膜丝印。

颜色；红色 潘通 186C，四色 c10 m100 y100；

黑色 潘通 pantone black C，四色 k100。

语言：中文、英文、当地语言。

显示类型：单面显示。

2）"禁止乱动消防器材"标识牌

放置的位置：消防室。

模板尺寸大小：400mm×600mm。

固定方式：固定在消防室（或消防器材）外墙上。

制作材料：铝合金、反光膜丝印。

颜色：红色 潘通 186C，四色 c10 m100 y100；

黑色 潘通 pantone black C，四色 k100。

语言：中文、英文、当地语言。

显示类型：单面显示。

字体：方正大黑 字号：170pt 字距：居中

字体：Arial Rounded MT Bold 字号：100pt 字距：居中

禁止乱动消防器材标识牌

3）"当心高压"标识牌

放置的位置：立管座旁。

模板尺寸大小：400mm×600mm。

固定方式：站立，高度 1.25m。

制作材料：镀锌管、铝合金、反光膜丝印。

颜色：黄色 潘通 7408C，四色 m40 y100；

　　　黑色 潘通 pantone black C，四色 k100。

语言：中文、英文、当地语言。

显示类型：双面显示。

字体：方正大黑 字号：170pt 字距：居中
字体：Arial Rounded MT Bold 字号：100pt 字距：居中

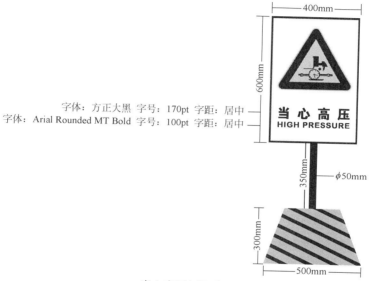

当心高压标识牌

4）"消防砂"标识牌

放置的位置：消防砂旁。

模板尺寸大小：300mm×200mm。

固定方式：站立，高度 1.25m。

制作材料：镀锌管、铝合金、反光膜丝印。

颜色：红色 潘通 186C，四色 c10 m100 y100。

语言：中文、英文、当地语言。

显示类型：双面显示。

5）"逃生路线"标识牌

放置的位置：井场逃生路线区，共 8 处。

模板尺寸大小：300mm×200mm。

固定方式：站立，高度 1.25m。

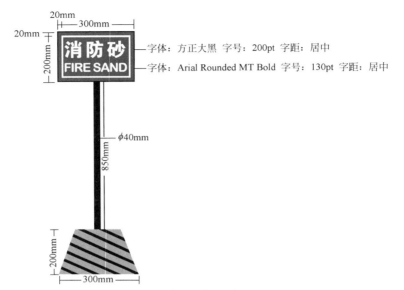

字体：方正大黑 字号：200pt 字距：居中

字体：Arial Rounded MT Bold 字号：130pt 字距：居中

消防砂标识牌

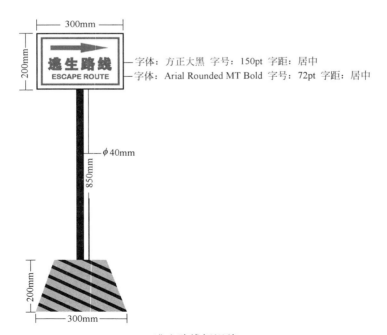

字体：方正大黑 字号：150pt 字距：居中

字体：Arial Rounded MT Bold 字号：72pt 字距：居中

逃生路线标识牌

制作材料：镀锌管、铝合金、反光膜丝印。

颜色：红色 潘通 186C；四色 c10 m100 y100。

语言：中文、英文、当地语言。

显示类型：双面显示。

各井队须根据风向及井场实际改变逃生路线摆放点。

6）井队队旗

放置的位置：井场大门或钻
台处。

井队队旗

模板尺寸大小：与国旗标准尺寸
一致，根据实际情况具体设计。

制作材料：绸子。

颜色：蓝色潘通号为 DS203-1C。

7）风向标

放置的位置：井场大门、钻台、
循环罐、钻井液材料房，共4处。

模板尺寸大小：见示例。

固定方式：根据实际情况固定，放置位置可调整，保证井场各角落均能
看到。

制作材料：绸子。

颜色：红色。

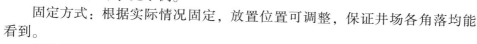

风向标

8）绷绳挂旗

放置的位置：离地面固定点垂直。

距离 1.5m 处和 3m 处各一个红旗，提示人员和车辆注意。

红旗尺寸大小：400mm×400mm。

固定方式：根据实际情况固定。

红旗颜色：国旗红。

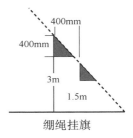

绷绳挂旗

五、属地管理目视化

属地管理目视化使员工牢固树立"属地是我家，当好家长管好家"的属地管理理念，真正做到"我的区域我负责，我在属地您放心"，把属地管理与落实岗位责任制有机融合起来，实现"自我管理、自我参与、我要安全"的新局面。

属地管理标识牌规定了每个属地主管的属地区域和设备，固定在相应属地区域明显部位。

放置的位置：属地区域明显位置。

模板尺寸大小：400mm×250mm。

司钻属地管理标识牌

固定方式：铆钉固定或悬挂。

制作材料：铝合金、反光膜丝印。

颜色：蓝色 潘通 293C，四色 c100 m70。

语言：中文、英文、当地语言。

平台经理、带班队长及现场 HSE 监督负责整个井场区域，所以不需单独定制他们的属地管理标识牌。

其他属地管理标识牌内容见附表 1-3。

附表 1-3 其他属地管理标识牌

序号	中文	英文
1	营房经理	CAMP BOSS
	营地	CAMPSITE
	营地所有设备、设施及营房储藏室	ALL EQUIPMENT, FACILITIE AND STOREROOM AT THE CAMPSITE
2	厨师，助厨	COOK AND ASST. COOK
	厨房、储藏室及餐厅	KITCHEN, STOREROOM AND MESS
	厨房内设施、餐厅用具	ALL FACILITIES AND TOOLS IN THE KITCHEN AND MESS
3	井架工	DERRICKMAN
	二层台和钻井液罐区	MAST, SUBSTRUCTURE, MONKEY BOARD, MUD TANK AREA
	井架、底座及附属设施、安全设施、二层台逃生器、地锚、天车、固控设备	MAST, SUBSTRUCTURE AND ACCESSORIES, SAFETYFA-CILITIES, ESCAPE DEVICE, CROWN BLOCK, SOLID CON-TROLEQUIPMENT
4	钻工	FLOORMAN
	井口和偏房	WELL HEAD AREA AND DOGHOUSE
	液压大钳、液压站、B 型大钳、气动绞车、井口工具	RIG TONG, HYDRAULIC TONG, WELLHEAD TOOLS, WINCH, HPU
5	机械师	MECHANIC
	井场和营地以及机房	RIGSITE, CAMPSITE AND ENGINE HOUSE AREA
	井场和营地所有机械设备、叉车	ALL MECHANICAL EQUIPMENT AND LOADER (FRONT LOADEROR FORKLIFT) AT THE RIGSITE AND CAMPSITE
6	副司钻	ASSISTANT DRILLER
	罐区、泵房、远控台	MUD TANK AREA, MUD PUMP AREA AND BOP CONTROL HOUSE
	钻井液泵、高压管线、井控设备	MUD PUMP, HIGH PRESSURE LINE, BOP EQUIPMENT
7	电气师	ELECTRICIAN
	井场和营地，以及电控房	VFD/ENFINE HOUSE/DIESEL TANK
	井场和营地所有电气设备，包括照明装置	VFD, GENERATORS, DIESEL TANK

海外钻修井项目通用3S件培训教材

附录 2 修井机及车载钻机井场安全标志分布

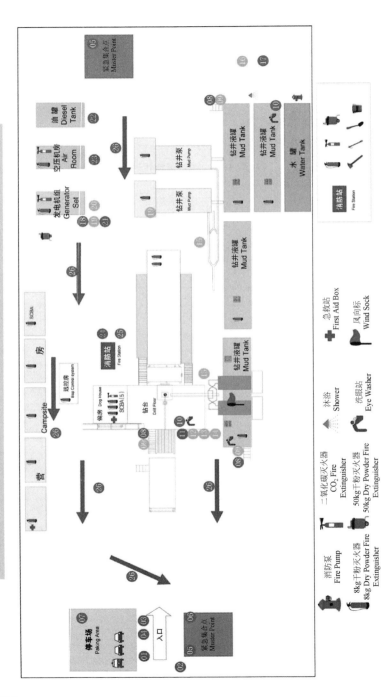

修井机及车载钻机井场安全标志分布图

修井机及车载钻机井场安全标志见附表 2-1。

附表 2-1　修井机及车载钻机井场安全标志

序号	名称	样图	数量	序号	名称	样图	数量
1	队号标识牌		1	14	当心高压		2
2	限速标志		1	15	当心腐蚀		1
3	井场平面示意图	—	1	16	危险化学品安全防护		1
4	入场须知		1	17	必须戴护耳器		1
5	紧急集合地点		2	18	当心机械伤人		2
6	H$_2$S 含量警示牌		1	19	小心触电		1
7	停车场		1	20	配电重地闲人莫入		1
8	上下梯子扶好扶手		3	21	禁止烟火		1
9	当心滑跌		3	22	禁止混放		1
10	洗眼站		2	23	禁止乱动消防器材		1
11	禁止抛物		1	24	消防砂		1
12	当心坠落		1	25	逃生路线		6
13	当心落物		1				

海外钻修井项目通用3S培训教材

附录3 50D、70D钻机井场安全标志分布

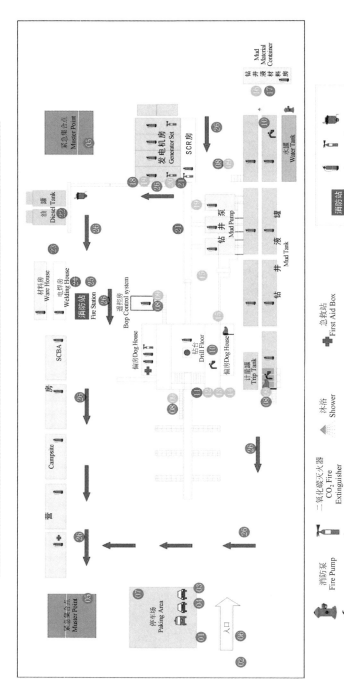

50D、70D钻机井场安全标志分布图

50D、70D 钻机井场安全标志见附表 3-1。

附表 3-1　50D、70D 钻机井场安全标志

序号	名称	样图	数量	序号	名称	样图	数量
1	队号标识牌		1	14	当心高压		2
2	限速标志		1	15	当心腐蚀		1
3	井场平面示意图	—	1	16	危险化学品安全防护		1
4	入场须知		1	17	必须戴护耳器		1
5	紧急集合地点		2	18	当心机械伤人		2
6	H₂S 含量警示牌		1	19	小心触电		1
7	停车场		1	20	配电重地闲人莫入		2
8	上下梯子扶好扶手		4	21	禁止烟火		1
9	当心滑跌		4	22	禁止混放		1
10	洗眼站		2	23	禁止乱动消防器材		1
11	禁止抛物		1	24	消防砂		1
12	当心坠落		1	25	逃生路线		8
13	当心落物		1				

参 考 文 献

［1］ IADC. Health，Safety and Environmental Reference Guide，2004.
［2］ 徐立艳. 国际项目企业外派员工的心理健康影响因素及对策分析. 中国商论，2019（3）：103－104.